普通高等教育仪器类"十三五"规划教材

U0368321

C++程序设计

主　编　徐耀松　郭　磊　尹玉萍

副主编　王丹丹　屠乃威　马玉芳

电子工业出版社

Publishing House of Electronics Industry

北京·BEIJING

内 容 简 介

C++具有高效实用的特点，可以进行面向过程和面向对象程序设计，目前是应用最广泛的编程语言之一。本书介绍了 C++程序设计的基本内容及应用方法，包括数据类型与表达式、程序设计方法、函数、数组、指针、类和对象、重载、继承与派生等。内容上循序渐进，突出专业知识的综合应用。本书结构合理、内容翔实、实例丰富，具有较高的应用性。

本书适合 C++程序设计的初学者学习使用，也可作为高等院校测控技术与仪器、自动化、电子信息工程、机电一体化和计算机应用等专业的教材。

图书在版编目（CIP）数据

C++程序设计 / 徐耀松，郭磊，尹玉萍主编. —北京：电子工业出版社，2017.6

普通高等教育仪器类"十三五"规划教材

ISBN 978-7-121-31615-9

Ⅰ．①C… Ⅱ．①徐… ②郭… ③尹… Ⅲ．①C 语言－程序设计－高等学校－教材 Ⅳ．①TP312.8

中国版本图书馆 CIP 数据核字（2017）第 107702 号

策划编辑：赵玉山
责任编辑：刘真平
印　　刷：三河市良远印务有限公司
装　　订：三河市良远印务有限公司
出版发行：电子工业出版社
　　　　　北京市海淀区万寿路 173 信箱　邮编　100036
开　　本：787×1 092　1/16　印张：20.5　字数：524.8 千字
版　　次：2017 年 6 月第 1 版
印　　次：2017 年 6 月第 1 次印刷
定　　价：49.00 元

凡所购买电子工业出版社图书有缺损问题，请向购买书店调换。若书店售缺，请与本社发行部联系，联系及邮购电话：（010）88254888，88258888。

质量投诉请发邮件至 zlts@phei.com.cn，盗版侵权举报请发邮件至 dbqq@phei.com.cn。

本书咨询联系方式：zhaoys@phei.com.cn。

普通高等教育仪器类"十三五"规划教材

编委会

前　　言

本书循序渐进地介绍了 C++ 程序设计的相关概念、方法。内容上突出工程特色，以工程教育为理念，围绕培养应用创新型工程人才这一目标，着重学生的独立研究能力、动手能力和解决实际问题能力的培养，将测控技术与仪器专业工程人才培养模式和教学内容的改革成果体现在教材中，通过科学规范的工程人才教材建设促进专业建设和工程人才培养质量的提高。

全书共 12 章。第 1 章介绍了进行 C++ 语言程序设计的预备知识，包括数制、数据的表示方法，介绍了 C++ 语言开发工具；第 2 章介绍了 C++ 语言程序设计中的数据类型与表达式；第 3 章介绍了基于过程的程序设计方法，主要包括输入/输出流、关系运算与逻辑运算、选择结构、循环结构等内容；第 4 章介绍了函数与预处理方法，介绍了常见的函数形式与用法；第 5 章介绍了数组的概念、创建方法及使用方法；第 6 章介绍了指针的概念，并对指针的应用进行详细解析；第 7 章介绍了自定义数据类型，包括结构体类型、链表、共用体等内容；第 8 章介绍了类，这是面向对象编程中最基本的概念，详细介绍了类的定义及使用方法、构造函数与析构函数及对象的使用方法；第 9 章介绍了运算符重载的定义、方法、规则等内容；第 10 章介绍了继承和派生的概念及工作方式；第 11 章介绍了多态性的概念、虚函数的定义与使用方法；第 12 章介绍了输入/输出流的常用函数及使用方法。

本书第 1、8 章由徐耀松执笔；第 2、3、5、9、10 章由郭磊执笔；第 4、6、7 章由尹玉萍执笔；第 11 章由王丹丹、屠乃威、马玉芳、谢国民共同执笔；第 12 章由郭磊和徐耀松共同执笔。全书的写作思路由付华教授提出，由付华和徐耀松统稿。此外，李猛、任仁、陶艳风、代巍、汤月、司南楠、陈东、谢鸿、郭玉雯、于田、孟繁东、曹坦坦等也参加了本书的编写。在此，向对本书的完成给予了热情帮助的同行们表示感谢。

由于作者的水平有限，加上时间仓促，书中的错误和不妥之处，敬请读者批评指正。

编　者
2017 年 2 月

目　　录

第 1 章

预备知识

本章知识点：
- C++编程语言
- 计算机数据表示方法
- C++开发工具

基本要求：
- 了解 C++编程语言的发展历程
- 掌握计算机表示数据的方法
- 理解 C++开发工具的使用方法

能力培养目标：

通过本章的学习，掌握计算机中数据表示方法以及进行 C++编程语言开发的工具。

1.1　C++简介

C++编程语言是在 C 语言的基础上发展而来的。C 语言是一种通用的、过程式的编程语言，广泛用于系统与应用软件的开发，具有高效、灵活、功能丰富、表达力强和较高的移植性等特点，在程序员中备受青睐，是最近 25 年使用最为广泛的编程语言。C 语言是在由 UNIX 的研制者丹尼斯·里奇（Dennis Ritchie）和肯·汤普逊（Ken Thompson）于 1970 年所研制出的 B 语言的基础上发展和完善起来的。目前，C 语言编译器普遍存在于各种不同的操作系统中，如 UNIX、MS-DOS、Microsoft Windows 及 Linux 等。但是随着软件规模的增大，用 C 语言编写程序就显得吃力了。C 语言是结构化和模块化的语言，它是基于过程的，在处理较小规模的程序时，程序员用 C 语言还比较得心应手。但是问题比较复杂、程序的规模比较大时，结构化程序设计方法就显出它的不足。C 程序的设计者必须细致地设计程序中的每一个细节，准确地考虑到程序运行时每一时刻发生的事情。这对程序员的要求是比较高的，如果面对的是一个复杂问题，程序员往往感到力不从心。当初提出结构化程序设计方法的目的是解决软件设计危机，但这个目标并未完全实现。

为了解决软件危机，在 20 世纪 80 年代提出了面向对象的程序设计（Object Oriented Programming，OOP），需要设计出能支持面向对象的程序设计方法的新的语言。在实践中，由于 C 语言是深入人心、使用广泛、面对程序设计方法的革命，最好的办法不是另外发明一种新的语言去代替它，而是在它的原有基础上发展。在这种形势下，C++应运而生。

C++这个词通常被读作"C 加加"，而西方的程序员通常读作"C plus plus"、"CPP"。它是一种使用非常广泛的计算机编程语言。C++是一种静态数据类型检查的、支持多重编程范式的通用程序设计语言。它支持过程化程序设计、数据抽象、面向对象程序设计、泛型程序设计等多种程序设计风格。C++扩充和完善了 C 语言，成为一种面向对象的程序设计语言。相对于 C 语言，C++提出了一些更为深入的概念，它所支持的这些面向对象的概念容易将问题空间直接地映射到程序空间，为程序员提供了一种与传统结构程序设计不同的思维方式和编程方法。因而也增加了整个语言的复杂性，掌握起来有一定难度。

C++由美国 AT&T 贝尔实验室的本贾尼·斯特劳斯特卢普博士在 20 世纪 80 年代初期发明并实现（最初这种语言被称作"C with Classes"，即带类的 C）。开始，C++是作为 C 语言的增强版出现的，从给 C 语言增加类开始，不断地增加新特性。虚函数（virtual function）、运算符重载（operator overloading）、多重继承（multiple inheritance）、模板（template）、异常（exception）、RTTI、命名空间（name space）逐渐被加入标准。

C++编程语言的优点如下：

（1）C++设计成静态类型，是和 C 语言同样高效且可移植的多用途程序设计语言。

（2）C++直接和广泛地支持多种程序设计风格（程序化程序设计、资料抽象化、面向对象程序设计、泛型程序设计）。

（3）C++给程序设计者更多的选择。

（4）C++尽可能与 C 兼容，借此提供一个从 C 到 C++的过渡。

（5）C++避免平台限定或没有普遍用途的特性。

（6）C++不使用会带来额外开销的特性。

（7）C++设计无须复杂的程序设计环境。

（8）出于保证语言的简洁和运行高效等方面的考虑，C++的很多特性都是以库（如 STL）或其他的形式提供的，而没有直接添加到语言本身里。

（9）C++在一定程度上可以和 C 语言很好地结合，甚至目前大多数 C 语言程序是在 C++的集成开发环境中完成的。C++相对众多的面向对象的语言，具有相当高的性能。

C++引入了面向对象的概念，使得开发人机交互类型的应用程序更为简单、快捷。很多优秀的程序框架包括 MFC、QT、wxWidgets 使用的就是 C++。

然而 C++也有其自身的约束性：C++由于语言本身过度复杂，其语义甚至难于理解。由于本身的复杂性，复杂的 C++程序的正确性相当难以保证。

1.2　计算机数据表示方法

计算机数据表示是指计算机硬件能够辨认并进行存储、传送和处理的数据表示方法。一台计算机的数据表示方法是计算机设计人员规定的，尽管数据的来源和形式有所不同，但输入这台计算机并经它处理的全部数据都必须符合规定。软件设计人员还可以依此来规定各数据类型（如虚数、向量等）和组织复杂的数据结构（如记录、文件等）。

早期的机械式和继电式计算机都用具有 10 个稳定状态的基本元件来表示十进制数据位 $0,1,2,\cdots,9$，一个数据的各个数据位是按 10 的指数顺序排列的，如 $386.45=3\times10^2+8\times10^1+6\times10^0+4\times10^{-1}+5\times10^{-2}$。但是，要求处理机的基本电子元件具有 10 个稳定状态比较困难，十进制运算器逻辑线路也比较复杂。二进制是计算技术中广泛采用的一种数制，由 18 世纪德国数理哲学大师莱布尼兹发现。二进制运算比较简单，能节省设备，而且二进制与处理机逻辑运算能协调一致，便于用逻辑代数简化处理机逻辑设计。因此，二进制得到广泛应用。

1. 定点表示法

在二进制中，0 和 1 分别由处理机电子元件的两个稳定状态表示，2 为数的基底。

2. 字符数据表示法

用二进制位序列组成供输入、处理和输出用的编码称为字符数据。字符数据包括各种运算符号、关系符号、货币符号、字母和数字等。中国通用的是 1980 年颁布的国家标准 GB 1988—80《信息处理交换用的七位编码字符集》，它以 7 个二进制位表示 128 个字符。它包括 32 个控制字符集、94 个图形字符集、一个间隔字符和一个抹掉字符。

1.2.1 二进制、八进制、十六进制

二进制数据是用 0 和 1 两个数码来表示的数，它的基数为 2，进位规则是"逢二进一"，借位规则是"借一当二"。当前的计算机系统使用的基本上是二进制系统，所有输入计算机的信息最终都要转化为二进制。最基本的单位为 bit。

编程中，常用的还是十进制。

比如：

```
int a = 100，b = 99;
```

不过，由于数据在计算机中的表示最终以二进制的形式存在，所以有时候使用二进制可以更直观地解决问题。

首先来看一个二进制数：1111，它是多少呢？由于 1111 才 4 位，所以可以直接记住它每一位的权值，并且是从高位往低位记：8、4、2、1。即最高位的权值为 $2^3=8$，然后依次是 $2^2=4$，$2^1=2$，$2^0 = 1$。则二进制数 1111 对应的十进制数就是 1×8+1×4+1×2+1×1=15。

记住 8421，对于任意一个 4 位的二进制数，都可以很快算出它对应的十进制值。

采用二进制计数制，对于计算机等数字系统来说，运算、存储和传输极为方便。然而，二进制数用来表示一个数据的时候过于烦琐，比如 int 类型占用 4 个字节,32 位。如十进制数 100，用 int 类型的二进制数表达将是：

0000 0000 0000 0000 0110 0100

面对这么长的数进行思考或操作，没有人会喜欢。因此，C 和 C++编程语言没有提供在代码中直接写二进制数的方法。

用十六进制或八进制可以解决这个问题。因为，进制越大，数的表达长度也就越短。不过，为什么偏偏是十六或八进制，而不是其他的诸如九或二十进制呢？这是因为 2、8、16，分别是 2 的 1 次方、3 次方、4 次方，这一点使得三种进制之间可以非常直接地互相转换。八进制或十六进制缩短了二进制数，但保持了二进制数的表达特点。

1. 二进制数转换为十进制数

二进制数第 0 位的权值是 2^0，第 1 位的权值是 2^1，依次类推。

设有一个二进制数：0110 0100，转换为十进制数的计算如下。

用竖式计算：

0110 0100　换算成　十进制数

第 0 位　$0 * 2^0 = 0$

第 1 位　$0 * 2^1 = 0$

第 2 位　$1 * 2^2 = 4$

第 3 位　$0 * 2^3 = 0$

第 4 位　$0 * 2^4 = 0$

第 5 位　$1 * 2^5 = 32$

第 6 位　$1 * 2^6 = 64$

第 7 位　$0 * 2^7 = 0$　　+

　　　　　100

用横式计算：

$$0 * 2^0 + 0 * 2^1 + 1 * 2^2 + 1 * 2^3 + 0 * 2^4 + 1 * 2^5 + 1 * 2^6 + 0 * 2^7 = 100$$

0 乘以多少都是 0，所以可以直接跳过值为 0 的位：

$$1 * 2^2 + 1 * 2^3 + 1 * 2^5 + 1 * 2^6 = 100$$

2．八进制数转换为十进制数

八进制就是逢 8 进 1。

八进制数采用 0～7 这八个数来表达一个数。

八进制数第 0 位的权值为 8^0，第 1 位权值为 8^1，第 2 位权值为 8^2，依次类推。

设有一个八进制数：1507，转换为十进制数的计算如下。

用竖式计算：

第 0 位　$7 * 8^0 = 7$

第 1 位　$0 * 8^1 = 0$

第 2 位　$5 * 8^2 = 320$

第 3 位　$1 * 8^3 = 512$　　+

　　　　　839

同样，也可以用横式直接计算：

$$7 * 8^0 + 0 * 8^1 + 5 * 8^2 + 1 * 8^3 = 839$$

结果是八进制数 1507 转换成十进制数为 839。

在 C 和 C++语言中，如何表达一个八进制数呢？如果这个数是 876，可以断定它不是八进制数，因为八进制数中不可能出 7 以上的阿拉伯数字。但如果这个数是 123、567 或 12345670，那么它是八进制数还是十进制数都有可能。所以 C/C++规定，一个数如果要指明它采用八进制，必须在它前面加上一个 0，例如，123 是十进制数，但 0123 则表示采用八进制。这就是八进制数在 C/C++中的表达方法。

3．十六进制数转换成十进制数

十六进制就是逢 16 进 1，但只有 0～9 这十个数字，所以用 A、B、C、D、E、F 这六个字母来分别表示 10、11、12、13、14、15。字母不区分大小写。

十六进制数的第 0 位的权值为 16^0，第 1 位的权值为 16^1，第 2 位的权值为 16^2，依次类推。

所以，在第 N（N 从 0 开始）位上，如果是数 X（X 大于等于 0，并且 X 小于等于 15，即 F），表示的大小为 $X*16^N$。

假设有一个十六进制数 2AF5，那么如何换算成十进制数呢？

用竖式计算：

第 0 位：$5 * 16^0 = 5$

第 1 位：$F * 16^1 = 240$

第 2 位：$A * 16^2 = 2560$

第 3 位：$2 * 16^3 = 8192$ +

$\quad\quad\quad$ 10997

直接计算就是：

$$5 * 16^0 + F * 16^1 + A * 16^2 + 2 * 16^3 = 10997$$

在上面的计算中，A 表示十进制数 10，而 F 表示十进制数 15。

现在可以看出，所有进制换算成十进制，关键在于各自的权值不同。

如果不使用特殊的书写形式，十六进制数也会和十进制数相混。比如随便一个数 9876，就看不出它是十六进制数还是十进制数。C/C++规定，十六进制数必须以 0x 开头。比如 0x1 表示一个十六进制数，而 1 则表示一个十进制数。另外，如 0xff、0xFF、0X102A 等，其中的 x 不区分大小写（注意：0x 中的 0 是数字 0，而不是字母 O）。

1.2.2 表示数据的字节和位

位（bit）又称"比特"，是存储信息的最小单位，它的值是二进制 1 或 0。计算机中所有的信息都是以"位"（bit）为单位表示、存储及传递的。早期的 DOS 操作系统就是 8 位的，后期的 DOS 操作系统是 16 位的，Win9X 操作系统是基于 DOS 的，所以也是 16 位的，NT 核心的 Windows 是 32 位的，现在也有了 64 位的 XP/Win7 操作系统等，CPU 也有 64 位的，所说的位就是 bit 的意思，即二进制数的长度。

每 8 个位（bit）组成一个字节（byte）。字节是什么概念呢？一个英文字母就占用一个字节，也就是 8 位，一个汉字占用两个字节。一般位简写为小写字母"b"，字节简写为大写字母"B"。

每一千个字节称为 1KB，注意，这里的"千"不是通常意义上的 1000，而是指 1024。即 $1KB=1024B=2^{10}B$。

每一千个 KB 就是 1MB（同样这里的 K 是指 1024），即

$$1MB=1024KB=1024×1024B=1048576B$$

每一千个 MB 就是 1GB，即 1GB=1024MB。例如，一篇 10 万汉字的小说，如果存到磁盘上，需要占用多少空间呢？

$\quad$ 100000 汉字=200000B=(200000B÷1024)KB≈195.3KB≈(195.3KB÷1024)MB≈0.19MB

另外一个例子就是网速，提到网速的时候经常会省略单位，往往只是说 G、M、K，其实 G、M、K 是数量的简略表示法，换算公式为：1G=1024M，1M=1024K，1K=1024，就相当于人们常说的亿、万、千，只是数量的简略表示而已，并不是单位，单位是字节/秒（Bps）。

1.2.3 内存

内存（Memory）也称为内存储器，其作用是暂时存放 CPU 中的运算数据，以及与硬盘等

外部存储器交换的数据。只要计算机在运行中，CPU 就会把需要运算的数据调到内存中进行运算，当运算完成后 CPU 再将结果传送出来，内存的运行也决定了计算机的稳定运行。

1．整数的存储方式

一个十进制整数先转换为二进制形式，如整数 10，以二进制形式表示是 1010，直接把它存放在存储单元中。如果用一个字节来存储，存储单元中的情况如下。

0	0	0	0	1	0	1	0

一个存放整数的存储单元，左面第一位用来表示符号，当最高位为 0 时表示是正数。其他 7 位都用来存放数值，则它的最大值是 01111111，即 2^7-1，它相当于十进制数的 127。如果数值大于 127，一个字节就放不下了。这显然是不满足要求的。有的编译系统以两个字节表示一个整数。这时，它的最大值是 0111111111111111，即 $2^{15}-1$，它相当于十进制数的 32767。实际中使用的整数往往超过 32767，显然两个字节也放不下，因此有的系统以 4 个字节表示一个整数，这时，它的最大值是 31 个二进位的值都是 1，即 $2^{31}-1$，约为 21 亿，一般情况下能满足使用要求了。

2．实数的存储方式

一个实数，如 123.456，就不能采用上面的办法。对于实数，一律采用指数形式存储，如 123.456 可以写成标准化指数形式 $0.123456×10^3$，它包括前后两部分，前面部分是数值部分，后面部分是指数部分，如下所示。

$$0.123456×10^3$$
数值部分　指数部分

所谓"标准化指数形式"是指这样的指数：其数值部分是一个小数，小数点前的数字是零，小数点后的第一位数字不是零。一个实数可以有多种指数形式，但只有一种属于标准化指数形式。如 123.456 可以表示为 $123456×10^{-3}$、$12345.6×10^{-2}$、$1234.56×10^{-1}$、$123.456×10^0$、$12.3456×10^1$、$1.23456×10^2$、$0.123456×10^3$ 等，在数学上它们是等价的，其中只有 $0.123456×10^3$ 符合上面的条件，是标准化指数形式，而其他的都不是标准化指数形式。在计算机中，一般以 4 个字节存储一个实数。这 4 个字节可分为两部分：一般以 3 个字节存放数值部分，以 1 个字节存放指数部分。

3．字符的存储方式

计算机并不是将字符本身存放到存储单元，而是将字符的代码存储到相应的单元中。附录 A 是字符与代码的对照表，这是国际通用的 ASCII 代码。例如，在附录 A 中可以查到大写字母 A 相应的 ASCII 代码是 65，而 65 的二进制形式是 1000001，所以在存储单元中的信息是 01000001（第一位补 0，凑足 8 位）。

0	1	0	0	0	0	0	1

其他字符类似。以上转换工作由编译系统自动完成，不必用户自己转换。只需要输入字母 A，在计算机的相应存储单元中就会存入 01000001 的信息。

1.3 C++开发工具

什么是编程

1. 编译器

编译器就是将高级语言翻译为机器语言（低级语言）的程序。一个现代编译器的主要工作流程为：源代码（source code）→预处理器（preprocessor）→编译器（compiler）→汇编程序（assembler）→目标代码（object code）→链接器（linker）→可执行程序（executables）。C++编译器是一个与标准化 C++高度兼容的编译环境。这点对于编译可移植的代码十分重要。下面介绍三种 C++编译器。

（1）Borland C++

它是 Borland C++ Builder 和 Borland C++ Builder X 这两种开发环境的后台编译器。正如 Delphi7 到 Delphi8 的转变，是革命性的两代。Borland C++由老牌开发工具厂商 Borland 倾力打造。该公司的编译器素以速度快、空间效率高著称，Borland C++ 系列编译器秉承了这个传统，属于非常优质的编译器。标准化方面早在 5.5 版本的编译器中对标准化 C++的兼容就达到了 92.73%。目前最新版本是 Borland C++ Builder X 中的 6.0 版本，官方称 100%符合 ANSI/ISO 的 C++标准及 C99 标准。

（2）Visual C++

Visual C++是 Microsoft 公司提供的在 Windows 环境下进行应用程序开发的 C/C++编译器。相比其他的编程工具而言，Visual C++在提供可视化的编程方法的同时，也适用于编写直接对系统进行底层操作的程序。随 Visual C++一起提供的 Microsoft 基础类库（Microsoft Foundation Class Library，简写为 MFC）对 Windows 9x/NT 所用的 Win32 应用程序接口（Win32 pplication Programming Interface）进行了十分彻底的封装，这使得 Windows 9x/NT 应用程序的开发可以使用完全的面向对象的方法来进行，从而能够大量地节省应用程序的开发周期，降低开发成本，也使得 Windows 程序员从大量的复杂劳动中解脱出来，而且，并没有因为获得这种方便而牺牲应用程序的性能。

（3）Borland C++ Builder X

正如前文所述，虽然版本号上和第一个 IDE（Integrated Development Environment，集成开发环境）非常相像，但是其实它们是完全不同的两个集成开发环境。C++ Builder 更多地是一个和 Delphi 同步的 C++版本的开发环境，C++ Builder X 则是完全从 C++的角度思考得出的一个功能丰富的 IDE。其最大的特点是跨平台、跨编译器、多种 Framework 的集成，并且有一个 wxWindows 为基础的 GUI 设计器。尤其是采用了纯 C++来重写整个 Framework，改进了工具的性能。

2. 开发环境

开发环境对于程序员的作用非常重要，特别是在 IDE 如此丰富的情况下。下面是一些常见的 C++开发环境，可以用作日常开发使用。

（1）Visual Studio 6.0

这个虽然是 Microsoft 公司的老版本的开发环境，但是鉴于其后继版本 Visual Studio.NET 的庞大身躯，以及初学者并不那么高的功能要求，所以推荐这个开发环境给 C++的初学者，供其学习 C++的最基本的部分，比如 C 的那部分子集。在日常的开发中，仍然有很多公司使用这个经典稳定的环境。

（2）Visual Studio.NET

作为 Microsoft 公司官方正式发布的开发环境，结合其最新的 C++编译器，对于机器配置比较好的开发人员来说，使用这个开发环境将能满足其大部分的要求。包括多种语言编译器：C++、C#、Visual Basic、F#等。

3．Visual C++ 6.0 开发环境的使用方法

考虑到目前大多数初学者使用的都是 PC 和 Windows 操作系统，以 Visual C++作为推荐的 C++编译器，但本书的绝大多数程序都可以在任何支持标准 C++的编译器中编译通过。

Visual C++软件包包含了许多单独的组件，如编辑器、编译器、链接器、生成实用程序、调试器，以及各种各样为开发 Microsoft Windows 下的 C/C++程序而设计的工具。一般情况下，Visual C++既指整个产品，又指它的开发环境。

在编程之前，必须先了解工程 Project 的概念。工程又称为项目，它具有两种含义，一种是指最终生成的应用程序；另一种则是为了创建这个应用程序所需的全部文件的集合，包括各种源程序、资源文件和文档等。

具体使用步骤如下。

（1）启动并进入 Visual C++ 6.0 的集成开发环境

Visual C++ 6.0 的集成开发环境窗口如图 1-1 所示。窗口大体上可分为四部分。上部：菜单和工具条；中左：工作区（workspace）视图显示窗口，这里将显示处理过程中与项目相关的各种文件种类等信息；中右：文档内容区，是显示和编辑程序文件的操作区；下部：输出（Output）窗口区，程序调试过程中，进行编译、链接、运行时输出的相关信息将在此处显示。

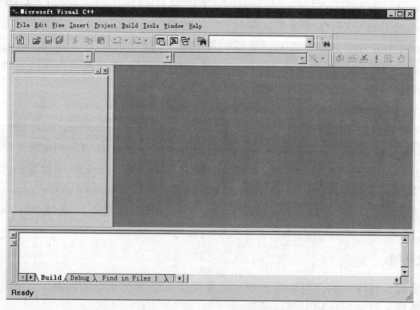

图 1-1　Visual C++ 6.0 的集成开发环境窗口

（2）创建工程并输入源程序代码

为了把程序代码输入计算机，需要使用 Visual C++ 6.0 的编辑器来完成。首先要创建工程

以及工程工作区，而后才能输入具体程序完成所谓的"编辑"工作。

执行菜单命令"File→New"，会出现一个选择界面，在属性页中选择"Projects"标签后，会看到近 20 种的工程类型，只需选择其中最简单的一种："Win32 Console Application"，而后往右上处的"Location"文本框和"Project name"文本框中填入工程相关信息、所存放的磁盘位置（目录或文件夹位置）以及工程的名字，此时的界面信息如图 1-2 所示。

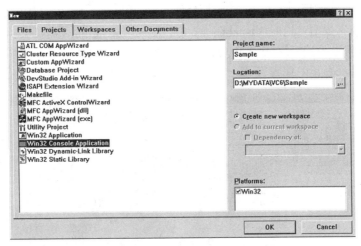

图 1-2　新建一个名为 Sample 的工程（同时自动创建一工作区）

在图 1-2 中，"Location"文本框中可填入如"D:\myData\VC++ 6.0"，这是假设准备在 D 磁盘的\myData\VC++ 6.0 文件夹即子目录下存放与工程工作区相关的所有文件及其相关信息；当然也可通过单击其右部的"…"按钮去选择并指定这一文件夹即子目录位置。"Project name"文本框中填入如"Sample"的工程名（注意，名字根据工程性质确定，此时 Visual C++ 6.0 会自动在其下的"Location"文本框中用该工程名"Sample"建立一个同名子目录，随后的工程文件以及其他相关文件都将存放在这个目录下）。

单击"OK"按钮进入下一个选择界面。 这个界面主要是询问用户想要构成一个什么类型的工程，其界面如图 1-3 所示。

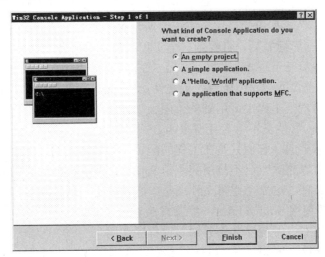

图 1-3　选择创建一个什么样的工程

若选择"An empty project"项将生成一个空的工程，工程内不包括任何东西。若选择"A simple application"项将生成包含一个空的 main 函数和一个空的头文件的工程。选择"A"Hello World!"application"项与选择"A simple application"项没有什么本质的区别，只是前者包含有显示出"Hello World!"字符串的输出语句。若选择"An application that supports MFC"项的话，可以利用 Visual C++ 6.0 所提供的类库来进行编程。

为了更清楚地看到编程的各个环节，选择"An empty project"项，从一个空的工程来开始工作。单击"Finish"按钮，这时 Visual C++ 6.0 会生成一个报告，报告的内容是刚才所有选择项的总结，并且询问是否接受这些设置。如果接受单击"OK"按钮，否则单击"Cancel"按钮。单击"OK"按钮进入真正的编程环境，界面情况如图 1-4 所示。

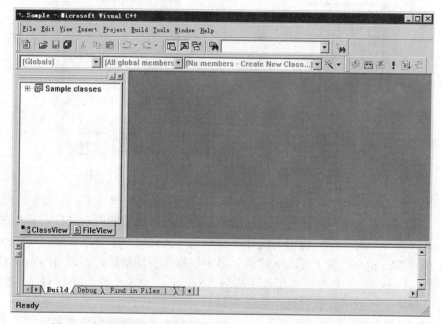

图 1-4　完成创建工程 Sample 的 Visual C++ 6.0 集成开发环境窗口

注意屏幕中的 Workspace 窗口，该窗口中有两个标签，一个是"ClassView"，一个是"FileView"。"ClassView"中列出的是这个工程中所包含的所有类的有关信息，当然程序将不涉及到类。单击"FileView"标签后，将看到这个工程所包含的所有文件信息。单击"+"图标打开所有的层次，会发现有三个逻辑文件夹：Source Files 文件夹中包含了工程中所有的源文件；Header Files 文件夹中包含了工程中所有的头文件；Resource Files 文件夹中包含了工程中所有的资源文件。所谓资源就是工程中所用到的位图、加速键等信息，在编程中不会牵扯到这一部分内容。现在"FileView"中也不包含任何东西。

逻辑文件夹是逻辑上的，它们只是在工程的配置文件中定义的，在磁盘上并没有物理地存在这三个文件夹。也可以删除自己不使用的逻辑文件夹；或者根据项目的需要，创建新的逻辑文件夹，来组织工程文件。这三个逻辑文件夹是 VC 预先定义的，就编写简单的单一源文件的C++程序而言，只需要使用 Source Files 一个文件夹就够了。

（3）在工程中新建 C++源程序文件并输入源程序代码

执行菜单命令"Project→Add To Project→new"，在出现的对话框的"Files"标签（选项卡）中，选择"C++ Source File"项，在右中处的"File"文本框中为将要生成的文件取一个名字，取名为 Hello（其他遵照系统隐含设置，此时系统将使用 Hello.cpp 的文件来保存所输入的源程序），此时的界面情况如图 1-5 所示。

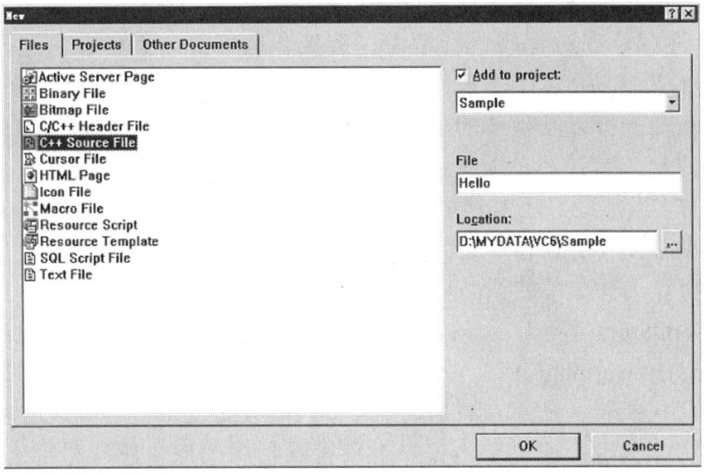

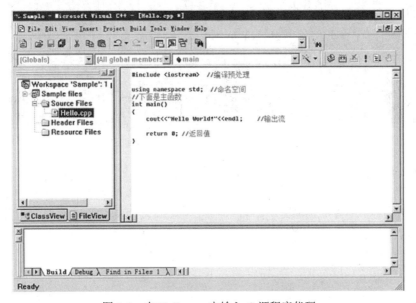

图 1-5　在工程 Sample 中新建一名为 Hello.cpp 的 C 源程序文件

单击"OK"按钮，进入输入源程序的编辑窗口（注意所出现的呈现"闪烁"状态的输入位置光标），此时只需通过键盘输入所需要的源程序代码：

```
#include <iostream>
using namespace std;
int main()
{
    cout<<"Hello World! ">>endl;
    return 0;
}
```

可通过 Workspace 窗口中的"FileView"标签，看到 Source Files 文件夹下文件 Hello.cpp 已经被加了进去，此时的界面情况如图 1-6 所示。

图 1-6　在 Hello.cpp 中输入 C 源程序代码

（4）编译、链接及运行程序

程序编辑工作完成，保存之后，就可以进行编译、链接与运行了。所有的命令项都处在菜单"Build"之中。注意，在对程序进行编译、链接和运行前，最好首先选择执行菜单第一项"Compile"，此时将对程序进行编译。若编译中发现错误（error）或警告（warning），将在 Output 窗口中显示出它们所在的行以及具体的出错或警告信息，可以通过这些信息的提示来纠正程序中的错误或警告（注意，错误是必须纠正的，否则无法进行下一步的链接；而警告则不然，它并不影响下一步操作，当然最好还是能把所有的警告也"消灭"掉）。当没有错误与警告出现时，Output 窗口所显示的最后一行应该是："Hello.obj-0 error(s), 0warning(s)"。

编译通过后，可以选择菜单的第二项"Build"来进行链接生成可执行程序。在链接中出现的错误也将显示到 Output 窗口中。链接成功后，Output 窗口所显示的最后一行应该是："Sample.exe-0 error(s), 0 warning(s)"。

最后就可以运行（执行）所编制的程序了，选择"Execute"项（该选项前有一个深色的感叹号标志"！"，实际上也可通过单击窗口上部工具栏中的深色感叹号标志"！"来启动执行该选项），Visual C++ 6.0 将运行已经编好的程序，执行后将出现一个结果界面（所谓的类似于 DOS 窗口的界面），如图 1-7 所示，其中的"Press any key to continue"是由系统产生的，使得用户可以浏览输出结果，直到按下了任一个键盘按键时为止（那时又将返回到集成界面的编辑窗口处）。

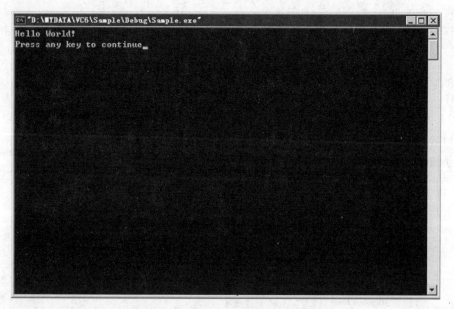

图 1-7　程序 Hello.cpp 的运行结果界面

至此已经生成并运行（执行）了一个完整的程序，完成了一个"回合"的编程任务。此时应执行菜单命令"File→Close Workspace"，待系统询问是否关闭所有的相关窗口时，回答"是"，则结束一个程序从输入到执行的全过程，回到刚刚启动 Visual C++ 6.0 的初始画面。

C++程序结构

第2章

C++的数据类型

本章知识点：

- 数据类型的种类
- 常量和变量的定义、组成及使用
- 运算符和表达式的使用
- 不同数据类型的转换

基本要求：

- 掌握数据类型、变量和常量、表达式及运算符的使用规则
- 掌握符号常量、变量的初始化操作
- 了解数据类型转换的两种方式

能力培养目标：

通过本章的学习，使学生对 C++程序设计语言中最基本的数据成员，以及对这些数据成员能采取的操作有所掌握，使学生明白在程序设计中可操控的对象是什么以及不同对象的不同运算规则，以此来提高学生的总结归纳能力。

2.1　C++的数据类型

数据是程序中的必要组成部分，是程序处理的对象。现实中的数据是有类型差异的，类型是对系统中实体的一种抽象，它描述了某种实体的基础特性。一个数据类型定义了数据可接受值的集合以及对它能执行的操作。

数据类型有三种主要用途：

- 指明对该类型的数据应分配多大的内存空间。
- 定义能用于该类型的数据操作。
- 防止数据类型不匹配。

编写高级语言程序虽然不需要了解数据在内存中的具体存储方法，但一定要具有类型的概念，因为处理不同类型的数据所使用的命令语句是有所区别的。

C++的数据类型包括基本数据类型和构造数据类型两类。构造数据类型又称为复合数据类型，它是一种更高级的抽象概念。在图 2-1 中，把数据类型划分为基本的数据类型和复合的数据类型（派生类型），也可把数据类型分为内置的类型和用户定义的类型两大类。用户定义的类型在使用以前，必须先定义，包括：结构、类、枚举和联合类型；内置的类型是指直接被 C++提供的类型，也就是说，是除用户定义的类型以外的其他类型。

从语法上来说，void 类型（空类型）也是基本的类型，但是，它不是一个完整的类型，只能作为更复杂类型的一部分。没有 void 类型的变量，它或者用于指定一个函数，没有返回值，或者作为指针类型，表示该指针指向未知类型的变量。

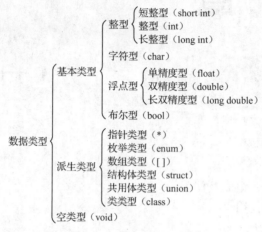

图 2-1　C++数据类型

C++并没有统一规定各类数据的精度、数值范围和在内存中所占的字节数，它只是为各个类型提供了一个参考值，然后由 C++的编译系统根据自己的情况做出安排，只要不低于 C++规定的最低限度就可以。表 2-1 列出了 ANSI C/C++基本数据类型的情况。

表 2-1　ANSI C/C++基本数据类型

类　　型	字　　节	数　值　范　围
无值型 void	0byte	无值域
有符号短整型 short [int] /signed short [int]	2byte	−32768～32767
无符号短整型 unsigned short [int]	2byte	0～65535
有符号整型 int /signed [int]	4byte	−2147483648～2147483647
无符号整型 unsigned [int]	4byte	0～4294967295
有符号长整型 long [int]/signed long [int]	4byte	−2147483648～2147483647
无符号长整型 unsigned long [int]	4byte	0～4294967295
有符号字符型 char/signed char	1byte	−128～127
无符号字符型 unsigned char	1byte	0～255
单精度浮点型 float	4byte	−3.4E−38～3.4E+38
双精度浮点型 double	8byte	1.7E−308～1.7E+308
布尔型 bool	1byte	True 和 false

2.2　常量

在程序执行过程中，其值不能被改变的量称为常量，许多数学计算公式中都有数值常数，它们都属于常量。

2.2.1　数值常量

数值常量包括整型常量和实型常量。

1. 整型常量

从表 2-1 中已知，整型数据可分为 int、short int、long int 以及 unsigned int、unsigned short、unsigned long 等类别。整型常量也分为以上类别。为什么将数值常量区分为不同的类别呢？因为在进行赋值或函数的参数虚实结合时要求数据类型匹配。如果一个整数的值在−32768～+32767 范围内，则它是 short int 型，可以把它赋值给 int 或 long int 型变量；如果一个整数的值超过以上的范围，并且在−2147483648～+2147483647 范围内，则它是 long int 型，可以把它赋值给 int 或 long int 型变量。

在 C++语言中，整型常量有三种表示形式。

（1）十进制整型常量。如 12、−46、0。

（2）八进制整型常量。以数字 0 开头的八进制数字串，其中数字为 0～7，如 010（十进制数 8）、024（十进制数 20）。

（3）十六进制整型常量。以 0x 或 0X 开头的十六进制数字串，其中每个数字可以是 0～9、a～f 或 A～F 中的数字或英文字母，如 0x12（十进制数 18）、0X1ab0（十进制数 6832）。

2. 实型常量

实型常量有两种表示形式：一种是小数形式，另一种是指数形式。

（1）小数形式。由数字和小数点组成，也就是由整数部分和小数部分组成，可以省略二者之一，但不能都省，如 0.35、.89、56.0、78.、−3.0。C++编译系统把常量分为单精度常量和双精度常量，通常情况下我们看到的常量形式都代表的是双精度常量，在内存中占 8 个字节。如果在实数的后面加了字母 f 或 F，表示这个数是单精度实型，占 4 个字节。

（2）指数形式。0.2E+2 表示 $0.2*10^2$，0.2e−2 表示 $0.2*10^{−2}$，其中字母 e 可以大写也可以小写，前面必须有数字，后面必须是整数。

下面是不正确的实型常量。

```
e15         //缺少 e 前面部分
0.35e       //缺少阶码
78e−1.2     //不是整数阶码
```

2.2.2　字符常量和字符串常量

字符常量都是用单引号括起来的，其表现形式可以有两种。

1. 一般形式

一个字符用单引号括起来，注意只能有一个字符，如 'a'、'?'、'2' 都是字符常量，在内存中占一个字节。把一个字符存放到内存单元的时候，并不是把字符本身放到内存单元中去，而是将这个字符的 ASCII 码放到存储单元中，比如，将 'a' 放到存储单元的时候实际上里面放的是 ASCII 码 97 的二进制形式。

因为它的存储形式和整数的存储形式类似，所以 C++中字符型数据和整型数据之间可以通用。其运算可以参与到整型数中去。

```
char ch='d';
int b=5,c;
c=ch+b;
cout<<c;                    //输出 105
```

然而它与整数还是有区别的，在输出方式上，字符型的输出不是整数，而是该整数所代表的 ASCII 码字符。

```
char a=97;
int b=97;
cout<<a<<' '<<b<<endl;     //输出结果为：a 97
```

'an' 是不合法的，字符常量指的'括起来的单个字符。

2．特殊形式

特殊形式都是以\开头，它们在屏幕上不会直接显示出来，而是根据其特定的功能来显示的，这些特殊字符常量有：

\n 换行，相当于敲一下回车。

\t 跳到下一个 Tab 位置，相当于按一下键盘上的 Tab 键。

\v 垂直制表位。

\b 退格，相当于按一下 Backspace 键。

\r 使光标回到本行开头。

\f 换页，光标移到下页开头。

\\ 输出\字符，也就是在屏幕上显示一个\字符。

\' 输出'字符，也就是在屏幕上显示一个'字符。

\" 输出"字符，也就是在屏幕上显示一个"字符。

\ddd 1 位到 3 位八进制数表示的字符。

\xhh 1 位到 2 位十六进制数表示的字符。注意 x 不能丢了。

使用转义字符时需要注意转义字符只能使用小写字母，每个转义字符只能看作一个字符。cout<<'\n';将输出一个换行，也就是光标移到下一行的开头位置。这种"控制字符"在屏幕上不能显示，只能采用特殊的形式。

3．字符串常量

C++提供了两种字符串类型，即 C 风格的字符串和标准的 C++类库中的 string 类。C 风格的字符串常量是用双引号""把字符串括起来，如"hello"。

字符串与字符是不同的，以"hello"为例，它在内存中的存放形式是按串中字符的排列顺序存放，每个字符占一个字节，而且系统会在字符串常量的末尾自动加一个字符串结束标志('\0')。图 2-2 是字符数据及其存储形式。

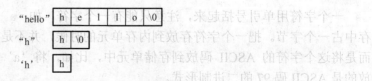

图 2-2　字符数据及其存储形式

2.2.3　布尔常量

整数 1 和 0 两个值构成了 bool 型的表示范围。布尔常量只有两个：false（假）和 true（真）。只有两个整数的类型，但用它表示逻辑的 true 和 false，却可以表达无数的真假命题。C++ 表达式值的大小的判断、条件的真伪的判断，还有逻辑运算的结论，都可以用 bool 型值来表示。

给 bool 型变量赋值时，任何非 0 的数都表示为给 bool 型变量赋值为 1，也就是为真，只有给 bool 型变量赋值为 0 时，才表示 bool 型变量的值为 0，结果为假。

```
bool a=2
bool b=1                    //b 为 true
bool c=a+b                  //c 为 true（1+1=2，2 为非 0，即 1）
bool d=a-b                  //d 为 false（不是 2-1，而是 1-1）
```

bool 型的输出形式是可以选择的，默认的形式是 1 和 0，如果想输出 true 或 false，可以用格式控制符控制。

```
cout<<a<<endl;             //输出 1
cout<<boolalpha<<d<<endl;  //输出 false
```

2.2.4　符号常量

在 C++中，常用一个符号代表一个常量，这就是符号常量。这个符号常量就代表了那个常量。符号常量在使用之前必须声明。

符号常量声明形式：

```
#define  符号  常量
```

【例 2.1】　符号常量的使用。

```
#include<iostream>
using namespace std;
#define pi 3.14               //定义符号常量
int main()
{
    int r;
    float s,v;
    cin>>r;
    s=4.0*pi*r*r;
    v=4.0/3*pi*r*r*r;
    cout<<s<<endl<<v<<endl;
    return 0;
}
```

在上面的例子中，给圆周率起个名字 pi，就是符号常量，#define pi 3.1415926。符号常量声明时必须赋初值，在其他时候不能改变它的值。使用符号常量与普通常量相比有很多好处：程序的可读性更高，我们看到这个名字就能看出它的具体意思，如果多个地方都用了上面那个 pi 常量，但后来圆周率的值精度想改变一下，只用 3.14，这个时候怎么把所有的 pi 都换掉呢？只需要修改 pi 的声明就行了：#define pi 3.14；但是如果使用普通常量，即所有用圆周率的地方直接写成 3.1415926，那么就必须全部找到再换掉，这样不但麻烦而且容易漏掉。

2.3 变量

何谓变量

在程序运行期间其值可以改变的量称为变量。一个变量应该有一个名字，并在内存中占据一定的存储单元，在该存储单元中存放变量的值。

2.3.1 变量名规则

定义变量的名字是程序中的标识符，包括以后使用的数组名、函数名等都是程序中的标识符，都要符合标识符的命名规则。简单地说，标识符就是一个名字，变量的名字是标识符的一种，给变量起名字必须遵守标识符的命名规则。C++语言规定，标识符只能由数字、字母和下画线组成，且第一个字符必须为字母或下画线。如 a、sum、x1、stu_name、AREA 都是合法的变量名，而下面是不合法的标识符：M.D、@123、3g64。

注意：在 C++中，大写字母和小写字母被认为是两个不同的字符，因此 SUM 和 sum 是两个不同的变量名。一般变量名用小写字母表示，与人们日常习惯一致，以增加可读性。变量名不能与 C++的关键字、系统函数名和类名相同。

C++没有规定标识符的长度（字符个数），但各个具体的 C++编译系统都有自己的规定。有的系统取 32 位，超过的字符不能被识别。

2.3.2 定义变量

如果在程序中用到变量，要求对所有用到的变量"先定义，后使用"。可以在程序中的任何位置定义变量，只要是使用之前定义就可以。定义变量的一般形式是：

类型名　变量名表

例如：

int a,b,sum;

定义 a,b,sum 为整型变量，注意各变量间以逗号分隔，最后是分号。

C++要求对变量做强制定义的目的是：

（1）凡未被事先定义的，不作为变量名，这就能保证程序中变量名使用正确。例如, int name;在执行语句中错写成 nome，如 nome=10; 在编译时检查出 nome 没定义，作为错误处理。

（2）每一个变量被指定为一确定类型，在编译时就能为其分配相应的存储单元。如指定 a 和 b 为 int 型，一般的编译系统为其分配 4 个字节，并按整数方式存储数据。

（3）指定每一变量属于一个特定的类型，这就便于在编译时，据此检查该变量所进行的运算是否合法。例如，整型变量 a 和 b，可以进行求余运算：a%b 得到 a/b 的余数，如果将 a 和 b 指定为实型变量，则不允许进行"求余"运算，在编译时会给出有关的出错信息。

2.3.3 对变量赋初值

在变量定义的同时可以为变量提供初始数据，称为变量的初始化。

例如，float a,b=1.2,c=3+b 表示定义了 a、b、c 为单精度浮点型变量，对 b 初始化为 1.2，对 c 初始化为 3+b，因为 b 已经赋初值，所以变量 c 有确定的初值。变量 a 未初始化。

对多个变量赋同一初值，必须分别指定，不能写成

```
int a=b=c=3;
```

而应写成

```
int a=3,b=3,c=3;
```

定义了变量而没有赋初值的，该变量的初值是一个随机值。

2.3.4　常变量

常变量是常量和变量的结合体，和符号常量类似，值都不能改变，但又具备了变量的变量类型、变量名和变量值的属性。简单地说，常变量就是其值不能改变的变量。

常变量声明形式：

```
const  数据类型说明符  常量名=常量值;
```

或

```
数据类型说明符  const  常量名=常量值;
```

例如：

```
const  float pi=3.1415926;
```

用 const 来声明这种变量的值不能改变，指定其值始终为 3.1415926。

在定义常变量时必须同时对它初始化（即指定其值），此后它的值不能再改变。常变量不能出现在赋值号的左边。例如上面一行不能写成

```
const int a;a=3;              //常变量不能被赋值
```

可以用表达式对常变量初始化，如

```
const int b=3+6;              //b 的值被指定为 9
```

从计算机实现的角度看，变量的特征是存在一个以变量名命名的存储单元，在一般情况下，存储单元中的内容是可以变化的。对常变量来说，无非在此变量的基础上加上一个限定：存储单元中的值不允许变化。因此常变量又称为只读变量。

2.4　C++的运算符

C++语言的运算符极其丰富，共有 40 多种，这些运算符使 C++的运算十分灵活。C++运算符又称操作符，它是对数据进行运算的符号，参与运算的数据称为操作数或运算对象，由操作数和操作符连接而成的有效的式子称为表达式。

每一种运算符都具有一定的优先级，用来决定它在表达式中的运算次序。一个表达式中通常包含有多个运算符，那么先算什么，后算什么就要看运算符的优先级。如当计算表达式 a+b*(c-d)/e 时，则每个运算符的运算次序依次为：-、*、/、+。

对于同一优先级的运算符，当在同一个表达式的计算过程中相邻出现时，可能是按照从左到右的次序进行，也可能是按照从右到左的次序进行，这要看运算符的结合性。大部分的运算

符都是左结合，多个赋值运算符在一起的时候，结合性是从右到左，当计算 a=b=c 时，先做右边的赋值，使 c 的值赋给 b，再做左边的赋值，使 b 的值赋给 a。

按照运算符要求操作数个数的多少，可把 C++运算符分为单目（或一元）运算符（运算符一侧有数据）、双目（或二元）运算符（运算符两侧有数据）和三目（或三元）运算符三类。

C++中的运算符有算术运算符、关系运算符、逻辑运算符、赋值运算符和逗号运算符等。

2.5　算术运算符与算术表达式

何谓语句

2.5.1　基本的算术运算符

算术运算符包括基本算术运算符和自增自减运算符。基本算术运算符有：+（加）、-（减或负号）、*（乘）、/（除）、%（求余）。其中"-"作为负号时为一元运算符，作为减号时为二元运算符。优先级跟数学里的是一样的，先乘除，后加减。"%"是求余运算符，它的操作数必须是整数，比如 a%b 是要计算 a 除以 b 后的余数，它的优先级与"/"相同。这里要注意的是，"/"用于两个整数相除时，结果含有小数的话小数部分会舍掉，比如 2/3 的结果是 0。

2.5.2　算术表达式和运算符的优先级与结合性

由算术运算符、操作数和括号组成的表达式称为算术表达式，目的是完成数值计算，例如：

$$3.14*r*r，a+b，-b+sqrt(b*b-4*a*c)$$

数学课程中的数学表达式不能直接拿过来当作 C++当中的表达式，而是要做一些相应的改动，比如 ab+3 要表示成 C++的表达式必须要在 ab 之间加上运算符*，为 a*b+3。数学表达式经常使用圆括号、方括号和花括号来强制规定计算顺序，在 C++算术表达式中不允许使用方括号和花括号，只能使用圆括号。圆括号是 C++语言中优先级最高的运算符，必须成对使用，当使用了多层圆括号时，先完成最里层的运算处理，最后处理外层括号。

【例 2.2】将一个三位整数 365 转换为 563，调换个位与百位的数字。

```cpp
#include<iostream>
using namespace std;
int main()
{
    int x=365,a,b,c,y;
    a=x%10;
    b=x/10%10;
    c=x/100;
    y=a*100+b*10+c;
    cout<<x<<endl<<y<<endl;
    return 0;
}
```

2.5.3　表达式中各类数值型数据间的混合运算

不同数据类型的数据进行运算时，必须先转换成同一数据类型，然后才能进行运算。

混合运算时的自动类型转换规则是：

$$double <-- <-- float$$
$$\uparrow$$
$$long\ int$$
$$\uparrow$$
$$unsigned\ int$$
$$\uparrow$$
$$int <-- <-- char、short$$

其中横向向左的箭头表示必定的转换，如字符数据必须先转换成整数，short 型转换为 int 型，float 型数据在运算时一律先转换成 double 型，以提高运算精度（即使是两个 float 型数据进行相加，也都要先转换成 double 型，然后再相加）。

纵向的箭头表示当运算对象为不同数据类型时转换的方向。注意箭头只是表示数据类型级别的高低，由低向高转换，但并不需要逐级转换而是直接进行转换。例如，一个 int 型数据和 double 型数据进行运算，运算时是直接将 int 型转换成 double 型，而非先将 int 型转换成 unsigned int 型，再转换成 long int 型，最后转成 double 型。

当在表达式中遇到不同数据类型进行运算时，例如定义如下不同类型的变量：

```
char c='d';
int i=3;
float x=3.5,y=4.5;
double z=5.5;
```

那么在 C++中下面的式子都是合法的并遵循上面提到的转换规则。

```
i*x+c-z/y
x+c*y-'f'*7.8
c+1
```

2.5.4　自增（++）和自减（--）运算符

自增（++）和自减（--）运算符是单目运算符，它的操作数必须是变量，不能为表达式或常量。该运算符的功能是使变量的值增加 1 或减少 1，而常量是不能改变的。结合性与简单的赋值运算符相同，但优先级高于任何双目运算符。++和--运算符可以作为变量的前缀，也可以作为变量的后缀。

自增和自减运算符独立使用时，前缀和后缀形式无区别，但它们在表达式总被引用时，结果是不同的。例如：如果变量 m 的原值为 4，则执行下面的赋值语句，得到的 n 值是不同的。

```
n=++m;（m 的值先变成 5，再将 m 的值赋给 n，n 的值为 5）
n=m++;（先将 m 的值 4 赋给 n，n 的值为 4，然后 m 的值变为 5）
```

2.6　赋值运算符和赋值表达式

何谓表达式

2.6.1　赋值运算符和赋值表达式概述

在前面的程序中已经多次使用赋值运算符了，下面介绍赋值运算符的功能和特点。由赋值运算符'='组成赋值表达式。

变量名=表达式

赋值号左边必须是一个变量名，赋值号右边可以是常量、变量和表达式。赋值运算符的作用是先求出右边表达式的值，然后将此值赋给左边的变量。

赋值运算符的优先级在所有的运算符中仅高于逗号运算符，低于其他的运算符。在赋值表达式 m=3+5-c 中，因为"="的优先级最低，所以先计算赋值号右侧表达式的值，最后将计算得到的值赋给变量 m。

赋值运算符不同于数学的等号，在数学当中 a=3 和 3=a 是等价的，但在 C++中这样写就是语法错误了，在这里 a 的值是没办法赋给一个常量的。

2.6.2　赋值过程中的类型转换

如果赋值运算符两侧的数据类型不一致，但都是数值型或字符型，则在赋值时会自动进行类型转换。把右边表达式的值的类型转换成左边的变量的类型。赋值时进行类型转换，要特别注意有些转换会造成精度的损失，如实型转换为整型时只取整数部分。例如：

```
int a;
a=2.6;
```

把 2 赋值给变量 a，舍弃小数部分。

```
int c;
c='a';
```

把 'a' 对应的 ASCII 的值 97 赋给变量 c。

2.6.3　复合赋值运算符

在赋值运算符之前加上其他运算符可以构成复合赋值运算符。也就是用第一个操作数加（减、乘、除、按位与/或/异或……）第二个操作数，并把结果赋值给第一个操作数。

赋值操作符

+= 加并赋值

−= 减并赋值

*= 乘差赋值

/= 除差赋值

%= 求模并赋值

例如：

```
int a,b;
a+=b;          //把 a 与 b 的值的和赋给 a，与  a=a+b  等价
a*=b;          //把 a 与 b 的值的积赋给 a，与  a=a*b  等价
```

总体来说，复合运算符可以简化表达式。但同时过多、过于复杂的复合运算会降低代码的可读性。

2.7　逗号运算符和逗号表达式

逗号运算符又称为顺序求值运算符，是将多个表达式用逗号运算符"，"连接起来，组成逗号表达式。逗号运算符的优先级最低，具有左结合性。

逗号表达式的一般形式为：

表达式 1，表达式 2，表达式 3……表达式 n

表达式的求解过程是：先求解表达式 1，再求解表达式 2，直到求解表达式 n，整个逗号表达式的值是表达式 n 的值。例如：

3+5，6+8 是一个逗号表达式，逗号表达式的结果为 14。

t=a;a=b;b=t;

可以改写成

t=a,a=b,b=t;

2.8　强制类型转换运算符

在表达式中不同类型的数据会自动地转换类型，以进行运算。有时程序编制者还可以利用强制类型转换运算符将一个表达式转换成所需类型。

强制类型转换的一般形式为：

(类型名)（表达式）或类型名（表达式）

例如：

(float)　m（将 m 的值转换成 float 型）
(int)　(a*b)（将 a*b 的值转换成 int 型）
float（7%4）（将 7%4 的值转换成 float 型）

（1）若整型变量 a=4，b=5，则表达式 float(a+b)/2 的运算结果为 4.5，先计算 a+b 的结果为整数 9，再将整数 9 转换为实型数 9.0，进行除法运算前将整数 2 转换为实型数 2.0，最后结果为实型数 4.5。该表达式与(a+b)/2.0、(a+b)/(float)2、((float)a+(float)b)/2.0 都是等价的。

（2）若整型变量 a=3，b=4，则表达式(float)a/(float)b 的结果为 0.75，要将表达式改成 (float)(a/b)，则运算结果为 0.0。

（3）若实型变量 x=2.448，则表达式(int)((x+0.005)*100)/100.0 在计算过程中，x+0.005 为 2.453，乘 100 后为 245.3，取整后为整型数 245，最后除以 100.0 的结果为实型数 2.45。

应当注意的是，取整类型转换不是按四舍五入处理的，当 a=3.6 时，(int)a 的结果为整数部分 3。

思考与练习

1．以下选项中不能用作 C++程序合法常量的是（　　）。

　　A．1.234　　　　　B．'123'　　　　　C．123　　　　　D．"\x7G"

2．以下选项中可用作 C++程序合法实数的是（　　）。

　　A．.1e0　　　　　B．3.0e0.2　　　　C．E9　　　　　D．9.12E

3．有以下定义语句，编译时会出现编译错误的是（　　）。

　　A．char a='a';　　B．char a='\n';　　C．char a='aa';　　D．char a='\x2d';

4．设有定义：int x=2;，以下表达式中，值不为 6 的是（　　）。

　　A．x*=x+1　　　B．x++,2*x　　　C．x*=(1+x)　　　D．2*x,x+=2

5．阅读下列程序，写出执行结果。

```
#include<iostream>
using namespace std;
void main()
{
int x=10,n1,n2,n3,n4,n5;
double y=6.5;
n1=x++;
n2=--x;
n3=(x++,y+=x,x-y);
n4=(x<y?x++:y);
n5=x%(int)y;
cout<<"n1="<<n1<<"\t"<<"n2="<<n2<<"\t"<<"n3="<<n3<<"\t"<<"nr4="<<n4<<"\t"<<"n5="<<n5<<endl;

}
```

6．写出下面程序的运行结果。

```
main()
{
  int a=4,b=6;
  b=a+b;
  a=b-a;
  b=b-a;
  cout<<"a="<<a<<","<<"b="<<b<<endl;
}
```

7．写出下面程序的运行结果。

```
main()
{
  int a=12,n=5;
  a+=a;
  cout<<"a="<<a<<endl;
```

```
    a*=2+3;
    cout<<"a="<<a<<endl;
    a%=(n%2);
    cout<<"a="<<a<<endl;
}
```

8．求三个整数的平均值 v=(a+b+c)/3，在变量定义时给出初始化值 a=4，b=5，c=7，输出结果。

9．编写程序，利用算术运算符分解出 6378 的每位数字并输出。

第 3 章

基于过程的程序设计

本章知识点：
- 算法的概念和组成
- C++程序的组成和语句
- 输入和输出流的基本操作
- C++输入/输出函数的使用
- 关系运算符和关系表达式及逻辑运算符和逻辑表达式
- 顺序结构、选择结构和循环结构的语句及应用
- 嵌套的选择结构和嵌套的循环结构的应用

基本要求：
- 了解算法的种类和组成
- 掌握 C++的程序组成
- 掌握面向对象程序设计的方法

能力培养目标：

通过本章的学习，使学生具有设计简单程序的基本能力。通过对不同问题的算法设计，培养学生解决具体问题的思考能力，通过对具体问题程序的编写，掌握输出/输入流的使用，if、switch、while、do…while、for 语句的应用，以及嵌套选择结构程序设计和多重循环结构程序设计的应用，提高学生的动手操作能力和创新能力。

3.1　基于过程的程序设计和算法

3.1.1　算法的概念

算法是解题的步骤，可以把算法定义成解一确定类问题的任意一种特殊的方法。在计算机科学中，算法要用计算机算法语言描述，算法代表用计算机解一类问题的精确、有效的方法。算法+数据结构=程序。

算法的特性包括：

（1）确定性。算法的每一种运算必须有确定的意义，该种运算应执行何种动作应无二义性，目的明确。

（2）可行性。要求算法中有待实现的运算都是基本的，每种运算至少在原理上能由人用纸和笔在有限的时间内完成。

（3）输入。一个算法有 0 个或多个输入，在算法运算开始之前给出算法所需数据的初值，

这些输入取自特定的对象集合。

（4）输出。作为算法运算的结果，一个算法产生一个或多个输出，输出是同输入有某种特定关系的量。

（5）有穷性。一个算法总是在执行了有穷步的运算后终止，即该算法是可达的。

3.1.2　算法的表示

1．自然语言

用中文或英文等自然语言描述算法，但容易产生歧义性，在程序中一般不用自然语言表示算法。

2．图形

用图的形式表示算法，如 NS 图、流程图，图的描述与算法语言的描述对应，比较形象直观，但修改算法时显得不方便，对比较大的、复杂的程序画流程图工作量大。

3．算法语言

即计算机语言、程序设计语言、伪代码。伪代码是用介于自然语言和计算机语言之间的文字和符号来描述算法，用伪代码写算法并无固定的、严格的语法规则，只须把意思表达清楚，并且书写的格式要写成清晰易读的形式，它便于向计算机语言过渡。

4．形式语言

用数学的方法，可以避免自然语言的二义性。

例如，从键盘中输入 100 个整数，对其中的正整数进行累加，最后输出结果这个问题进行算法的设计。

算法描述（自然语言）：

（1）输入一个数；

（2）如果该数>0，累加它；

（3）如果 100 个数没有输入完，转步骤（1）；

（4）输入完 100 个数后，输出累加和。

算法描述（流程图）如图 3-1 所示。

算法 NS 描述流程图如图 3-2 所示。

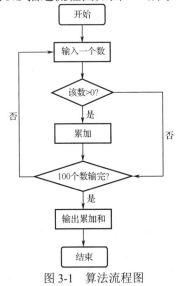

图 3-1　算法流程图

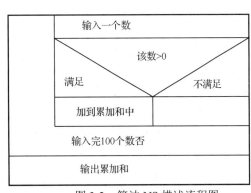

图 3-2　算法 NS 描述流程图

3.2　C++的程序结构和 C++语句

首先看一个 C++的程序结构。

【例 3.1】　一个简单的例子:

```cpp
#include<iostream>          //预处理命令
using namespace std;        //函数外的声明部分
int c = 0;                  //函数外的声明部分
int main()                  //主函数
{
    int a = 1;              //执行语句
    int b = 2;              //执行语句
    cout<<a<<b<<c;          //执行语句
    return 0;               //执行语句
}
```

从上面的例子可以看出，程序由以下几个部分组成:

（1）#include 指令，其功能是进行有关的预处理操作。#include 称为文件包含命令；后面尖括号中的内容称为头部文件或首文件。

（2）对数据类型和函数的声明，以及对全局变量的定义。

（3）main()函数声明，代表的意思是声明 main()函数为一个返回值为整型的函数。其中的 int 叫作关键字，这个关键字代表的类型是整型。在函数中这一部分叫作函数头部分。在每一个程序中都会有且只有一个 main()函数。main()函数就是一个程序的入口部分。程序都是从 main()函数头开始执行的，然后进入到 main()函数中执行 main()函数中的内容。下面的第三行到第六行为函数体，函数体也可称为函数的语句块，每条语句都以;作为结束符。

C++语句可以分为以下五种。

1. 表达式语句

表达式语句由表达式加上分号";"组成。其一般形式为:

表达式;

执行表达式语句就是计算表达式的值。

2. 函数调用语句

由函数名、实际参数加上分号";"组成。其一般形式为:

函数名(实际参数表);

3. 控制语句

控制语句用于控制程序的流程，以实现程序的各种结构方式。

它们由特定的语句定义符组成。C++语言有九种控制语句，可分成以下三类:

（1）条件判断语句：if 语句、switch 语句。

（2）循环执行语句：do…while 语句、while 语句、for 语句。

（3）转向语句：break 语句、goto 语句、continue 语句、return 语句。

4．复合语句

把多个语句用括号{}括起来组成的一个语句称为复合语句。在程序中应把复合语句看成是单条语句，而不是多条语句。

5．空语句

只有分号"；"组成的语句称为空语句。空语句是什么也不执行的语句。

在程序中空语句可用来作为空循环体。例如，while(getchar()!='\n');语句的功能是，只要从键盘输入的字符不是回车则重新输入。这里的循环体为空语句。

3.3   C++的输入与输出

输入和输出并不是 C++语言中的正式组成部分，C++本身并没有为输入和输出提供专门的语句结构。C++既保留了 C 语言中格式输入/输出（scanf、printf）函数以及对单个字符的输入/输出（getchar、putchar）函数，也引入了可以调用输入/输出流类的流对象 cin 和 cout。

C++的输入和输出是用"流（stream）"的方式实现的。"流"指的是来自设备或传给设备的一个数据流。数据流是由一系列字节组成的，这些字节是按进入"流"的顺序排列的。cin 是输入流对象的名字，cout 是输出流对象的名字，">>"是流提取运算符，作用是从默认的输入设备键盘的输入流中提取若干字节送到计算机内存区中指定的变量。"<<"是流插入运算符（也可称为流插入操作符），作用是将需要输出的内容插入到输出流中，默认输出设备是显示器。

有关流对象 cin、cout 和流运算符的定义等信息存放在 C++输入输出流库中，因此在程序中使用 cin、cout 和流运算符，必须使用预处理命令把头文件 stream 包含到本文件中：#include<iostream>。

尽管 cin 和 cout 不是 C++本身提供的语句，但在不致混淆的情况下，常常把由 cin 和流提取运算符">>"实现输入的语句称为输入语句或 cin 语句，把由 cout 和流插入运算符"<<"实现输出的语句称为输出语句或 cout 语句。

3.3.1   输入流与输出流的基本操作

在定义流对象时，系统会在内存中开辟一段缓冲区，用来存放输入/输出流的数据。

1．cin 语句的一般格式

cin 语句的一般格式为：

```
cin>>变量 1>>变量 2>>……>>变量 n;
```

一个 cin 语句可以分写成若干行。例如：

```
cin>>m>>n>>t;
```

可以写成

```
cin>>m        //注意行末尾无分号
   >>n        //这样写可能看起来清晰些
   >>t;
```

也可以写成

```
cin>>m;
cin>>n;
cin>>t;
```

以上三种情况均可以从键盘输入: 1   2   3∠

也可以分多行输入数据:

1∠

2 3∠

在用 cin 输入时,系统也会根据变量的类型从输入流中提取相应长度的字节数。如有

```
char ch1,ch2;
int i;
float j;
cin>>ch1>>ch2>>i>>j;
```

如果输入

2345 67.89∠

系统会取第一个字符"2"给字符变量 ch1，取第二个字符"3"给字符变量 ch2，再取 45 给整型变量 i，最后取 67.89 给实型变量 j。注意：45 后面应该有空格和 67.89 分开。也可以按下面的格式输入：

2 3 45 67.89

在此输入流中也可以提取第一个字符"2"给字符变量 ch1，第二个字符是一个空格，系统把空格作为数据间的分隔符，不予提取而去提取下一个字符"3"给字符变量 ch2，再取 45 和 67.89 给 i 和 j。由此可知：不能用 cin 语句把空格字符和回车换行符作为字符输入给字符变量，它们将被跳过。如果想将空格字符或回车换行符（或任何其他键盘上的字符）输入给字符变量，可以用 getchar 函数。

在组织输入流数据时，要仔细分析 cin 语句中变量的类型，按照相应的格式输入，否则容易出错。

2. cout 语句的一般格式

cout 语句的一般格式为：

```
cout<<表达式 1<<表达式 2<<……<<表达式 n;
```

在执行 cout 语句时，先把插入的数据顺序存放在输出缓冲区中，直到输出缓冲区满或遇到 cout 语句中的 endl（或'\n',ends,flush）为止，此时将缓冲区中已有的数据一起输出，并清空缓冲区。输出流中的数据在系统默认的设备（一般为显示器）输出。

一个 cout 语句可以分写成若干行。例如：

```
cout<<"happy new year to you."<<endl;
```

可以写成

```
cout<<"happy new "          //注意行末尾无分号
    <<"year to "
    <<"you."
    <<endl;                 //语句最后有分号
```

也可写成多个 cout 语句，即

```
cout<<" happy new ";        //语句末尾有分号
    cout <<" year to ";
    cout <<" you.";
    cout<<endl;
```

以上三种情况的输出均为

happy new year to you.

注意：

（1）不能用一个插入运算符"<<"插入多个输出项，例如：

```
cout<<a,b,c;                //错误，不能一次插入多项
```

（2）可用插入运算符"<<"插入一个表达式，例如：

```
cout<<a+b+c;                //正确，这是一个表达式，作为一项
```

（3）在用 cout 输出时，用户不必通知计算机按何种类型输出，系统会自动判别输出数据的类型，使输出的数据按相应的类型输出。如已定义 a 为 int 型，b 为 float 型，c 为 char 型，则

```
cout<<a<<' '<<b<<' '<<c<<endl;
```

会以下面的形式输出：

4 345.789 a

3.3.2　在标准输入流与输出流中使用控制符

在程序中，有时会对输入/输出有些特殊的要求，上面关于 cin 和 cout 使用的说明指的都是默认格式，如果在输出数据时要求输出数据所占的字段宽度、实数要求保留的小数位数、输出数据的对齐方式，这时就需要使用 C++ 提供的输入输出流中使用的控制符。使用控制符，要在程序的开头加 iomanip 头文件。控制符及其作用见表 3-1。

表 3-1　控制符及其作用

控　制　符	作　　用
dec	设置整数的基数为 10
hex	设置整数的基数为 16
oct	设置整数的基数为 8
setbase(n)	设置整数的基数为 n（n 只能是 16、10、8 之一）
setfill(c)	设置填充字符 c，c 可以是字符常量或字符变量
setprecision(n)	设置实数的精度为 n 位。在以一般十进制小数形式输出时，n 代表有效数字；在以 fixed（固定小数位数）形式和 scientific（指数）形式输出时，n 为小数位数
setw(n)	设置字段宽度为 n 位

【例 3.2】 程序实例。

```cpp
#include <iostream>
#include <iomanip>
//使用输入/输出流控制符除了要加头文件<iostream>外，还要加<iomanip>头文件
using namespace std;
void testdouble()
{
    double d1=12.345678901234567;
    cout<<d1<<endl;
}
int main()
{
    cout<<"\"123456\" 的十进制为:"<<dec<<123456<<",  八进制为:"<<oct<<123456<<",  十六进制
为:"<<hex<<123456<<'\n'<<endl ;
    //dec：返回数值的十进制值，oct 返回数值的八进制值，hex 返回数值的十六进制值
    cout<<dec;
    //恢复为十进制格式
    cout<<setfill('*')<<setw(10)<<setiosflags(ios :: left)<<123456<<'\n'<<endl;
    //setfill(c):设置字符填充，c 可以是字符常量或字符变量，只对本行有用
    // setw(n):设置字段宽度为 n 位，如果 n 小于所要返回的字符的宽度则保留字符原样输出
    //setiosflags(ios::left):左对齐，setiosflags(ios::right):右对齐

    cout<<resetiosflags(ios :: left);
    //终止已设置的输入/输出流格式，本例去掉左对齐方式

    double d=12.345678901234567;

    testdouble();
    //之前没有使用输入输出流控制符，d1 默认格式输出（精度为 6）
    cout<<setprecision(16)<<d<<endl ;
    //设置浮点数的精度，n 为有效数字，采用四舍五入法舍位，setprecision(n)中，n 小于等于 16 有效
    testdouble();
    //之前使用了 setprecision(),此函数保留前面的宽度设置

    cout<<setiosflags(ios :: fixed)<<setprecision(17)<<d<<endl;
    //setiosflags(ios::fixed):设置浮点数以固定的小数位数显示，8 为 8 位小数，所指定的小数位如果大于
小数本身小数位则补 0

    cout<<resetiosflags(ios :: fixed);

    cout<<setiosflags(ios :: scientific)<<setiosflags(ios :: uppercase)<<setprecision(4)<<d<<'\n'<<endl ;
    // setiosflags(ios::scietific):用科学计数法表示，4 为指定小数位为四位，且第四位四舍五入
    //setiosflags(ios::uppercase) :科学计数法输出 E 与十六进制输出 X 以大写输出，否则小写

    return 0;
}
```

程序运行结果：

```
123 的十进制为：123，八进制为：173，十六进制为：7b
123*******
12.3457
12.34567890123457
12.34567890123457
12.34567890123456700
1.2346E+001
```

3.3.3　用 getchar 和 putchar 函数进行字符的输入和输出

控制台交互

C++保留了 C 语言中用于输入和输出单个字符的函数，其中最常用的有 getchar 和 putchar 函数。

1．getchar 函数的用法

getchar 函数的功能是从键盘上输入一个字符。其一般形式为：

```
getchar();
```

通常把输入的字符赋予一个字符变量，构成赋值语句，getchar 函数只能接收单个字符，输入数字也按字符处理。输入多于一个字符时，只接收第一个字符。

【例 3.3】　getchar 函数的使用。

```
#include<stdio.h>
int main()
{
    char c;
    printf("input a character\n");
    c=getchar();
    putchar(c);
    return 0;
}
```

在运行时，如果从键盘输入小写字母 'a' 并按回车键，就会在屏幕上输出小写字母 'a'。

2．putchar 函数（字符输出函数）的用法

putchar 函数是字符输出函数，其功能是在显示器上输出单个字符。其一般形式为：

```
putchar(字符变量);
```

例如，putchar('A'); 输出大写字母A；putchar(x); 输出字符变量 x 的值；putchar('\n'); 换行。对控制字符则执行控制功能，不在屏幕上显示。使用本函数前必须要用文件包含命令：#include<stdio.h>。

【例 3.4】　putchar()函数的使用。

```
#include<iostream>              //此处或者写成#include<stdio.h>，去掉 using namespace std;
using namespace std;
void main()
{
char a='B',b='o',c='k';
```

```
    putchar(a);
    putchar(b);
    putchar(b);
    putchar(c);
    putchar('\t');
    putchar(a);
    putchar(b);
    putchar('\n');
    putchar(b);
    putchar(c);
}
```

程序运行结果:

```
Book        Bo
ok
```

3.3.4 用 scanf 和 printf 函数进行输入和输出

在 C 语言中使用 scanf 和 printf 函数进行输入和输出，C++中也保留了这一用法。
scanf()函数的一般格式为：

```
scanf("格式控制符",输入项首地址表)
```

printf()函数的一般格式为：

```
printf("格式控制符",输出表列)
```

使用 printf 和 scanf 函数进行输出和输入，必须指定输出和输入的数据类型和格式。在格式
控制符这个知识点还有很多小的细节，在这里不做过多的介绍。

【例 3.5】 scanf 和 printf 函数的使用。

```
#include <stdio.h >
int main()
{
    int a;
    float b;
    char c;
    scanf("%d%f%c",&a,&b,&c);
    printf("%d,%f,%c/n",a,b,c);
    return 0;
}
```

程序运行结果:

```
1 2.5m（1 给变量 a，2.5 给变量 b，m 字符给变量 c）
1，2. 5，m
```

3.4　编写顺序结构的程序

顺序结构：执行命令的顺序与程序中语句的顺序是一致的。顺序结构只能处理最简单的问题。

【例 3.6】　摄氏、华氏温度转换。

```cpp
#include <iostream>
#include <cmath>
using namespace std;
int main()
{
    float C,F,K;
    cout<<"请输入摄氏温度\n 输入示例 25.0 即指 25.0 摄氏度"<<endl;
    cin>>C;
    F=9.0/5.0*C+32;
    K=273.16+C;
    cout<<"华氏温度为"<<F<<"，热力学温度为"<<K<<endl;
    return 0;
}
```

程序运行结果：

```
25//输入
华氏温度为 77，热力学温度为 298.16
```

【例 3.7】　求两点之间的距离。

```cpp
#include <iostream>
#include <cmath>
using namespace std;
int main()
{
    float x1,y1,x2,y2;
    double distance;
    cout<<"请输入两点(x1,x2) (y1,y2)\n 输入示例：1 1 2 2 即指(1,1)(2,2)\n";
    cin>>x1>>y1>>x2>>y2;
    distance = sqrt((x2 - x1) * (x2 - x1)+(y2-y1)*(y2-y1));
    cout<<"两点之间的距离为"<<distance<<endl;
}
```

【例 3.8】　交换两个整型变量的值。

```cpp
#include <iostream>
using namespace std;
int main()
{
    int a,b,c;
    cout<<"输入两个整数";
    cin>>a>>b;
```

```
c=a;
a=b;
b=c;
cout<<"交换后的结果是"<<a<<b<<endl;
return 0;
}
```

3.5　关系运算和逻辑运算

3.5.1　关系运算和关系表达式

关系运算符均为双目运算符，操作数可以是任何类型的常数、变量和表达式。在程序中经常需要比较两个量的大小关系，以决定程序下一步的工作。比较两个量的运算符称为关系运算符。共有六种关系运算符。

1. 关系运算符

< 小于

<= 小于或等于

> 大于

>= 大于或等于

== 等于

!= 不等于

（1）关系运算符都是双目运算符，操作数可以是任何类型的常数、变量和表达式。

（2）其结合性均为左结合。

（3）关系运算符的优先级低于算术运算符，高于赋值运算符。

（4）在六个关系运算符中，<、<=、>、>=的优先级相同，高于==和!=，==和!=的优先级相同。

2. 关系表达式

关系表达式的一般形式为：

表达式 关系运算符 表达式

由关系运算符可以组成关系表达式，关系运算的结果，或者关系表达式的值是一个逻辑量，关系表达式成立时值为逻辑真，否则为逻辑假。若关系表达式成立，表达式的值为整数1，关系表达式不成立，表达式的值为整数0。反过来，将0值认为逻辑假，或所有非0值都认为逻辑真。

例如，m+n>p-q,x>3,'a'+1<c,-i-3*j==t+1;都是合法的关系表达式。由于表达式也可以又是关系表达式，因此也允许出现嵌套的情况，如 a>(b>c),a!=(c==d)等。

举例说明如下。

（1）3>0 的值为"真"，即为 1。(a=3)>(b=5)由于 3>5 不成立，故其值为假，即为 0。

（2）若 a=98，则表达式 a>'a'的值为1，字符参加关系运算时，使用字符的 ASCII 码值。两个字符串比较大小时，从两个字符串左边开始，逐个字符比较，如果前面的字符相同，就比较右边下一个字符，一旦某个字符不同，按其 ASCII 码值的大小决定两个字符串的大小。如果所有字符都相同，则两个字符串相等。

（3）由于关系运算符优先级低于算术运算符，所以关系表达式 c<a+b 等价于 c<(a+b)。

（4）若 a=5，b=4，c=3，数学表达式 a>b>c 是成立的，但在程序中关系表达式 a>b>c 等价于(a>b)>c，其中 a>b 条件成立值为 1，但 1 不大于 c，因此整个关系表达式是不成立的。

【例 3.9】　关系表达式举例。

```
#include<iostream>
using namespace std;
int main()
{
    char c='k';
    int i=1,j=2,k=3;
    float x=1.5,y=0.85;
    cout<<('a'+5<=c)<<endl;
    cout<<(i+2*j<=k+1)<<endl;
    cout<<(1<j<5)<<endl;
    cout<<(x-5.25<=x+y);
    return 0;
}
```

程序运行结果：

```
1
0
1
1
```

在本例中求出了各种关系运算符的值。字符变量是以它对应的 ASCII 码参与运算的。对于含多个关系运算符的表达式，如 1<j<5，根据运算符的左结合性，先计算 1<j，该式不成立，其值为 0，再计算 0<5，成立，故表达式值为 1。

3.5.2　逻辑常量与逻辑变量

逻辑数据在 C++ 中由布尔类型（bool）表示，其值只有 true 和 false。

逻辑类型的变量要由类型标识符来定义，例如：

```
bool a1=true;
bool a2;
a2=3>5;
```

由于逻辑型变量是用关键字 bool 来定义的，称为布尔变量。逻辑型常量又称为布尔常量。

（1）在算术表达式里，bool 值将被转换成 int，true 转为 1，false 转为 0，参与运算。

（2）在表达式中，所有非 0 的数都可以表示为真（true），0 表示为假（false）。

（3）整型和逻辑型可以相互转换。

【例 3.10】　逻辑常量、变量举例。

```
#include<iostream>
using namespace std;
int main()
{
```

```
        bool a1=true;
        bool a2;
        a2=3>5;
        int b1,b2;
        b1=a1;
        b2=a2;
        cout<<a1<<endl;
        cout<<a2<<endl;
        return 0;
}
```

程序运行结果：

```
1
0
1
0
```

3.5.3 逻辑运算和逻辑表达式

逻辑运算就是将关系表达式用逻辑运算符连接起来，并对其求值的一个运算过程。

1. 逻辑运算符

C++语言提供三种逻辑运算符，分别是：&&（逻辑与）、||（逻辑或）和!（逻辑非）。"逻辑与"和"逻辑或"是双目运算符，要求有两个运算量，如(A>B) && (X>Y)。"逻辑非"是单目运算符，只要求有一个运算量，如!(A>B)。

"逻辑与"相当于生活中说的"并且"，就是在两个条件都成立的情况下"逻辑与"的运算结果才为"真"。例如，5>0 && 4>2，由于 5>0 为真，4>2 也为真，相与的结果也为真。

"逻辑或"相当于生活中的"或者"，当两个条件中有任一个条件满足时，"逻辑或"的运算结果就为"真"。例如，5>0||5>8，由于 5>0 为真，相或的结果也就为真。

"逻辑非"相当于生活中的"不"，当一个条件为真时，"逻辑非"的运算结果为"假"。例如，!(5>0)的结果为假。

虽然 C++编译在给出逻辑运算值时，以"1"代表"真"，"0"代表"假"，但反过来在判断一个量是为"真"还是为"假"时，以"0"代表"假"，以非"0"的数值作为"真"。例如，由于 5 和 3 均为非"0"，因此 5&&3 的值"真"，即为 1。又如，5||0 的值为"真"，即为 1。

2. 逻辑表达式

逻辑表达式的一般形式为：

表达式 逻辑运算符 表达式

其中的表达式可以又是逻辑表达式，从而组成了嵌套的情形。例如，(a&&b)&&c，根据逻辑运算符的左结合性，上式也可写为：a&&b&&c。逻辑表达式的值是式中各种逻辑运算的最后值，以"1"和"0"分别代表"真"和"假"。

在判断一个量（字符、实型）是否为真时，0 为假，非 0 为真。例如，当 a=4 时，!a 的值为 0；又如，当 A=4，B=5 时，A&&B 的值为 1，A||B 的值为 1，!A||B 的值为 1。

【例 3.11】 逻辑运算和逻辑表达式举例。

```
#include<iostream>
using namespace std;
int main()
{
    char c='k';
    int i=1,j=2,k=3;
    float x=1.5,y=0.85;
    cout<<('a'+5&&c)<<endl;
    cout<<(i+2*j||k+1)<<endl;
    cout<<(1<!j)<<endl;
    cout<<(x-5.25&&x+y);
    return 0;
}
```

程序运行结果：

```
1
1
0
1
```

3.6　选择结构和 if 语句

实际生活中，要解决一个问题时，我们常常需要对情况进行判断，然后根据判断的结果为进一步的行为做出选择。那么在程序中如何实现这种判断与选择呢？首先判断某种条件是否成立，然后根据条件从两个分支中选一个，或者根据某个表达式的结果，从多分支的路径中选一个。但往往选择不是只做一次，在整个选择过程中我们需要多次选择。就像走一条路，有一个岔路口，我们要选择走哪条路，走着走着又会遇到另一个岔路口，接着又要选择，这就是选择的嵌套。

在 C++中可以用 if 语句实现选择结构。

3.6.1　if 语句的形式

if 语句是专门用来实现选择结构的语句，它的执行规则是根据表达式是否为 true，有条件地选择一个分支。

if 语句有如下三种形式。

1. if 语句

```
if（表达式）
    语句
```

如果表达式成立（true），则执行由 if 控制的一条语句，否则不执行该语句，并跳过该语句，继续执行后面的语句。

【例 3.12】 一个猜随机数的程序。

```
#include<iostream>
#include<stdlib.h>              //在程序中用到了产生随机数的库函数 rand()，所以要包含 stdlib.h
using namespace std;
int    main()
{
    int magic;          //存放产生的随机数
    int guess;          //存放从键盘输入的数
    magic=rand();       //产生一个随机数
    cout<<"输入一个数：";
    cin>>guess;         //从键盘输入的数
    if(guess==magic)    //输入的数与产生的随机数比较
    cout<<"你猜对了！"; //如果两个数相等，输出这条信息
    cout<<guess<<endl;
    cout<<magic<<endl;
    return 0;
}
```

2. if···else 语句

```
if(表达式)
    语句 1
else
    语句 2
```

如果表达式成立（true），则执行语句 1，否则表达式不成立（false），则执行语句 2。

【例 3.13】 把上面的猜随机数程序改写一下，使用 else 语句，使得在猜错了数字时，也能够输出一条信息。

```
#include<iostream>
#include<stdlib.h>                      //在程序中用到了产生随机数的库函数 rand()，所以要包含 stdlib.h
using namespace std;
int main()
{
    int magic;                  //存放产生的随机数
    int guess;                  //存放从键盘输入的数
    magic=rand();               //产生一个随机数
    cout<<"输入一个数：";
    cin>>guess;                 //从键盘输入的数
    if(guess==magic)            //输入的数与产生的随机数比较
        cout<<"你猜对了！";     //如果两个数相等，输出这条信息，语句块 1，也是选择 1
    els                         //否则
        cout<<"你猜错了！";     //语句块 2，也是选择 2
    cout<<guess<<endl;
    cout<<magic<<endl;
    return 0;
    }
```

【例 3.14】 判断输入一个年份时这个年份是不是闰年。大家知道，可以被 4 整除不能被 100

整除，或者能被 400 整除的年份都是闰年。程序如下。

```cpp
#include <iostream>
using namespace std;
int main()
{
    int Year;
    bool b;
    cout<<"Enter the year:";
    cin>>Year;
    b = ((Year%4==0 && Year%100!=0) || (Year%400==0));
    if (b)
            cout<<Year<<"is a leap year."<<endl;
    else
            cout<<Year<<"is not a leap year."<<endl;
return 0;
}
```

3. if…else if…else 语句

```
if(表达式 1)
    语句块 1;
else if(表达式 2)
    语句块 2;
else if(表达式 3)
    语句块 3;
…
else if(表达式 n)
    语句块 n;
```

这里的执行逻辑就是，如果表达式 1 为 true，则执行语句 1，如果表达式 1 为 false，且表达式 2 为 true 则执行语句 2，如果表达式 1、表达式 2 为 false，且表达式 3 为 true 则执行语句 3……就这样一层一层判断着执行下去。

【例 3.15】 还是以猜随机数的程序为例，改为 if…else if…else 的形式。

```cpp
#include<iostream>
#include<stdlib.h>                    //在程序中用到了产生随机数的库函数 rand()，所以要包含 stdlib.h
using namespace std;
int main()
{
    int magic;
    int guess;
    magic=rand();
    cout<<"输入一个数";
    cin>>guess;
    if(guess==magic)
            cout<<"你猜对了!";
    else if(guess>magic)
            cout<<"猜的随机数太大了。";
```

```
    else
        cout<<"猜的随机数太小了。";
}
```

3.6.2　if 语句的嵌套

如果 if 或 else 子句仍然是一个 if 语句，称此种情况为 if 语句的嵌套。内嵌的 if 语句既可以作为 if 子句，也可以作为 else 子句。C++对于嵌套的层数没有限制。

```
if(i)
    if(j)  语句 1
    else   语句 2
else
    if(k)  语句 3
    else   语句 4
```

语句 1、2、3、4 可以是复合语句。每一层的 if 都要与 else 配对，如果省略掉一个 else 则要使用{}把这一层的 if 语句括起来。

【例 3.16】 if 语句的嵌套。

```
#include <iostream>
using namespace std;
int main()
{
    int x,y;
    cout<<"Enter x and y:";
    cin>>x>>y;
    if (x!=y)
    {
        if (x>y)
                cout<<"x>y"<<endl;
        else
                cout<<"x<y"<<endl;
    }
    else
    {
        cout<<"x=y"<<endl;
    }
    return 0;
}
```

运行这个程序，屏幕上会显示，Enter x and y:，然后输入 3 5，按回车键接着会显示 x<y。

【例 3.17】 计算下面分段函数的值。

$$y=\begin{cases} 5x+1 & (x<=-7) \\ x2+1 & (-7<x<2) \\ 7x/2 & (x=2) \\ 2(x+1) & (x>2) \end{cases}$$

```
#include<iostream>
```

```
#inlclude<cmath>
using namespace std;
int main()
{
    float x,y;
    cin>>x;
    if(x<2)
        if(x<=-7)
            y=5*x+1;
        else
            y=pow(x,2)+1;
    else
        if(x==2)
            y=7*x/2;
        else
            y=2*(x+1);
        cout<<x<<', '<<y<<endl;
    return 0;
}
```

编写选择结构程序时，要注意下面的事项。

（1）不要急于编写程序代码，先设计好算法，理顺逻辑关系，并画出程序流程图。

（2）if 子句和 else 子句必须是一条单语句或复合语句。

（3）编出程序后，要选择不同数据针对所有分支进行数据检验，保证各分支都是正确的。

3.6.3 条件运算符和条件表达式

条件表达式形式为：

表达式 1? 表达式 2: 表达式 3

它是 C++中唯一的一个三目运算符。上面这个语句称为"?号表达式"。这个问号表达式的含义就是"如果表达式 1 为真，则表达式的值为表达式 2，如果表达式 1 为假，则表达式的值为表达式 3"。例如：

x=10;
y=x>9? 100: 200

在这个例子中，y 被赋值 100，如果小于 9，那么取值 200。若使用 if…else 语句，则程序为：

x=10;
if(x>9)y=100;
else y=200;

可见在这样的情况下，用?表达式写程序要简单得多。

条件表达式的优先级仅高于赋值运算符和逗号运算符，低于其他所有运算符。如下面表达式：

a>b?a:b+1

当 a=9，b=10 时，表达式的值等于 11，可见表达式等价于 a>b?a:(b+1)。

条件表达式具有右结合性，如下面条件表达式：

```
b?a:c>d?c:d
```

相当于

```
b?a:(c>d?c:d)
```

条件表达式值的类型由表达式 2 和表达式 3 来决定，如 3>2?2.5:5 的值为实型数 2.5，3<2?2.5:5 的值为实型数 5.0。

【例 3.18】 条件表达式举例。

```cpp
#include <iostream>
using namespace std;
int main()
{
    int a,b;
    int max1,max2;
    a=2;
    b=8;
    if(a>b)
        max1=a;
    else
        max1=b;
    max2=a>b?a:b;

    cout<<"使用 if 语句求出的 a、b 中的最大值为:"<<max1<<endl;
    cout<<"使用条件表达式求出的 a、b 中的最大值为:"<<max2<<endl;
    return 0;
}
```

程序运行结果：

```
使用 if 语句求出的 a、b 中的最大值为:8
使用条件表达式求出的 a、b 中的最大值为:8
```

3.6.4　多分支选择结构与 switch 语句

某些特殊的问题中，使用 switch 语句来解决问题更为方便。其语法形式为：

```
switch (表达式)
    {
        case 常量表达式 1:
            语句 1
        break；
        case 常量表达式 2:
            语句 2
        break；
            …
        case 常量表达式 n:
            语句 n
```

```
        break;
    default:
        语句 n+1
}
```

测试表达式必须是整型、字符型中的一种；语句的执行顺序是，先计算表达式的值，然后在 case 语句中寻找与之相等的常量表达式，则执行此 case 下面的语句，执行到 break 语句后退出该结构，不再进行后面的比较（这是 break 语句的作用），若没有与之相等的则跳到 default 开始执行。

【例 3.19】　某幼儿园只接收 2～6 岁的儿童，其中 2～3 岁编入小班，4～5 岁编入中班，6 岁编入大班。对输入的任意一个年龄，输出该编入什么班，或者告知"不收"。

```cpp
#include <iostream>
using namespace std;
int main()
{
    int age;
    cout<<"Enter age:";
    cin>>age;
    switch (age)
    {
    case 2:
    case 3:
        cout<<"小班"<<endl;
        break;
    case 4:
    case 5:
        cout<<"中班"<<endl;
        break;
    case 6:
        cout<<"大班"<<endl;
        break;
    default:
        cout<<"不收"<<endl;
    return 0;
}
```

运行时屏幕显示 Enter age:，输入 2，则会接着显示"小班"。

说明：

（1）case 后面必须是常量或常量表达式，一般都是字符型或整型，要与 switch 的测试表达式类型一致。常量表达式的值不能相同，否则编译出错。

（2）case 和 default 的位置顺序可以随便。

（3）case 和后面的表达式之间要有空格。

（4）switch()后面不要加分号，测试表达式一般不能为关系表达式或逻辑表达式。

（5）每个分支中使用的 break 跳出语句不是 switch 语句的语法要求，如果分支语句最后不用 break 语句，那么执行完该语句后无条件执行后面其他各个语句，直到遇到 break 语句为止。

3.7　循环结构和循环语句

循环结构程序的特点是重复执行某一段语句，循环不能是无限次的死循环，必须有逻辑条件控制循环次数。循环结构主要是由 for 和 while、do…while 语句实现的，其中 for 语句的应用更为普遍一些。

3.7.1　用 while 语句构成循环

1．语法形式

while 循环语句属于当型循环，语句一般形式为：

```
while(表达式)
    循环体语句
```

2．执行过程

（1）计算表达式的值，表达式可以是任何类型的表达式。当条件为真时，执行步骤（2）；条件为假时，执行步骤（4）。

（2）执行循环体语句，循环体多于一句时，用一对{}括起来。循环体里应该有可以改变表达式值的语句，以便让它能循环到一定程度时跳出循环，不然就是死循环了。

（3）转去执行步骤（1）。

（4）跳出 while 循环，继续执行循环体外的后续语句。

【例 3.20】去银行存款，第一天存一元，第二天存二元，第三天存三元，依次类推，第十天存十元，问十天后一共存了多少元。

```cpp
#include<iostream>
using namespace std;
int main()
{
    int   i=1, sum=0;
    while(i<=10)
    {
        sum+=i;              //相当于 sum=sum+i;
        i++;
    }
    cout<<"sum="<<sum<<endl;
    return 0;
}
```

程序运行结果：

```
sum=55
```

循环之前先为变量 i 和 sum 赋初值（i=1，sum=0），然后判断 i<=10 控制条件是否满足，如果条件成立执行循环体（sum=sum+i 和 k=k+1），执行完循环体后继续判断循环控制条件。每执

行一次循环体，循环控制变量 i 的值增加 1，循环 10 次后 i=11，最后再判断 i<=10，循环条件不成立，循环结束。如果在循环体中将 i=i+1 改成 i=i+2，循环次数变成 5，结果是 s=1+3+5+7+9。

【例 3.21】　输入一系列整数，判断其正负号，当输入 0 时，结束循环。

```cpp
#include <iostream>
using namespace std;
int main()
{
    float x;
    cin>>x;
    while(x!=0)
    {
        if(x>0)
        cout<<"+";
        else
        cout<<"-";
        cin>>x);
    }
    return 0 ;
}
```

【例 3.22】　统计从键盘输入的一行字符的个数，以回车作为输入结束的标记。

```cpp
#include <iostream>
using namespace std;
int main()
{
    char ch;
    int num=0;
    ch=getchar();
    //获取用户输入的字符
    while(ch!='\n')
    {
        num++;
        ch=getchar();
    }
    cout<<"num= "<<num<<endl;
    return 0;
}
```

3.7.2　用 do…while 语句构成循环

1. 语法形式

do…while 循环语句属于直到型循环，其一般形式为：

```
do
    循环体语句
    while(表达式);
```

2. 执行过程

（1）执行循环体语句。

（2）计算表达式的值。

（3）当表达式的值为真时，执行步骤（1）；当表达式的值为假时，执行步骤（4）。

（4）跳出 while 循环，继续执行循环外的后续语句。

【例 3.23】 用 do…while 语句编程 sum=1+2+…+100。

```cpp
#include <iostream>
using namespace std;
int main()
{
    int i=1,sum=0;
    do
    {
        sum+=i;
        i++;
    }
    while(i<=100);
    cout<<"sum= "<<sum<<endl;
    return 0 ;
}
```

【例 3.24】 用 do…while 语句编写程序从键盘统计一行非空字符的个数，以回车作为结束的标记。

```cpp
#include <iostream>
using namespace std;
int main()
{
    char ch ;
    int num=0;
    ch=getchar();
    do
    {
        num++;
        ch=getchar();
    }
    while(ch!='\n');
    cout<<"num="<<num);
    return 0 ;
}
```

【例 3.25】 计算 s=1+1/2+1/3+1/4+… 直到某项的值小于 $0.5*10^{-3}$ 为止。

```cpp
#include<iostream>
using namespace std;
int main()
{
    int i=1;
```

```
    float sum=0,p;
    do
    {
        p=1.0/i;
        sum+=p;
        //相当于 sum=sum+i;
        i++;
    }
    while(p>0.5e-3);
    cout<<"sum="<<sum<<endl ;
    return 0 ;
}
```

程序运行结果：

8.17887

说明：

（1）在 while 语句和 do…while 语句中，对循环控制变量赋初值时，一定不能将赋初值语句放到循环体语句中，而要放到循环体语句之前，否则，程序将是一个死循环。

（2）在 if 语句和 while 语句中，表达式后面都不要加分号（否则就是空语句或空循环体），而在 do…while 语句的表达式后面则必须加分号。

（3）主要区别：do…while 循环总是先执行一次循环体，然后再求表达式的值。因此，无论表达式是否为"真"，循环体至少执行一次。while 循环先判断循环条件再执行循环体，循环体可能一次也不执行。因此，当循环体语句至少要执行一次时，while 和 do…while 语句可以相互替换。

（4）do…while 语句也可以组成多重循环，并且可以和 while 语句相互嵌套。

（5）当循环体内有多个语句时，必须用{}括起来组成复合语句，还要避免死循环。

3.7.3 用 for 语句构成循环

1. 语法形式

for 语句是最灵活的循环语句,可用于循环次数已知的情况,也可用于循环次数未知的情况。for 语句的语法形式如下：

```
for(表达式 1;表达式 2;表达式 3)
语句
```

表达式 1 通常用来给循环变量赋初值，一般是赋值表达式，也允许在 for 语句外给循环变量赋初值，此时可以省略该表达式；表达式 2 通常是循环条件，一般为关系表达式或逻辑表达式；表达式 3 通常用来修改循环控制变量的值（增量或减量运算），一般是赋值语句，它使得在有限次循环后，可以正常结束循环。循环体：被重复执行的语句。

2. 执行过程

（1）计算表达式 1 的值。

（2）计算表达式 2 的值，若其值为真（非 0），则执行步骤（3）；若其值为假（0），转向步骤（6）。

（3）执行循环体语句。

（4）计算表达式 3 的值。

（5）重复步骤（2）。

（6）循环结束，执行 for 语句后面的语句

【例 3.26】 用 for 语句编程 sum=1+2+…+100。

```cpp
#include <iostream>
using namespace std ;
int main()
{
    int i,sum=0;
    for(i=1;i<=10;i++)
    sum+=i;
    cout<<"sum= "<<sum<<endl;
    return 0;
}
```

【例 3.27】 用 for 语句编程 sum=1+2+…+100。

```cpp
#include <iostream>
using namespace std;
int main()
{
    int i=1,sum=0;
    for(;i<=10;)
    {
        sum+=i;
        i++;
    }
    cout<<"sum= "<<sum<<endl;
    return 0 ;
}
```

【例 3.28】 用 for 语句编程 sum=1+2+…+100。

```cpp
#include <iostream>
using namespace std;
int main()
{
    int i,sum;
    for(i=1,sum=0;i<=10;i++)
    sum+=i;
    cout<<"sum= "<<sum<<endl;
    return 0;
}
```

3.7.4 循环嵌套

一个循环体内又包含另一个完整的循环结构，称为循环的嵌套。内嵌的循环中还可以嵌套

循环，这就是多层循环。while、do…while 和 for 三种循环语句可以相互嵌套。

【例 3.29】　循环嵌套举例，在外层循环 for 中内嵌一个 do…while 循环，输出 a 和 i 的值。

```cpp
#include <iostream>
using namespace std;
int main()
{
    int i=1,a=0;
    for(;i<=5;i++)
    {
        do
        {
            i++;
            a++;
        }
        while(i<3);
        i++;
    }
    cout<<a<<","<<i<<endl;
    return 0;
}
```

【例 3.30】　输出九九乘法表。

```cpp
#include <iostream>
using namespace std;
int main()
{
    int i,j;
    for(i=1;i<=9;k++)
    {
        for(j=1;j<=9;j++)
        cout<<i<<'*'<<j<<'='<<i*j<<"   ";
        cout<<endl ;
    }
    return 0;
}
```

3.7.5　break 语句和 continue 语句

1. break 语句

break 出现在 switch 语句或者循环体中时，程序直接从 switch 语句或循环体中跳出，继续执行下面的程序。

2. continue 语句

continue 语句用在循环体中时，用来结束本次循环，接着判断是否执行下一次循环。它跟 break 的区别是，比如，for(int i=0; i<5; i++) { if(i==1) break; sum+=i; }，这里如果循环到 i 等于 1 的时候 for 循环就会直接退出，而 for(int i=0; i<5; i++) { if(i==1) continue; sum+=i; }的情况是

如果循环执行到 i 等于 1 的时候则 sum+=i 这个语句不执行了，直接执行 for 后面括号里表达式 i++，也就是进入 i 等于 2 的循环。

【例 3.31】 正方形的边长为不大于 10 的正整数，输出所有小于 60 的正方形面积值。

```cpp
#include <iostream>
using namespace std;
int main()
{
    int a,area;
    for(a=1;a<=10;a++)
    {
        area=a*a;
        if(area>=60)break;
        cout<<a<<endl
        cout<<area<<endl;
    }
    return 0 ;
}
```

【例 3.32】 输出 100～200 之间不能被 3 整除的数。

```cpp
#include <iostream>
using namespace std;
int main()
{
    int n,k;
    cin>>n;
    cout<<"Number   "<<n<<endl;
    for(n=100;n<=200;n++)
    {
        if(n%3==0)continue;
        cout<<n<<"   ";
    }
    cout<<endl;
    return 0;
}
```

3.7.6 循环结构程序设计举例

【例 3.33】 孩子搬砖，原计划有 600 块砖让现有的孩子们搬运，后来又来了两个孩子，这样，每个孩子比原计划少搬 25 块，问共有多少孩子？

```cpp
#include<iostream>
using namespace std ;
int main()
{
    int x=0,y;
    do
    {
        x=x+1;
```

```
        y=600/x-600/(x+2);
    }
    while(y!=25);
    cout<<x+2<<endl ;
    return 0 ;
}
```

程序运行结果：

```
8
```

注意： 题中的变量 x 是原有搬砖的孩子人数，变量 y 是原有孩子数和现有孩子数每个孩子所搬的砖的个数的差值。

【例 3.34】 输入正整数 n，计算 1-1/3+1/5-1/7+⋯的前 n 项之和。

```cpp
#include<iostream>
using namespace std;
int main()
{
    int denominator,flag，i,n;
    double item,sum;
    cout<<"Enter n:"<<endl;
    cin>>n;
    denominator=1;
    flag=1;
    sum=0
    for(i=1;i<=n;i++)
    {
        item=flag*1.0/denominator;
        sum=sum+item;
        flag=-flag;
        denominator=denominator+2;
    }
    cout<<"sum="<<sum<<endl;
    return 0;
}
```

运行示例：

```
Enter n：2
sum=0.67
```

【例 3.35】 求 1+2!+3!+⋯+8!的和。

```cpp
#include<iostream>
using namespace std;
int main()
{
    int i;
    float s=0,f=1;
    for(i=1;i<=8;i++)
```

```
    {
        f=f*i;
        s=s+f;
    }
    cout<<s<<endl;
    return 0;
}
```

【例 3.36】 判断一个数 m 是否为素数的方法。

```
#include <iostream>
#include <cmath>
using namespace std;
int main()
{
    int m,i,k;
    cin>>m;
    k=sqrt(m);
    for(i=2;i<=k;i++)
    if(m%i==0)break;
    if(i>k)
    cout<<m<<" is a prime number"<<endl;
    else
    cout<<m<<" is not a prime number"<<endl;
}
```

算法解析：让 m 被 $2\sim\sqrt{m}$ 除，如果 m 能被 $2\sim\sqrt{m}$ 中任何一个整数整除，则提前结束循环，此时 i 必然小于或等于 k（即 $\sqrt{m}$）；如果 m 不能被 $2\sim\sqrt{m}$ 中任何一个整数整除，则在完成最后一次循环后，i 还要加 1，因此 i=k+1，最后才终止循环。在循环之后判别 i 的值是否大于或等于 k+1，若是，则表明未曾被 $2\sim$k 之间任一整数整除过，因此输出"是素数"。

【例 3.37】 输入两个正整数 m 和 n，求其最大公约数和最小公倍数。

```
#include<iostream>
using namespace std;
int main()
{
    int p,r,n,m,temp;
    cout<<"请输入两个整数 n,m:"<<endl;
    cin>>m>>n;
    if(m<n)
    {
        temp=n;
        n=m;
        m=temp;
    }
    p=n*m;
    r=m%n;
    while(r!=0)
    {
        m=n;
```

```
        n=r;
        r=n%m;
    }
    cout<<"它们的最大公约数为:"<<n<<endl;
    cout<<"它们的最小公倍数为： "<<(p/n);
    return 0;
}
```

【例 3.38】　编辑输入一串字符,以句号 '.' 作为输入结束标志,统计数字字符、字母字符的个数。

```
#include<iostream>
using namespace std;
int main()
{
    int s1=0;
    int s2=0;
    int i=0;
    char ch;
    while((ch=getchar())!='.')
    {
        if(ch>='0'&&ch[i]<='9')
        {
            s1++;
        }
        if((ch>='a'&&ch<='z')||(ch>='A'&&ch<='Z'))
        {
            s2++;
        }
    }
    cout<<"\n 数字个数为： "<<s1<<endl;
    cout<<"字母个数为： "<<s2<<endl;
    return 0;
}
```

思考与练习

1．给出以下程序运行后的输出结果。
（1）

```
#include
main()
{ int x=1,y=0;
if(!x) y++;
else if(x==0)
if (x) y+=2;
else y+=3;
cout<<y<<endl;          }
```

（2）

```
#include
main()
{ int x=10,y=20,t=0;
if(x==y)t=x;x=y;y=t;
cout<<x<<y<<endl;      }
```

（3）

```
main()
{int x,y,z;
    x=y=1;
    z=x++-1;
    printf("%d,%d\t",x,z);
    z+=-x+++(++y||++z);
    cout<<x<<z<<endl;
}
```

（4）

```
#include <stdio.h>
main()
{ int c=0,k;
  for (k=1;k<3;k++)
  switch (k)
  { default: c+=k
    case 2: c++;break;
    case 4: c+=2;break;       }
  cout<<c<<endl;           }
```

2．输入三个实数 a、b、c，要求按从大到小的顺序输出三数。

3．输入一个字符，如果是大写字母，则把其变成小写字母；如果是小写字母，则变成大写字母；其他字符不变。

4．求 Sn=a+aa+aaa+…aaaaa（n 个 a），其中 a 是一个数字，n 表示 a 的位数，例如，2+22+222+2222+22222。

5．有一个分数数列 2/1, 3/2, 5/3, 8/5, 13/8, 21/13…求前 20 项的和。

6．有一个球从 100 米高落下，每次反弹一半，求第 10 次落地时经过多长距离，第 10 次反弹有多高。

7．有 1、2、3、4 四个数字，能组成多少个互不相同且无重复数字的三位数？

8．编写程序，其功能是从终端输入一个正整数，求其各位数字平方和。例如，输入 2321，则输出为 18。

9．有一函数，其函数关系如下，试编程求对应于每一自变量的函数值。

$$y = \begin{cases} 2x & (x<0) \\ -0.5x+10 & (0<x<10) \\ x-1 & (x>10) \end{cases}$$

第4章

函数与预处理

本章知识点：

- 函数的定义
- 函数的参数和函数的值
- 函数的调用
- 内置函数等
- 函数的嵌套调用
- 函数的递归调用
- 变量作用域
- 变量存储类别

基本要求：

- 掌握函数的定义与调用
- 掌握函数参数的传递方式
- 理解变量存储类型的概念及各种存储类型变量的生存期和有效范围
- 理解并分辨函数的嵌套调用与递归调用

能力培养目标：

通过本章的学习，使学生掌握函数的定义和声明、函数调用、函数间的参数传递、具有默认参数值的函数、函数的嵌套调用、递归函数、内联函数、函数重载、作用域和生存期等重要概念及应用，具备使用 C++程序设计语言编写简单函数应用程序的能力。进行函数应用程序编写的能力培养，具备合理选用和使用常用的辅助设计软件和工具进行应用系统设计、调试、测试及 C++项目开发的能力。

4.1　函数概述

一个大型的程序一般可以分成一系列"单一功能模块"的集合。在 C++中，单一功能模块通常设计成一个函数。因而 C++程序可以设计成一系列函数的组合，这是面向过程程序设计的一般方法。一个完整的 C++程序一般包含一个主函数和若干个子函数，主函数可以调用子函数，子函数也可以调用其他的子函数。利用函数可以大大降低程序设计的工作量，使程序更加清晰可靠。很多编译系统本身就带有很多预定义的函数，并把它们以库函数的形式提供给用户，这大大方便了程序设计人员。在讲述函数定义之前，先举一个简单的关于函数调用的例子。

【例 4.1】 求两个整数的和并输出结果。

```cpp
#include <iostream.h>
    int addition (int a,int b)
    {
        int r;
        r=a+b;
        return (r);
    }

    int main ()
    {
        int z;
        z = addition (5，3);
        cout << "The result is " << z;
        return 0;
    }
```

一个 C++程序总是从 main 函数开始执行。可以看到 main 函数以定义一个整型变量 z 开始。紧跟着再调用 addition 函数，并传入两个数值：5 和 3，它们对应函数 addition 中定义的参数 int a 和 int b。

当函数在 main 中被调用时，程序执行的控制权从 main 转移到函数 addition。调用传递的两个参数的数值（5 和 3）被复制到函数的本地变量 int a 和 int b 中。

函数 addition 中定义了新的变量（int r;），通过表达式 r=a+b;，它把 a 加 b 的结果赋给 r。因为传过来的参数 a 和 b 的值分别为 5 和 3，所以结果是 8。

下面一行代码：

```cpp
return (r);
```

结束函数 addition，并把控制权交还给调用它的函数（main），从调用 addition 的地方开始继续向下执行。另外，return 在调用的时候后面跟着变量 r (return (r);)，它当时的值为 8，这个值被称为函数的返回值。

函数返回的数值就是函数的计算结果，因此，z 将存储函数 addition (5, 3)返回的数值，即 8。用另一种方式解释，也可以想象成调用函数（addition (5, 3) ）被替换成了它的返回值（8）。

接下来 main 中的下一行代码是：

```cpp
cout << "The result is " << z;
```

它把结果打印在屏幕上。

一个 C++程序包含一个 main 函数和若干其他函数，main 函数是程序执行的入口，它可以调用其他函数，但不允许被其他函数调用。其他函数可以根据需求相互调用，图 4-1 示意了函数之间可能的调用关系。

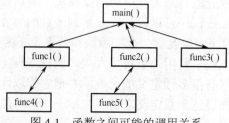

图 4-1 函数之间可能的调用关系

综上所述，归纳如下：

（1）函数必须有一个定义和一个声明。一个函数定义不仅指出函数的名称、它接受的形式参数类型、个数以及它的返回值，还包括该函数具体完成的功能，即函数体。

（2）C++程序从 main 函数开始执行，在 main 函数中调用其他函数。实际参数依次传递给被调用函数用于初始化形式参数。调用结束后，流程回到 main 函数，在 main 函数中结束整个程序的运行。

（3）所有函数都是平行的，即在定义函数时是分别进行的，是互相独立的。一个函数并不从属于另一个函数，即函数不能嵌套定义。函数间可以互相调用，但不能调用 main 函数。main 函数是系统调用的。

（4）从用户使用的角度看，函数有两种：

① 标准函数，即库函数。这是由系统提供的，用户不必自己定义这些函数，可以直接使用它们。不同的 C++系统提供的库函数的数量和功能会有一些不同，但许多基本的函数是共同的。

② 用户自己定义的函数。用以解决用户的专门需要。

4.2　函数定义与函数声明

函数必须先定义后使用，函数定义由函数头和函数体两部分组成，函数头包括类型说明符和函数名，函数体由实现函数功能的语句序列构成（包括变量定义）。函数的定义可分为无参数定义和有参数定义。

4.2.1　定义无参函数的一般形式

定义无参函数的一般形式为：

```
类型标识符  函数名([void])
{
    声明部分
    语句
}
```

各部分说明如下。

（1）类型标识符：说明函数返回值类型，无返回值则定义为 void。

（2）函数名：命名是合法标识符即可，后面空括号不能省略。

（3）函数体：说明函数的功能，在函数体中定义的变量只有在函数执行时才存在。

4.2.2　定义有参函数的一般形式

定义有参函数的一般形式为：

```
类型标识符  函数名(形式参数表列)
    {
        声明部分
        语句
    }
```

定义有参函数应包括以下几个方面的内容。

（1）指定函数的名字，以便以后按名调用。

（2）指定函数的类型，即函数返回值的类型。C++要求在定义函数时必须指定函数的类型。

（3）指定函数的参数的名字和类型，以便在调用函数时向它们传递数据。对无参函数不需要这项。

（4）指定函数应当完成什么操作，也就是函数是做什么的，即函数的功能。

例如：

```
int addition (int a，int b)        //函数首部，函数值为整型，有两个整型形参
{
    int r;                         //函数体中的声明部分
    r=a+b;                         //将 a 和 b 加起来的值赋给整型变量 r
    return (r);                    //将 r 的值作为函数值返回调用点
}
```

对于 C++编译系统提供的库函数，是由编译系统事先定义好的，对它们的定义已放在相关的头文件中。程序设计者不必自己定义，只需用#include 命令把有关的头文件包含在本文件模块中即可。

4.2.3　函数声明

C++语言要求函数在被调用之前，让编译器知道该函数的原型，使编译器可以根据函数原型检查调用的合法性，将参数转换成为适当的类型，保证参数的正确传递。

当函数定义在前、调用在后时，程序能被正确编译执行。而当函数调用在前、定义在后时，则应在主调函数中，增加被调函数的声明，声明指在调用该函数前，将一个函数的原型告诉编译器，声明不带有函数的细节信息。函数声明也叫函数原型。

函数声明包括：类型说明符、函数名、参数个数及类型，格式如下：

（1）函数类型　函数名（参数类型1，参数类型2…）；
（2）函数类型　函数名（参数类型1　参数名1，参数类型2　参数名2…）；

第（1）种形式是基本的形式。为了便于阅读程序，也允许在函数原型中加上参数名，就成了第（2）种形式，但编译系统并不检查参数名。

【例 4.2】　判断某个字符是否为数字。

```
#include <iostream>
using namespace std ;
int Digit(char ch);
// 函数原型声明
int main()
{
    char a ;
    cout<<"Enter the character:  "<<endl ;
    cin>>a ;
    if(Digit(a)==1)
    cout<<a<<'\t'<<"is a number"<<endl ;
    else
    cout<<a<<'\t'<<"is not a number"<<endl ;
```

```
        return 0 ;
    }
// 函数原型定义
int Digit(char ch)
{
        if(ch>='0'&&ch<='9')
        return 1 ;
        else
        return 0 ;
}
```

上例中，因为 Digit 函数在 main 函数之后定义，所以在 main 函数调用它之前必须声明。对函数的定义和声明不是同一件事情。定义是指对函数功能的确立，包括指定函数名、函数类型、形参及其类型、函数体等，它是一个完整的、独立的函数单位。而声明的作用则是把函数的名字、函数类型以及形参的个数、类型和顺序通知编译系统，以便在对包含函数调用的语句进行编译时，据此对其进行对照检查。

下列情况下，可不做函数声明。

（1）如果被调用函数的定义出现在主调函数之前，可以不必声明。因为编译系统已经先知道了已定义函数的有关情况，会根据函数首部提供的信息对函数的调用做正确性的检查。

例如：

```
float add(float x，float y)
{     float z;
      z=x+y;
      return(z);
}
int main()
    {    float a，b，c;
        cin>>a>>b;
        c=add(a，b);
        cout<<c;
        return 0;
    }
```

（2）如果在文件的开头（在所有函数之前），已对本文件中所调用的所有函数进行了声明，编译系统已知道了被调用函数的有关情况，则不必在各函数中对其所调用的函数再做声明。

例如：

```
float add(float x.float y);    /*函数声明*/
int main()
{
     float a,b,c ;
     cin>>a>>b ;
     c=add(a,b);
     cout<<c ;
     return 0 ;
```

```
    }
    float add(float x,float y)
    {
        float z ;
        z=x+y ;
        return(z);
    }
```

4.3 函数的调用

何谓函数

4.3.1 函数调用的一般形式

有参函数调用的一般格式为：

<函数名> (<实际参数表>);

无参函数调用的一般格式为：

<函数名> ( );

说明：

（1）在定义函数时函数名后面括号中的变量名称为形式参数（formal parameter，简称形参），在主调函数中调用一个函数时，函数名后面括号中的参数（可以是一个表达式）称为实际参数（actual parameter，简称实参）。如果是调用无参函数，则"实参表列"可以没有，但括弧不能省略。

（2）如果实参表列包含多个实参，则各参数间用逗号隔开。实参与形参的个数应相等，类型应匹配。实参与形参按顺序对应，一一传递数据。

（3）如果实参表列包括多个实参，对实参求值的顺序并不是确定的，有的系统按自左至右的顺序求实参的值，有的系统则按自右至左的顺序。

【例4.3】 实参求值的顺序。

```
    int f(int a,int b);
    int main()
    {
        /* 函数声明 */
        int i=2,p ;
        p=f(i,++i);
        /* 函数调用 */
        cout<<p ;
        return 0 ;
    }
    }

    /* 函数定义 */
```

```
int f(int a,int b)
{
    int c ;
    if(a>b)c=1 ;
    else if(a==b)c=0 ;
    else c=-1 ;
    return(c);
}
```

对于函数调用

```
int i=2， p;
p=f(i， ++i);
```

如果按自右至左的顺序求实参的值，则函数调用相当于 f(3，3)。如果按自左至右的顺序求实参的值，则函数调用相当于 f(2，3)。在 Visual C++ 6.0 环境下按自右至左的顺序求实参的值。注意：在写程序时，应该避免这种容易混淆的用法。尤其是使用++和--运算符时更易出错，要倍加小心，如果想输出 2 和 3，应写成：

```
i=2;
j=i++;
cout<<i<<j ;
```

【例 4.4】　调用函数时的数据传递。

```
#include <iostream>
#include <cmath>
using namespace std;
float func(float a)              //定义有参函数 func
{
    float b;
    b = 5 * a * a + 3 * a + 1;
    return b;
}
int main( )
{
    float num1， num2， x = 1;
    num1 = sin(x);               //调用库函数
    num2 = func(x);              //调用 func 函数
    cout << "sin(x) = " << num1 << endl;
    cout << "func(x) = " << num2 << endl;
    return 0;
}
```

程序运行结果：

```
sin(x)=0.841471
func(x)=9
```

函数调用时，实参与形参之间的参数传递如图 4-2 所示。

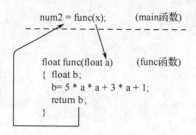

图 4-2   实参与形参之间的参数传递

说明：

（1）实参必须有确定的值，形参必须指定类型。

（2）实参的个数和类型应与形参的个数和类型按定义时顺序完全一致。

（3）形参在函数被调用前不占内存；函数调用时为形参分配内存；调用结束，内存释放。

4.3.2   函数调用的方式

按函数在语句中的作用来分，可以有以下三种函数调用方式。

1. 函数语句

把函数调用单独作为一个语句，并不要求函数返回一个值，只是要求函数完成一定的操作。

2. 函数表达式

函数出现在一个表达式中，这时要求函数返回一个确定的值以参加表达式的运算。例如：

```
c=2*max(a,b);
```

3. 函数参数

函数调用作为一个函数的实参。例如：

```
m=max(a, max(b, c));
```

其中 max(b,c)是一次函数调用，它的值作为 max 另一次调用的实参。m 的值是 a、b、c 三者中的最大者。

4.3.3   函数的返回值

形式：

```
 return(表达式); 或    return  表达式;
```

功能：使程序控制从被调用函数返回到调用函数中，同时把返回值带给调用函数。

说明：

（1）函数中可有多个 return 语句。

（2）若无 return 语句，遇}时，自动返回调用函数。

（3）如果函数值的类型和 return 语句中表达式的值不一致，则以函数类型为准，即函数类型决定返回值的类型。对数值型数据，可以自动进行类型转换。

【例 4.5】 函数返回值类型转换。

```
#include <iostream>
```

```
using namespace std;
int main()
{
    int max(float x,float y);
    float a，b;
    int c;
    cin>>a>>b;
    c=max(a，b);
    cout<<"Max is"<<c;
return 0;
}
int max(float x,float y)
{
    float z;
    z=x>y?x:y;
    return(z);
}
```

程序运行结果：

```
1.2，5.6
Max is 5
```

C 语言中，凡不加类型说明的函数，一律自动按整型处理。这样做不会有什么好处，却容易被误解为 void 类型。

C++语言有很严格的类型安全检查，不允许上述情况发生。由于 C++程序可以调用 C 函数，为了避免混乱，规定任何 C++/C 函数都必须有类型。如果函数没有返回值，那么应声明为 void 类型。

4.3.4 函数的值传递方式

参数值传递方式即函数调用时，为形参分配单元，并将实参的值复制到形参中；调用结束，形参单元被释放，实参单元仍保留并维持原值。

特点：

（1）形参与实参占用不同的内存单元。

（2）单向传递。

【例 4.6】 使用交换函数 swap，将两个整型变量交换数据后输出。

```
#include <iostream>
using namespace std;
void swap(int,int);
int main( ) {
    int a = 3，b = 4;
    cout << "before swap : a=" << a << "，b=" << b << endl;
    swap(a，b);
    cout << "after swap : a=" << a<< "，b=" << b << endl;
    return 0;
}
void swap(int x，int y) {
```

```
        int temp;
        temp = x; x = y; y = temp;
        cout << "in swap : x=" << x << ", y=" << y << endl;
    }
```

程序执行过程中，调用交换函数 swap 时，才为形参 x、y 分配空间，同时，完成实参 a、b 向形参 x、y 的值传递过程，并执行交换函数使形参内容互换，如图 4-3 所示。调用结束后，形参单元 x、y 被释放，实参单元 a、b 仍保留并维持原值。

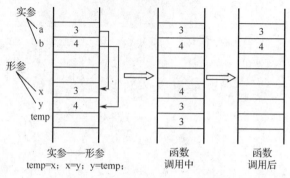

图 4-3   两个整型变量交换数据过程

4.4   内置函数

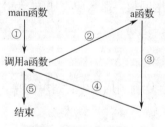

图 4-4   函数调用过程

调用函数时需要一定的时间和空间的开销。图 4-4 表示函数调用的过程。

函数调用需要保存现场和返回地址，代价是增加时间和空间的开销，影响效率，因此，对于语句行不多，但又被频繁调用的函数，为避免函数调用的开销，在 C++中引入内置函数（inline function），又称内嵌函数。在有些书中把它译成内联函数。

内置函数执行时不发生函数调用，而是由编译器在编译时用内置函数的函数体替换调用语句，节省了调用开销，但相应地增加了目标代码量。

内置函数的定义是在函数定义前加上关键字 inline，例如：

```
inline int sum(int a,int b)
{
    return a + b;
}
```

【例 4.7】 将函数指定为内置函数。

```
#include <iostream>
using namespace std;
inline int max(int, int, int);                    //声明函数，注意左端有 inline
int main( )
{
```

```
        int i=6，j=7，k=8，m;
        m=max(i，j，k);
        cout<<"max="<<m<<endl;
        return 0;
    }

inline int max(int a，int b，int c)              //定义 max 为内置函数
    {
        if(b>a) a=b;                          //求 a、b、c 中的最大者
        if(c>a) a=c;
        return a;
    }
```

由于在定义函数时指定它为内置函数，因此编译系统在遇到函数调用"max(i, j, k)"时，就用 max 函数体的代码代替"max(i, j, k)"，同时用实参代替形参。这样，程序第 6 行 "m=max(i, j, k);"就被置换成

```
if (j>i) i=j;
if(k>i) i=k;
m=i;
```

使用内联函数时应注意以下几点。

（1）C++中，除在函数体内含有循环、switch 分支和复杂嵌套的 if 语句外，所有的函数均可定义为内联函数。

（2）内联函数也要定义在前、调用在后。形参与实参之间的关系与一般的函数相同。

（3）对于用户指定的内联函数，编译器是否作为内联函数来处理由编译器自行决定。说明内联函数时，只是请求编译器当出现这种函数调用时，作为内联函数的扩展来实现，而不是命令编译器要这样去做。

（4）如前所述，内联函数的实质是采用空间换取时间，即可加速程序的执行，当出现多次调用同一内联函数时，程序本身占用的空间将有所增加。如上例中，内联函数仅调用一次时，并不增加程序占用的存储空间。

4.5　函数的重载

两个不同的函数可以用同样的名字，只要它们的参量的原型不同，也就是说可以把同一个名字给多个函数，如果它们用不同数量的参数或不同类型的参数。

C++允许用同一函数名定义多个函数，这些函数的参数个数和参数类型不同。这就是函数的重载（function overloading）。即为一个函数名重新赋予新的含义，使一个函数名可以多用。

【例 4.8】　一个函数名可以多用（分别考虑整型参数、浮点型参数的情况）。

```
#include <iostream.h>
using namespace std ;
int divide(int a,int b)
{
    return(a/b);
```

```
}
float divide(float a,float b)
{
    return(a/b);
}
int main()
{
    int x=5,y=2 ;
    float n=5.0,m=2.0 ;
    cout<<divide(x,y);
    cout<<"\n" ;
    cout<<divide(n,m);
    cout<<"\n" ;
    return 0 ;
}
```

在这个例子里，用同一个名字定义了两个不同函数，当它们其中一个接受两个整型（int）参数，另一个则接受两个浮点型（float）参数时，编译器通过检查传入的参数的类型来确定是哪一个函数被调用。如果传入的是两个整数参数，那么是原型定义中有两个整型（int）参量的函数被调用；如果传入的是两个浮点数，那么是原型定义中有两个浮点型（float）参量的函数被调用。在使用重载函数时，同名函数的功能应当相同或相近，不要用同一函数名去实现完全不相干的功能，虽然程序也能运行，但可读性不好。

4.6　有默认参数的函数

当声明一个函数的时候我们可以给每一个参数指定一个默认值。如果当函数被调用时没有给出该参数的值，那么这个默认值将被使用。指定参数默认值只需要在函数声明时把一个数值赋给参数。如果函数被调用时没有数值传递给该参数，那么默认值将被使用。但如果有指定的数值传递给参数，那么默认值将被指定的数值取代。这种方法比较灵活，可以简化编程，提高运行效率。如有一函数声明：

```
float area(float r=6.5);
```

指定 r 的默认值为 6.5，如果在调用此函数时，确认 r 的值为 6.5，则可以不必给出实参的值，如：

```
area( );                              //相当于 area(6.5);
```

如果不想使形参取此默认值，则通过实参另行给出，如：

```
area(7.5);                            //形参得到的值为 7.5，而不是 6.5
```

【例4.9】 求三个整数的和，用带有默认参数的函数实现。

```
#include <iostream>
using namespace std;
int add(int a = 3，int b = 4，int c = 5)        //定义 add 函数并设置默认值
{    int sum;
```

```
        sum = a + b + c;
        return sum;
}
int main( )
{
        int sum1，sum2，sum3;
        // 形参 a、b、c 都采用给定的实参值 10、20、30
        sum1 = add(10，20，30);
        cout << "sum1=" << sum1 << endl;          //即求 10+20+30
        // 形参 a、b 采用给定实参值 10、20，c 采用默认值 5
        sum2 = add(10，20);
        cout << "sum2=" << sum2 << endl;          //即求 10+20+5
        sum3 = add( );                             //形参 a、b、c 都采用默认值
        cout << "sum3=" << sum3 << endl;          //即求 3+4+5
        return 0;
}
```

注意：如果函数的定义在函数调用之前，则应在函数定义中给出默认值。如果函数的定义在函数调用之后，则在函数调用之前需要有函数声明，此时必须在函数声明中给出默认值，在函数定义时可以不给出默认值。函数定义时，具有默认值的参数一般都位于参数表的右侧。一个函数不能既作为重载函数，又作为有默认参数的函数，这样容易混淆，系统无法正常执行。

4.7　函数模板

在程序设计中经常会出现这样的情况：多个函数的参数个数相同，函数的代码（功能）也相同，但是它所处理的数据的类型不相同。对于这种情况，我们可以使用函数的重载定义多个函数名相同的函数。但即使是设计为重载函数也只是使用相同的函数名，函数体仍然需要分别定义。能否对此再简化呢？

C++提供了函数模板。所谓函数模板，实际上是建立一个通用函数，其函数类型和形参类型不具体指定，用一个虚拟的类型来代表。这个通用函数就称为函数模板。凡是函数体相同的函数都可以用这个模板来代替，不必定义多个函数，只需在模板中定义一次即可。在调用函数时系统会根据实参的类型来取代模板中的虚拟类型，从而实现了不同函数的功能。

函数模板的定义形式为：

```
template<class 类型参数>
返回类型 函数名(参数表)
{    函数体    }
```

其中，template 是声明模板的关键字；"类型参数"是一个用户定义的标识符，用来表示任意一个数据类型。当在程序中使用函数模板时，系统将用实际的数据类型来代替"类型参数"，生成一个具体的函数，这个过程称为模板的实例化，这个由函数模板生成的具体函数称为模板函数。关键字"class"用来指定类型参数，与类无关，也可以使用 typename 来指定。

【例 4.10】　定义求绝对值的函数模板，用来求不同数据类型值的绝对值。

```
#include <iostream.h>
```

```
template <class T>
T abs(T x)
{
    return x>=0?x: -x;
}
void main()
{
    int i=50;
    double d=-3.25;
    long l=-723358;
    cout<<abs(i)<<endl;    //类型参数 T 被替换为 int
    cout<<abs(d)<<endl;    //类型参数 T 被替换为 double
    cout<<abs(l)<<endl;    //类型参数 T 被替换为 long
}
```

程序运行结果:

```
50
3.25
723358
```

函数模板可以像一般函数那样直接使用。函数模板在使用时,编译器根据函数的参数类型来实例化类型参数,生成具体的模板函数。因此,程序中生成了三个模板函数:int abs(int)、double abs(double)和 long abs(long)。

可以看到,用函数模板比函数重载更方便,程序更简洁。但应注意它只适用于函数的参数个数相同而类型不同,且函数体相同的情况,如果参数的个数不同,则不能用函数模板。

4.8　函数的嵌套调用

C++中的函数定义都是互相平行、独立的,在定义一个函数时,不允许在函数体内再定义另一个函数,即不能嵌套定义函数,但可以嵌套调用函数,即在调用一个函数的过程中,在被调函数的函数体内再调用函数,如图 4-5 所示。

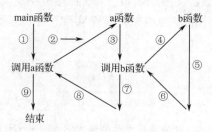

图 4-5　函数的嵌套调用

【例 4.11】函数嵌套调用示例,求三个数中最大数和最小数的差值。

```
#include <iostream>
using namespace std ;
int dif(int , int y, int z);
int max(int x, int y, int z);
```

```
int min(int x, int y, int z);
int main()
{
    int a, b, c, d ;
    cin>>a>>b>>c ;
    d=dif(a, b, c);
    cout<<"Max-Min="<<d ;
    return 0 ;
}
int dif(int x, int y, int z)
{
    return max(x, y, z)-min(x, y, z);
}

int max(int x, int y, int z)
{
    int r ;
    r=x>y?x:y ;
    return(r>z?r:z);
}

int min(int x, int y, int z)
{
    int r ;
    r=x<y?x:y ;
    return(r<z?r:z);
}
```

说明：

（1）在定义函数时，函数名为 dif、max 和 min 的三个函数是互相独立的，并不互相从属。这三个函数均定为整型。

（2）三个函数的定义均出现在 main 函数之后，因此在 main 函数的前面对这三个函数做声明。习惯上把本程序中用到的所有函数集中放在最前面声明。

（3）程序从 main 函数开始执行。函数的嵌套调用如图 4-6 所示。

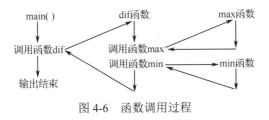

图 4-6　函数调用过程

4.9　函数的递归调用

函数的递归调用是指在调用一个函数的过程中，在函数体中出现直接或间接地调用该函数本身的调用关系。函数的递归调用有两种情况：直接递归和间接递归。递归在程序设计中经常用到，它可以大大简化程序的设计。

1．直接递归

直接递归调用：指在一个函数 A 的定义中，出现了调用自身 A 的情况，这种调用关系称为直接递归调用，而函数 A 就是递归函数。

例如：

```
int f(int x)
{
    int y，z;
    z=f(y);                    //在调用函数 f 的过程中，又要调用 f 函数
    return (2*z);
}
```

2．间接递归

间接递归调用：指在一个函数 A 的定义中，调用了函数 B，而在函数 B 的定义中又调用了函数 A，这种调用关系称为间接递归调用，而函数 A 也是递归函数。

递归过程不应无限制地进行下去，应当能在调用有限次以后，就到达递归调用的中点得到一个确定值，然后进行回代。回代的过程是从一个已知值推出下一个值的过程。任何有意义的递归总是由两部分组成：递归形式与递归终止条件。

包含递归调用的函数称为递归函数。递归函数设计的一般方法：首先判断递归结束条件，其次再进行递归调用。

【例 4.12】有 5 个人坐在一起，问第 5 个人多少岁，他说比第 4 个人大两岁。问第 4 个人的岁数，他说比第 3 个人大两岁。问第 3 个人，又说比第 2 个人大两岁。问第 2 个人，说比第 1 个人大两岁。最后问第 1 个人，他说是 10 岁。请问第 5 个人多大？

每一个人的年龄都比其前一个人的年龄大两岁，即

```
age(5)=age(4)+2
age(4)=age(3)+2
age(3)=age(2)+2
age(2)=age(1)+2
age(1)=10
```

当 n>1 时，求第 n 个人的年龄的公式是相同的。本算法的数学模型如下。

```
age(n)=10 (n=1)
age(n)=age(n-1)+2    (n>1)
```

程序如下。

```cpp
#include <iostream>
using namespace std ;
int age(int);                //函数声明
//主函数
int main()
{
    cout<<age(5)<<endl ;
    return 0 ;
```

```
    }

    //求年龄的递归函数
    int age(int n)
    {
        int c ;
        //用 c 作为存放年龄的变量
        if(n==1)c=10 ;
        //当 n=1 时，年龄为 10
        else c=age(n-1)+2 ;
        //当 n>1 时，此人年龄是他前一个人的年龄加 2
        return c ;
        //将年龄值代回主函数
    }
```

程序运行结果：

```
18
```

函数调用过程如图 4-7 所示。

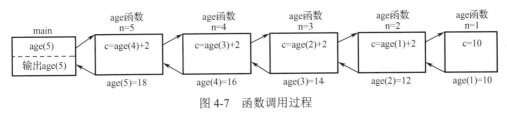

图 4-7 函数调用过程

【例 4.13】 用递归算法计算从 n 个人中选择 k 个人组成一个委员会的不同组合数。

分析：（1）确立递归的公式。由 n 人中选 k 人的组合数=由 n-1 人中选 k 人的组合数+由 n-1 人中选 k-1 人的组合数。

（2）分析递归的结束条件。当 n==k 或 k==0 时，组合数为 1。

```
# include < iostream.h >
using namespace std ;
//求 n 人中选 k 人的组合数
int comm(int n，int k)
{
    if(n<k)return 0 ;
    if(n==k||k==0)return 1 ;
    //先判断递归结束条件
    return(comm(n-1,k)+comm(n-1,k-1));
    //再进行递归调用
}
void main()
{
    int n，k ;
    cout<<"请输入正整数 n 和 k：";
    cin>>n>>k ;
    if(n<=0||k<=0)
```

```
    {
        cout<<"输入数据有错！";
    }
    cout<<"由"<<n<<"人中选"<<k<<"人的组合数 ="<<comm(n，k)<<endl；
}
```

程序运行结果：

请输入正整数 n 和 k：8　5　✓
由 8 人中选 5 人的组合数 = 56

说明：

（1）递归函数的执行过程比较复杂，往往都存在着连续的递归调用，其执行过程可分为"递推"和"回归"两个阶段，先是一次一次不断的递推过程，直到符合递归结束条件，然后是一层一层的回归过程。

（2）而其中的每一次递归调用，系统都要在栈中分配空间以保存该次调用的返回地址、参数、局部变量，因此在递推阶段，栈空间一直处于增长状态，直到遇到递归结束条件，然后进入回归阶段，栈空间反向依次释放。

（3）在递归的执行过程中，递归结束条件非常重要，它控制"递推"过程的终止，因此在任何一个递归函数中，递归结束条件都是必不可少的，否则将会一直"递推"下去，导致无穷递归。

下面举一个经典的递归例子：汉诺塔问题。

【例 4.14】 Hanoi（汉诺塔）问题。这是一个古典的数学问题，是一个用递归方法解题的典型例子。如图 4-8 所示，古印度有一个梵塔，塔内有三根柱子 A、B、C，开始时 A 柱上套有 64 个盘子，盘子大小不等，大的在下，小的在上。有一个老和尚想把 64 个盘子从 A 柱移到 C 柱，但规定每次只能移动一个盘子，且在任何时候三根柱子上的盘子都是大盘在下，小盘在上。在移动过程中可以利用 B 柱。有人说，当移动完这些盘子时，世界末日就到了。

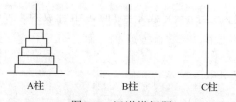

A柱　　　　　B柱　　　　　C柱

图 4-8　汉诺塔问题

分析： 将 n 个盘子从 A 柱移到 C 柱可以分解如下。

（1）将 A 柱上的 n-1 个盘子借助于 C 柱移到 B 柱上；

（2）将 A 柱上的最后一个盘子移到 C 柱上；

（3）再将 B 柱上的 n-1 盘子借助于 A 柱移到 C 柱上。

其中，第一步又可以分解为以下三步：

（1）将 A 柱上的 n-2 个盘子借助于 B 柱移到 C 柱上；

（2）将 A 柱上的第 n-1 个盘子移到 B 柱上；

（3）再将 C 柱上的 n-2 个盘子借助于 A 柱移到 B 柱上。

这种分解可以一直递归地进行下去，直到变成移动一个盘子，递归结束。事实上，以上三个步骤包含两种操作：

（1）将多个盘子从一根柱子移到另一根柱子上，这是一个递归的过程；

（2）将一个盘子从一根柱子移到另一根柱子上。

按照上面的算法，n 个盘子的汉诺塔问题需要移动的盘子数是 n-1 个盘子的汉诺塔问题需要移动的盘子数的 2 倍加 1。于是

$$h(n)=2h(n-1)+1$$
$$=2(2h(n-2)+1)+1$$
$$=2^2h(n-2)+2+1$$
$$=2^3h(n-3)+2^2+2+1$$
$$=\cdots$$
$$=2^nh(0)+2^{n-1}+\cdots+2^2+2+1$$
$$=2^{n-1}+\cdots+2^2+2+1$$
$$=2^n-1$$

因此，要完成汉诺塔的搬迁，需要移动盘子的次数为

$$2^{64}-1=18446744073709551615$$

如果每秒移动一次，一年有 31536000 秒，则僧侣们一刻不停地来回搬动，也需要花费大约 5849 亿年的时间。假定计算机以每秒 1000 万个盘子的速度进行搬迁，则需要花费大约 58490 年的时间。程序如下。

```cpp
#include <iostream>
using namespace std;
void move(char x, char y)
{
    cout<< x << "-->"<< y << endl;
}
void hanoi(int n，char one，char two，char three)
{
    if (n==1)
        move(one, three);
    else {
        hanoi(n - 1, one, three, two);
        move(one, three);
        hanoi(n - 1, two, one, three);}
}
int main( )
{
    int n;
    cout << "Input n: ";
    cin >> n;
    hanoi(n, 'A', 'B', 'C');
    return 0;
}
```

程序运行结果：

```
Input n:3↙
    A-->C
```

```
A-->B
C-->B
A-->C
B-->A
B-->C
A-->C
```

4.10　局部变量和全局变量

4.10.1　局部变量

在一个函数内部定义的变量称为内部变量。它只在本函数范围内有效，即只有在本函数内才能使用这些变量，故称为局部变量。

例如：

```
float f1( int a)              //函数 f1
{
    int b, c;
    …                        //a、b、c 有效
}
char f2(int x, int y)         //函数 f2
{
    int i, j;                //x、y、i、j 有效
}
void main( )                 //主函数
{
    int m, n;
    …                        //m、n 有效
}
```

说明：

（1）主函数中定义的变量只在主函数中有效，而不因为在主函数中定义而在整个文件或程序中有效。主函数也不能使用其他函数中定义的变量。

（2）不同函数中可以使用相同名字的变量，它们代表不同的对象，互不干扰。

（3）形式参数也是局部变量。

（4）在一个函数内部，可以在复合语句中定义变量，这些变量只在本复合语句中有效，这种复合语句也称为"分程序"或"程序块"。

例如：

```
int main ( )
{
    int a，b;
    …
    {
        int c;
        c=a+b;    //c 在此范围内有效，a、b 在此范围内有效
```

```
        …
    }
    …
}
```

4.10.2　全局变量

函数之外定义的变量称为外部变量。外部变量可以为本文件中其他函数所共用，它的有效范围为从定义变量的位置开始到本源文件结束，所以也称全局变量。全局变量的有效范围为从定义变量的位置开始到本源文件结束。

例如：

```
int p=1, q=5;           //全局变量，全局变量 c1、c2 的作用范围
float f1(a)             //定义函数 f1
int a;
{
    int b, c;
    …
}
char c1, c2;            //全局变量，全局变量 p、q 的作用范围
char f2 (int x，int y)  //定义函数 f2

    int i, j;
    …
}
main ( )                //主函数
{
    int m, n;
    …
}
```

p、q、c1、c2 都是全局变量，但它们的作用范围不同，在 main 函数和 f2 函数中可以使用全局变量 p、q、c1、c2，但在函数 f1 中只能使用全局变量 p、q，而不能使用 c1 和 c2。

说明：

（1）全局变量为函数之间的数据传递提供了一条通道。由于同一文件的所有函数都能引用全局变量的值，如果在一个函数中改变了某全局变量的值，就能影响使用该全局变量的其他函数，相当于各个函数间有了直接传递的通道。

（2）全局变量的生存期是整个程序的运行期间，即"长期"。

（3）若全局变量与某一函数中的局部变量同名，则在该函数中，全局变量被屏蔽，使用局部变量。

【例 4.15】　编一函数求出 10 个整数的最大值、最小值和平均值。

```
#include <iostream>
using namespace std;
int max, min;           //全局变量
float f(int a[10])
{
```

```
        int i，sum=a[0];
        float aver;
        max=a[0];
    min=a[0];
    for(i=1;i<10;i++)
        {
            sum=sum+a[i];
            if(a[i]>max)   max=a[i];
            if(a[i]<min)     min=a[i]);
        }
    aver=sum/10.0;
    return aver;
  }
int main()
{
    int x[10]，j;
    float average;
    for(j=0;j<10;j++)
        cin>>x[j];
    average=f(x);
    cout<<max<<min<<average;
    return 0;
}
```

【例 4.16】 外部变量与局部变量同名。

```
#include <iostream>
using namespace std;
int a=3, b=5;                    //a、b 为外部变量，a、b 的作用范围
int main ( )
 {
    int a=8;                     //a 为局部变量，局部变量 a 的作用范围
    cout<<max (a, b);            //全局变量 b 的作用范围
    retrun 0;
}
max (int a, int b)              //a、b 为局部变量
{
    int c;
    c=a＞b?a：b;                 //形参 a、b 的作用范围
    return (c);
 }
```

程序运行结果：

8

注意：如果在同一个源文件中外部变量与局部变量同名，则在局部变量的作用范围内，外部变量被"屏蔽"，即它不起作用，此时局部变量是有效的。

4.11　变量的存储类别

4.11.1　动态存储方式与静态存储方式

从变量的作用域（即从空间）角度来分，可以分为全局变量和局部变量；从变量值存在的时间角度来分，又可以分为静态存储方式和动态存储方式。

变量还有另一种属性——生存期。生存期和作用域从时间和空间这两个不同的角度来描述变量的特性，两者既相互联系，又有区别。在 C++中，变量的生存期分为静态存储期（static storage duration）和动态存储期（dynamic storage duration）。这是由变量的静态存储方式和动态存储方式决定的。

所谓静态存储方式，是指在程序运行期间，系统对变量分配固定的存储空间。而动态存储方式则是在程序运行期间，系统对变量动态地分配存储空间。

一个 C++程序在内存中占用的存储空间可以分为三部分：程序区、静态存储区和动态存储区。

程序区：存放可执行程序的程序代码；

静态存储区：存放静态变量；

动态存储区：存放动态变量。

在 C++中变量和函数有两个属性：数据类型和数据的存储类别。存储类别指的是数据在内存中存储的方式。

存储方式分为两大类：静态存储类别和动态存储类别。

C++语言中可以指定以下存储类别：

auto——声明自动变量

static——声明静态变量

register——声明寄存器变量

extern——声明外部变量

根据变量的存储类别，可以知道变量的作用域和生存期。

4.11.2　自动变量

不专门声明为 static 存储类别的局部变量都是动态分配存储空间，在调用该函数时系统会给它们分配存储空间，在函数调用结束时就自动释放这些存储空间。因此这类局部变量称为自动变量。函数中的形参和在函数中定义的变量（包括在复合语句中定义的变量）都属此类。自动变量用关键字 auto 作为存储类别的声明。关键字 auto 可以省略，此时默认为自动存储类别。函数中大多数变量属于自动变量。

定义格式：

[auto] <数据类型> <变量名表>

例如：

auto int m, n = 3;　　　　　　　　　　　//定义 m 和 n 为整型的自动变量

本书前面各章所介绍的例子中，在函数中定义的变量都没有声明为 auto，其实都默认指定为自动变量。在函数体中以下两种写法作用相同：

① auto int b，c=3；

② int b，c=3；

说明：

（1）"auto"可以省略，不写"auto"则隐含确定为自动存储类型。

（2）自动变量是局部变量，自动变量只能定义在函数内，其作用域为块作用域。

（3）自动变量是动态变量，存放在动态存储区。当执行到变量定义处时，系统为变量分配存储空间，而当执行到变量作用域的结束处时，系统收回这种变量所占用的存储空间。

（4）自动变量若未初始化，其初值是不确定的。

4.11.3 用 static 声明静态局部变量

当函数中的局部变量的值在函数调用结束后不消失而保留原值时，该变量称为静态局部变量，用关键字 static 进行声明。

定义格式：

[static] <数据类型> <变量名表>

例如：

static int m, n = 3;

【例 4.17】 用静态变量编程计算 1～5 的阶乘值。

```cpp
#include <iostream>
using namespace std ;
int fac(int n)
{
    static int f=1 ;
    f=f*n ;
    return f ;
}
int main()
{
    int i ;
    for(i=1;i<=5;i++)
    cout<<i<<"!="<<fac(i)<<endl ;
    return 0 ;
}
```

程序运行结果：

```
1!=1
2!=2
3!=6
4!=24
5!=120
```

程序每次调用 fac(i)，就输出一个 i，同时保留这个 i!的值，以便下次再乘（i+1）。

对静态局部变量的说明：

（1）静态局部变量存储在内存的静态存储区。

（2）静态局部变量属于静态存储类别，在程序开始执行时，为这种变量分配存储空间；当调用结束后，系统并不收回这些变量所占用的存储空间；当再次调用函数时，变量仍使用相同的存储空间，因此，变量仍保留原来的值，即在整个程序运行期间变量都存在。

（3）静态局部变量一般在声明处初始化，如果没有显式初始化，则编译器将其自动初始化为 0。

（4）虽然静态局部变量在函数调用后仍然存在，但其他函数不能引用它，只能由定义它的函数引用。

用静态存储会多占内存，降低程序的可读性，当调用次数多时往往弄不清静态局部变量的当前值是什么。因此，若非必要，不要多用静态局部变量。

根据静态变量定义在函数内还是函数外，分为静态局部变量与静态全局变量。静态局部变量是定义在函数内的静态变量（见上述）。

在全局变量定义的基础上加上 static 关键字，就成为静态全局变量。静态全局变量是为了使全局变量只限于被本文件使用，而不能被其他文件引用。

例如：

```
#include <iostream>
using namespace std;
void fn( );
static int n;                    //定义静态全局变量
int main( )
{...}
```

静态全局变量在声明它的整个文件中都是可见的，在文件之外则不可见。

4.11.4　用 register 声明寄存器变量

为提高执行效率，C++允许将局部变量的值放在 CPU 的寄存器中，需要用时直接从寄存器取出参加运算，不必再到内存中去存取。这种变量叫作寄存器变量，用关键字 register 声明。

定义格式：

```
[register] <数据类型> <变量名表>
```

例如：

```
register int m，n = 3;
```

在程序中定义寄存器变量对编译系统只是建议性（而不是强制性）的。当今的优化编译系统能够识别使用频繁的变量，自动地将这些变量放在寄存器中。

4.11.5　用 extern 声明外部变量

用关键字 extern 声明的变量称为外部变量，外部变量是全局变量，具有文件作用域。

定义格式：

```
[extern] <数据类型> <变量名表>
```

例如：

extern int a, b;

用 extern 声明外部变量的目的有两个，一是扩展当前文件中全局变量的作用域，二是将其他文件中的全局变量的作用域扩展到当前文件中。

1. 在一个文件内声明全局变量

如果外部变量不在文件的开头定义，其有效的作用范围只限于定义处到文件终了。如果在定义点之前的函数想引用该全局变量，则应该在引用之前用关键字 extern 对该变量做外部变量声明，表示该变量是一个将在下面定义的全局变量。有了此声明，就可以从声明处起，合法地引用该全局变量，这种声明称为提前引用声明。

【例 4.18】　求两个整数的最大值，用 extern 对外部变量做提前引用声明。

```
#include <iostream>
using namespace std;
extern int a, b;                    //第 3 行声明 a、b 为外部变量
int main( ) {
     int c;
     int max(int x, int y);
     c = max(a, b);                 //第 7 行使用全局变量 a、b
     cout << "max=" << c << endl;
     return 0;
}
int a = 3, b = 5;                   //第 11 行定义全局变量 a、b
int max(int x, int y) {
     int z;
     z = x > y ? x : y;
     return z;
}
```

程序运行结果：

```
max=5
```

在 main 后面定义了全局变量 a、b，但由于全局变量定义的位置在函数 main 之后，因此如果没有程序的第 3 行，在 main 函数中是不能引用全局变量 a 和 b 的。现在程序第 3 行用 extern 对 a 和 b 做了提前引用声明，表示 a 和 b 是将在后面定义的变量。这样在 main 函数中就可以合法地使用全局变量 a 和 b 了。如果不做 extern 声明，编译时会出错，系统认为 a 和 b 未经定义。一般都把全局变量的定义放在引用它的所有函数之前，这样可以避免在函数中多加一个 extern 声明。

2. 在多个文件的程序中声明外部变量

当一个程序由多个文件组成时，在一个文件中定义的全局变量，如果要被另一个文件引用，引用的文件中要用 extern 把要使用的全局变量声明成外部变量，就可以合法地使用了。即将其他文件中的全局变量的作用域扩展到当前文件中。

例如：

file1.cpp

```
extern int a, b;
int main( )
{
    cout<<a<<", "<<b<<endl;
    return 0;
}
file2.cpp
int a=3, b=4;
```

用 extern 扩展全局变量的作用域，虽然能为程序设计带来方便，但应十分慎重，因为在执行一个文件中的函数时，可能会改变该全局变量的值，从而会影响到另一个文件中的函数执行结果。

4.12　内部函数和外部函数

根据函数能否被其他源文件调用，将函数区分为内部函数和外部函数。

4.12.1　内部函数

在函数定义中，在函数的类型说明符前使用关键字 static 定义的函数称为内部函数，内部函数只能在定义它的文件中被其他函数调用，作用域为文件作用域。

定义格式：

```
[static] <类型声明> <函数名>(<形参表>)
```

例如：

```
static int Add(int m, int n) {
    return m + n;
}
```

内部函数又称静态（static）函数。使用内部函数，可以使函数只局限于所在文件。如果在不同的文件中有同名的内部函数，则它们互不干扰。通常把只能由同一文件使用的函数和外部变量放在一个文件中，在它们前面都冠以 static 使之局部化，其他文件不能引用。

【例 4.19】　内部函数使用示例。

```
// F1.cpp
#include <iostream>
using namespace std ;
void func();
static void Print()
{
    cout<<"Print in F1.cpp"<<endl ;
}
int main()
{
    Print();
    func();
```

```
    return 0 ;
}
// F2.cpp
#include <iostream>
using namespace std ;
static void Print()
{
    //  内部函数定义
    cout<<"Print in F2.cpp"<<endl ;
}
void func()
{
    Print();
}
```

程序运行结果：

```
Print in F1.cpp
Print in F2.cpp
```

文件 F1.cpp 和文件 F2.cpp 中都定义了一个内部函数 Print，它们互不干扰。

使用内部函数对加强源文件的独立性和可移植性有很好的作用。

4.12.2 外部函数

在函数定义中，在函数的类型说明符前使用关键字 extern 声明的函数称为外部函数，其中，关键字 extern 可以省略，隐含为外部函数。外部函数可以被其他文件中的函数调用，其作用域为整个程序。

定义格式：

```
[extern] <类型说明符> <函数名>(<形参表>)
```

例如：

```
extern int Add(int m，int n)
{
    return m + n;
}
```

【例 4.20】 输入两个整数，要求输出其中的大者。用外部函数实现。

```
file1.cpp(文件 1)
#include <iostream>
using namespace std ;
int main()
{
    extern int max(int，int);
    //声明在本函数中将要调用在其他文件中定义的 max 函数
    int a，b ;
    cin>>a>>b ;
    cout<<max(a，b)<<endl ;
```

```
        return 0 ;
}
file2.cpp(文件 2):
int max(int x, int y)
{
        int z;
        z=x>y?x:y;
        return z;
}
```

程序运行结果:

```
7 -34✓
7
```

可以看到,通过使用 extern 声明就能够在一个文件中调用其他文件中定义的函数,从而扩展函数的作用域。extern 声明的形式就是在函数原型基础上加关键字 extern。由于函数在本质上是外部的,在程序中经常要调用其他文件中的外部函数,为方便编程,C++允许在声明函数时省略关键字 extern。

4.13　预处理命令

现在使用的 C++编译系统都包括了预处理、编译和连接等部分,因此不少用户误认为预处理命令是 C++语言的一部分,甚至以为它们是 C++语句,这是不对的。必须正确区别预处理命令和 C++语句,区别预处理和编译,才能正确使用预处理命令。C++与其他高级语言的一个重要区别是可以使用预处理命令和具有预处理的功能。预处理器的主要作用是改善程序的组织和管理,所有编译指令以 # 开头的称为预处理指令。C++编译器工作过程如图 4-9 所示。

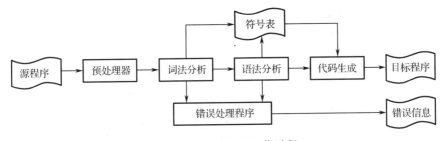

图 4-9　C++编译器工作过程

C++提供的预处理功能主要有以下三种。

● 文件包含
● 条件编译
● 宏定义

4.13.1　文件包含

include 指令在编译之前把指定文件包含到该命令所在位置。
定义格式:

```
    # include    <文件名>
或  # include "文件名"
```

例如：

```
    #include <iostream>
或  #include "iostream"
```

"文件包含"命令是很有用的，它可以节省程序设计人员的重复劳动。

#include 命令的应用很广泛，绝大多数 C++程序中都包括#include 命令。现在，库函数的开发者把这些信息写在一个文件中，用户只需将该文件"包含"进来即可，大大简化了编程人员的工作量。

4.13.2 条件编译

一般情况下，在进行编译时对源程序中的每一行都要编译。但是有时希望程序中某一部分内容只在满足一定条件时才进行编译，也就是指定对程序中的一部分内容进行编译的条件。如果不满足这个条件，就不编译这部分内容。这就是"条件编译"。

有时，希望当满足某条件时对一组语句进行编译，而当条件不满足时则编译另一组语句。条件编译命令常用的有以下形式。

```
#ifdef 标识符
程序段 1
#else
程序段 2
#endif
```

它的作用是当所指定的标识符已经被#define 命令定义过，则在程序编译阶段只编译程序段 1，否则编译程序段 2。#endif 用来限定#ifdef 命令的范围。其中#else 部分也可以没有。

```
#if 表达式
 程序段 1
#else
 程序段 2
#endif
```

它的作用是当指定的表达式值为真（非零）时就编译程序段 1，否则编译程序段 2。可以事先给定一定条件，使程序在不同的条件下执行不同的功能。

4.13.3 宏定义

用指定正文替换程序中出现的标识符。

定义格式：

```
#define   标识符   文本
```

例如：

```
#define PI 3.1415926
```

C 语言的宏替换直接做文本替换，没有类型检查。C++也支持。

【例 4.21】 宏定义举例。

```
#include<iostream>
using namespace std ;
//不带参数宏替换。在程序正文中，用 3.1415926 代替 PI
#define PI    3.1415926
//带参数宏替换。在程序正文中，用 PI*r*r 代替 area(x)，r 是参数
#define area(r)    PI*r*r
int main()
{ double x, s;
    x=3.6;
    s=area(x);
    cout<<"s="<<s<<endl;
}
```

程序运行结果：

```
s=40.715
```

注意：

（1）不带参数的宏替换，在 C++中使用常量定义：

```
const double PI=3.1415926;
```

（2）带参数宏替换，C++使用内联函数：

```
inline double area(double r) {return PI*r*r;}
```

4.13.4　关于 C++标准库

在 C++编译系统中，提供了许多系统函数和宏定义，而对函数的声明则分别存放在不同的头文件中。如果要调用某一个函数，就必须用#include 命令将有关的头文件包含进来。C++的库除了保留 C 的大部分系统函数和宏定义外，还增加了预定义的模板和类。但是不同 C++库的内容不完全相同，由各 C++编译系统自行决定。不久前推出的 C++标准将库的建设也纳入标准，规范化了 C++标准库，以便使 C++程序能够在不同的 C++平台上工作，便于互相移植。新的 C++标准库中的头文件一般不再包括后缀.h，例如：

```
#include <string>
```

但为了使大批已有的 C 程序能继续使用，许多 C++编译系统保留了 C 的头文件，即提供两种不同的头文件，由程序设计者选用。例如：

```
#include <iostream.h>         //C 形式的头文件
#include <iostream>           //C++形式的头文件
```

效果基本上是一样的。建议尽量用符合 C++标准的形式，即在包含 C++头文件时一般不用后缀。如果用户自己编写头文件，可以用.h 作为后缀。

思考与练习

1. 函数的作用是什么？如何定义函数？什么是函数原型？

2. 什么是函数值的返回类型？什么是函数的类型？如何通过指向函数的指针调用一个已经定义的函数？编写一个验证程序进行说明。

3. 什么是形式参数？什么是实际参数？C++函数参数有什么不同的传递方式？编写一个验证程序进行说明。

4. 变量的生存期和变量作用域有什么区别？请举例说明。

5. 静态局部变量有什么特点？编写一个应用程序，说明静态局部变量的作用。

6. 编写一个判别素数的函数，在主函数中输入一个整数，输出是否为素数的信息。

7. 求 a!+b!+c!的值，用一个函数 fan(n)求 n!。a、b、c 的值由主函数输入，最终得到的值在主函数中输出。

8. 已知 $y = \dfrac{sh(1+shx)}{sh2x+sh3x}$，其中，sh 为双曲正弦函数，即 $sh(t) = \dfrac{e^t - e^{-t}}{2}$。编写一个程序，输入 x 的值，求 y 的值。

9. 输入 m、n 和 p 的值，求 $s = \dfrac{1+2+\cdots+m+1^3+2^3+\cdots+n^3}{1^5+2^5+\cdots+p^5}$ 的值。注意判断运算中的溢出。

10. 输入 a、b 和 c 的值，编写一个程序求这三个数的最大值和最小值。要求：把求最大值和最小值操作分别编写成一个函数，并使用指针或引用作为形式参数把结果返回 main 函数。

11. 已知勒让德多项式为：

$$p_n(x) = \begin{cases} 1 & n = 0 \\ x & n = 1 \\ ((2n-1)p_{n-1}(x) - (n-1)p_{n-2}(x))/n & n > 1 \end{cases}$$

编写程序，从键盘输入 x 和 n 的值，使用递归函数求 $p_n(x)$的值。

12. 把以下程序中的 print 函数改写为等价的递归函数。

```cpp
#include <iostream>
using namespace std;
void print( int w )
{
for( int i = 1; i <= w; i ++ )
{
for( int j = 1; j <= i; j ++ )
    cout << i << " ";
cout << endl;
}
}
int main()
{
print( 5 );
}
```

程序运行结果:

```
1
2 2
3 3 3
4 4 4 4
5 5 5 5 5
```

13. 使用重载函数编程分别把两个数和三个数从大到小排列。

第 5 章

数　　组

本章知识点：
- 数组的概念
- 一维数组的定义、初始化及应用
- 二维数组的定义、初始化及应用
- 数组名作为函数的参数
- 字符数组的定义、初始化及应用
- C++处理字符串的方法

基本要求：
- 掌握一维数组和二维数组的定义及应用
- 掌握数组名作为函数参数的使用方法
- 熟悉字符数组和字符串的应用

能力培养目标：

通过本章的学习，使学生具备解决较复杂问题，比如多数据和平面图形这类问题的能力。通过一维数组的学习，对数的排序和数序的各类调换有所掌握。通过二维数组的学习，主要是对平面图形的构成和平面图形元素变换问题的解决，从而提高学生的创新和研发能力。通过对字符数组的学习，完成各种字符串的操作，引发学生的学习兴趣。

5.1　数组的概念

到目前为止，在程序中所使用的变量都是简单的变量，每一个变量单元都只能存放一个数据。假如要存放 100 个 int 型的整数，如果一个个声明就需要定义 100 个 int 型的变量，如：

```
int a1, a2, a3, a4, a5, a6, a7, …;
```

这是十分复杂且不符合实际的，此时就需要借助一维数组来帮忙，定义一个能够放下 100 个 int 型整数的数组：

```
int a[100] ;
```

可以这样认为，定义了一个 int a[100]型的数组就相当于定义了：

```
int a[0], a[1], a[2], a[3], …, a[99] ;
```

每一个数组元素相当于一个简单整型变量，可以存放一个整型数据。定义数组的时候，计算机为数组变量分配一个首地址，并根据数组元素个数及类型连续分配固定的存储空间。

假如定义一个数组 int a[10]，那么它在内存中的情况可以想象成如图 5-1 所示的状态：数组中的每个元素实际上都有一个自己的地址，这 10 个元素存在于一个连续的空间内。

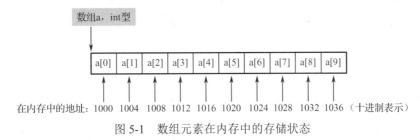

图 5-1   数组元素在内存中的存储状态

所以说数组是一些按序排列的数据元素的集合，要寻找一个数组中的某一个元素必须给出两个要素，即数组名和下标。数组名和下标唯一地标识一个数组中的一个元素。

数组是有类型属性的。同一数组中的每一个元素都必须属于同一数据类型。

5.2   一维数组的定义和引用

5.2.1   一维数组的定义

一维数组定义的一般格式：

类型说明符   数组名[元素个数]；

其中类型说明符是任意一种基本数据类型或构造数据类型，它定义了全体数组成员的数据类型；数组名是用户定义的数组标识符；方括号中的常量表达式表示数据元素的个数，也称为数组的长度。

例如：

```
int a[10];              //从 a[0]～a[9] 都是 int 型数据
float b[20];            //从 b[0]～b[19] 都是 float 型数据
double c[30];           //从 c[0]～c[29] 都是 double 型数据
```

说明：

（1）数组名的命名和简单变量一致，但不能有相同的变量名在同一个程序中出现。数组名不能按一般的变量使用，实际上是一个指针常量，即数组首元素的地址。

（2）数组的元素下标必须使用整型常量或整型表达式。数组的最大下标是元素个数-1。元素个数还可以通过字符常量给出。

（3）在 C++语言中只能逐个使用下标变量，而不能一次引用整个数组。a[0]、a[1]、a[2]、a[3]都可以，第一个元素的下标为 0，最后一个元素的下标为 9，数组元素 a[0]的单元地址就是整个数组的首地址，各个元素按下标值由小到大的顺序存放，下标即元素的序号。但是 a[10]不可以也不代表引用所有的数组元素。

（4）数组的类型决定了存储数据的类型，包括每个数组元素占内存字节数。

5.2.2 一维数组元素的引用

数组定义后数组元素的表示形式为:

数组名[下标]

通过数组名与下标引用数组元素,下标可以是常量、变量或表达式,如果下标值不是整型,系统自动取整。下标不可越界,如果越界,系统不进行下标值检验,而造成意想不到的麻烦。数组元素的使用方法与普通的变量一样。

【例5.1】 数组元素的赋值和引用。

```
#include<iostream>
using namespace std;
int main()
{
    int k,a[10];
    k=3;
    a[0]=5;
    a[k-2]=a[0]+1;
    cin>>a[9]>>a[8];
    a[a[0]]=a[0]+a[9];
    cout<<a[0]<<endl;
    cout<<a[9]<<endl;
    return 0 ;
}
```

程序运行结果:

```
12 13     //输入数据
5
12
```

在输出数组时,通常使用循环语句逐个输出各下标变量。

【例5.2】 输入 5 个数并逆序输出。

```
#include<iostream
using namespace std;
int main()
{
    int a[5];                      //定义一个元素个数为 5 的数组
    int i;                         //用于控制 for 循环
    cout<< "Please input 5 numbers:" ;   //提示输入 5 个数
    for( i = 0; i < 5; i++ )        //输入
        cin >> a[i] ;
    for( i = 4; i >=0; i-- )         //控制下标从 4 到 0 逆序输出
        cout << a[i] <<" " ;
    return 0;
}
输入: 51 31 11 8 62
输出: 62 8 11 31 51
```

5.2.3 一维数组的初始化

（1）在定义数组时分别对数组元素赋初值。例如：

int a[10]={ 0,1,2,3,4,5,6,7,8,9};

相当于：

a[0]=0;a[1]=1…a[9]=9;

（2）可以对一个数组中的部分元素进行初始化。

int a[5] = { 1, 2, 3 } ;

这样是只对数组的前三个元素 a[0]、a[1]、a[2]进行初始化，没有初始化到的部分默认以 0 填充，此时 a[3]、a[4]中的值就是 0。

（3）在对全部数组元素赋初值时，可以不指定数组长度。

int a[] = { 1, 2, 3, 4, 5 } ;

数组的长度自动定义为 5。

需要注意的是，如果不对数组进行任何初始化操作，仅定义一个数组，那么数组中这些元素的值是不确定的，是系统中随机的一个值。

【例 5.3】 从键盘输入 10 个数求和。

```
#define N 10
#include<iostream>
using namespace std;
int main()
{
    int i,num[N],sum=0;
    for(i=0;i<N;i++)
        cin>>num[i];
    for(i=0;i<N;i++)
        sum=sum+num[i];
    cout<<sum<<endl;
}
```

在程序中使用了编译预处理命令#define N 10，define 命令的功能是在程序编译前将源文件内的所有标识符 N 替换为 10，此时 N 可以代表 10，它可以出现在数组定义中，也可以出现在程序中。如果用符号常量定义数组的大小，并在数组的循环控制中统一使用符号常量，以后再修改数组大小定义时非常方便，只要修改符号常量的定义即可。

【例 5.4】 计算 fibonacci 数列。

先看下，fibonacci 数列列出的前几项：1, 1, 2, 3, 5, 8, 13, 21, 34…由此可以得出，前两项之和等于第三项，这个也就是黄金分割。

F1 = 1		(n = 1)
F2 = 1		(n = 2)
Fn = Fn-1 + Fn-2		(n≥2)

程序如下。

```cpp
#include <iostream>
#include <iomanip>
using namespace std;
int main()
{
    int i;
    int f[20] = {1, 1};//f[0]=1,f[1]=1
    for(i = 2; i < 20; i++)
    {
        f[i] = f[i-2] + f[i-1];              //根据前两个元素的值给数组当中某个元素赋值
    }
    for(i = 0; i < 20; i++)
    {
        if(i % 5 == 0)
            cout<<endl;                      //控制换行，每行输出 5 个数据
        cout<<setw(8)<<f[i];                 //每个数据输出时占 8 个列宽度
    }
    cout<<endl;                              //最后执行一次换行
    return 0;
}
```

程序运行结果：

1	1	2	3	5
8	13	21	34	55
89	144	233	377	610
987	1597	2584	4181	6765

【例 5.5】　从键盘输入 6 个数存储到数组中，要求找出该数组中的最小值及其下标。

（1）输入：for 循环输入 6 个整数。

（2）处理：

① 先令最小值的下标为 min。

② 把 x[0] 想象成数组当中最小的数，那么也就是假设最小值是 x[min] 为 x[0]。

③ 依次用 x[i] 和 x[min] 比较（循环），若 x[min]>x[i]，令 min= i。

（3）输出：i 和 x[min]。

程序如下。

```cpp
#include <iostream>
#define SIZE 6
int main()
{
    int x[SIZE],i,max,min;
    printf("Enter 6 integers:\n");
    for(i=0;i<SIZE;i++)
    {
        cin>>x[i]);
    }
```

```
    min=0 ;
    for(i=1;i<SIZE;i++)
    {
        if(x[min]>x[i])min=i;
    }
    cout<<"最小值是"<<x[min]<<ednl;
    cout<<"最小值的坐标是"<<min<<endl;
}
```

【例 5.6】 从键盘输入 6 个数存储到数组中，用起泡法由小到大排序输出。

下面介绍一下起泡法的操作规则：起泡法的思路是从左边第一个数开始，将相邻的两个数进行大小比较，如果前面的数大于后面的数，则交换两个数；如果前面的数小于后面的数，则两个数的位置不变；接着把刚才比较当中较大的数作为第一个数继续和后面的数比较，规则同上，这样比较 5 次之后（5 次比较用循环来完成），最大的数就已经被挪到了最后的位置，这个过程称为大泡沉底，小泡上浮。这段操作可用程序描述如下。

第一次：j=0

```
for(i=0;i<6-j-1;i++)          //在这一轮中进行 5 次两两比较
if(a[i]>a[i+1])               //如果前面的数大于后面的数
{
    t=a[i];                   //交换两数的位置，使小数上浮
    a[i]=a[i+1];
    a[i+1]=t;
}
```

6 个数为 8 9 5 2 4 6，此时输出结果为：

```
8 5 2 4 6 9
```

这时我们只是把最大的数移到了最后的位置，但还没有排序，上面的步骤再重复一遍，由于最后的一个数已经最大，因此只需经过 4 次比较即可，也就是只对除了 9 之外的 5 个数进行比较，这次之后 8 交换到倒数第二的位置。

第二次：j=1

```
for(i=0;i<6-j-1;i++)              //在这一轮中进行 5 次两两比较
{
    if(a[i]>a[i+1])              //如果前面的数大于后面的数
    {
        t=a[i];                 //交换两数的位置，使小数上浮
        a[i]=a[i+1];
        a[i+1]=t;
    }
}
```

执行前 6 个数为 8 5 2 4 6 9，执行上述程序后输出结果为：

```
5 2 4 6 8 9
```

按照这个规律 5 步可完成由小到大的排序。

```
#include<iostream>
```

```cpp
using namespace std;
int main()
{
    int a[6];
    int i,j,t;
    cout<<"请输入 6 个整数："<<endl;
    for(i=0;i<6;i++)
        cin>>a[i];                    //输入 a0~a5
    cout<<endl;
    for(j=0;j<5;j++)                  //共进行 5 轮比较
      for(i=0;i<6-j-1;i++)            //在每轮中要进行（5-j）次两两比较
        if(a[i]>a[i+1])              //如果前面的数大于后面的数
        {
            t=a[i];                   //交换两数的位置，使小数上浮
            a[i]=a[i+1];
            a[i+1]=t;
        }
    cout<<"正确顺序为："<<endl;
    for(i=0;i<6;i++)                  //输出 6 个数
    {
        cout<<a[i]<<" ";
    }
    cout<<endl;
    return 0;
}
```

【例 5.7】 从键盘输入 5 个数存储到数组中，用选择法由小到大排序输出。

输入的 5 个数为 3 5 2 8 1。

下面介绍一下选择法的操作规则：选择法是首先从 5 个数中找出最小值和最小值的下标，这样我们就可以知道最小值是数组中的哪一个元素，找到最小值后，把最小值和数组中的第一个值交换，此时数组中最小的数就已经排在第一位，排列是 1 5 2 8 3；由于第一个数已经是最小值，接下来我们把它排除在外，按上面同样的方法找出剩下四个数中的最小值，再把这个最小值放到第二位，也就是说找最小值，然后交换这样的事情我们只需做 4 次，就可以把整个序列按照从小到大的顺序重新排列了。

```cpp
int main()
{
    int a[10]= { 3,5,2,8,1 } ;
    int i,j,min,t ;
    cout<<"before sort:"<<endl;
    for(int i=0;i<4;++i)
    {
        cout<<a[i]<<' ' ;
    }
    for(i=0;i<5;i++)
    {
        min=i ;
        for(j=i+1;i<5;j++)
```

```
            {
                if(a[min]>a[j])
                {
                    min=j ;
                }
            }
            if(min!=i)
            {
                t=a[i];
                a[i]=a[min];
                a[min]=t ;
            }
        }
}
```

5.3　二维数组的定义和引用

5.3.1　二维数组定义的一般格式

二维数组定义的形式为：

类型说明符　数组名[常量表达式 1] [常量表达式 2];

例如：

int a[2][3] ;
float b[3][4] ;
double c[5][5] ;

其中类型说明符、数组名、方括号中的常量表达式和一维数组的含义相同，只是二维数组是一个平面图形，它的下标分为行下标和列下标。每一个数组元素由数组名[行下标][列下标]组成。

int a[2][3] ;

说明 a 为 2 行 3 列的二维整型数组，包含 6 个数组元素，它们分别是：

a[0][0],a[0][1],a[0][2],a[1][0],a[1][1],a[1][2]

第一个下标称为行下标，第二个下标称为列下标，常量表达式 1 定义了数组 a 的行数，常量表达式 2 定义了数组 a 的列数。每个下标的最小值为零，最大值为常量表达式 1 或常量表达式 2 减 1。

二维数组元素在内存中是按行存放的，即第 0 行元素在前，第 1 行元素在后。

5.3.2　二维数组元素的引用

数组定义后数组元素的表示形式为：

数组名[行下标][列下标]

如果已经定义了 a[2][3]数组里面包含 6 个元素，分别是 a[0][0]、a[0][1]、a[0][2]、a[1][0]、a[1][1]、a[1][2]，则下列操作都是合法的：

```
a[0][0]=5; a[1][0]=6 ; a[0][1]=a[0][0]*a[1][0];
```

下标可以是整型表达式，如 a[2-1][2*2-2]。不要写成 a[1,2]、a[2-1,2*2-2]形式。在使用数组元素时应该注意，下标值应在已经定义的数组大小的范围内。常出现的错误如下。

```
int a[4][5];
a[4][5]=6;
```

按以上的定义，数组 a 可用的行下标为 0～3，列下标为 0～4，用 a[4][5]超过了数组的范围。

5.3.3　二维数组的初始化

（1）在定义数组时分别对数组元素赋初值，例如：

```
int a[2][3]={ 0,1,2,3,4,5,6};
```

相当于：

```
a[0][0]=0;a[0][1]=1…a[1][2]=5;
```

或者用分行赋值的方法，例如：

```
int a[2][3]={ {0,1,2},{3,4,5}};
```

（2）可以对一个数组中的部分元素进行初始化，例如：

```
     int a[2][3] = { 1, 2, 3 } ;
或   int a[2][3]={ {1},{3}};
```

这样是只对数组的元素 a[0][0]、a[1][0]进行初始化，没有初始化的部分默认以 0 填充。赋值后的数组元素为：

```
1 0 0
3 0 0
```

（3）在对全部数组元素赋初值时，可以不指定第一维长度。

```
int a[][3] = { 1, 2, 3, 4, 5, 6 } ;
```

系统会根据数据总个数分配存储空间，一共 6 个数据，每行 3 列，当然可确定为 2 行。

5.3.4　二维数组应用举例

【例 5.8】　将二维数组 a 的行和列元素互换，存到另一个二维数组 b 中。

```cpp
#include <iostream>
using namespace std;
int main()
{
    int a[2][3] = {{1, 2, 3},{4, 5, 6}};
    int b[3][2], i, j;
    cout<<"array a:"<<endl;
    for(i = 0; i < 2; i++)
```

```
    {
        for(j = 0; j < 3; j++)                    //输出 a 数组，并把值依次赋给 b 数组
        {
            cout<<a[i][j]<<" ";
            b[j][i] = a[i][j];
        }
        cout<<endl;
}
    cout<<"array b:"<<endl;
    for(i = 0; i < 3; i++)
    {
        for(j = 0; j < 2; j++)                    //按行输出 b 数组元素
            cout<<b[i][j]<<" ";
        cout<<endl;
    }
    cout<<endl;
return 0;
}
array a:
1 2 3
4 5 6
array b:
1 4
2 5
3 6
```

【例 5.9】　编写程序进行 4*4 矩阵转置。

```
#include <istream>
using namespace std;
int main( )
{
    int a[4][4];
    int   i,j,t;
    for(i=0;i<4;i++)
        for(j=0;j<4;j++)
            cin>>a[i][j];
    for(i=0;i<4;i++)
        for(j=0;j<i;j++)
        {
            t=a[i][j]; a[i][j]=a[j][i];a[j][i]=t;
        }
    for (i=0;i<4;i++)
    {
        for (j=0;j<4;j++)
            cout<<a[i][j]<<' ';
        cout<<endl;
    }
}
```

【例 5.10】 编写程序，打印下面这种形式的杨辉三角。

1
1 1
1 2 1
1 3 3 1
1 4 6 4 1
1 5 10 10 5 1

程序如下。

数组

```cpp
#include<iostream>
using namespace std;
int main()
{
int i,j,k,a[8][8];
clrscr();
for (i=0;i<8;i++)
{
    a[i][0]=1;
    a[i][i]=1;
}
for(i=2;i<8;i++)
{
    for(j=1;j<i;j++)
    a[i][j]=a[i-1][j-1]+a[i-1][j];
}
for(i=0;i<8;i++)
    {
    for(j=0;j<=i;j++)
    cout<<a[i][j]<<' ');
        cout<<endl;
    }
}
```

5.4　用数组名做函数参数

数组名可以做函数的实参和形参。在 C++中数组名代表数组的首地址，所以数组名做函数的参数时，是将数组的首地址由实参传递给形参，即实参数组与形参数组会共用一个相同的数组首地址和一段相同的存储单元。所以当形参数组元素发生变化时，实参数组元素的值也会随着发生改变。

1．一维数组名做函数的参数

用数组名做函数的参数，必须遵循以下原则。

（1）如果形参是数组形式，则实参必须是实际的数组名；如果实参是数组名，则形参可以是同样维数的数组名或指针。

（2）要在主调函数和被调函数中分别定义数组。

（3）实参数组和形参数组必须类型相同，形参数组可以不指明长度。

（4）在 C++语言中，数组名除作为变量的标识符之外，还代表了该组在内存中的起始地址。因此，当数组名做函数参数时，实参与形参之间不是"值传递"，而是"地址传递"，实参数组名将该数组的起始地址传递给形参数组，两个数组共享一段内存单元，编译系统不再为形参数组分配存储单元。

【例 5.11】　编写函数 func6()，功能是输出数组元素的值。

```
#include <istream>
using namespace std;
func6 ( int str[ ] )
{
    for(i=0;i<6;i++)
        cout<<str[i]<< ' ';
}
int main( )
{
    char a[6]={1,2,3,4,5,6};
    func6(a); /* 数组名做函数的实参 */
}
```

调用时，实参数组将首地址 a 赋值给形参数组 str，两个数组共同占用相同的内存单元，共享数组中的数据，a[0]与 str[0]代表同一个元素，a[1]与 str[1]代表同一个元素。因此，当数组名做函数参数时，形参数组的长度与实参数组的长度可以不相同。当形参数组长度小于实参数组长度时，形参数组只取部分实参数组中的数据，实参中的其余部分可以不起作用，形参数组也可以不指明长度。

2．多维数组名做函数的参数

当多维数组中元素做函数参数时，与一维数组元素做函数实参是相同的，这里讨论多维数组名做函数的参数。以二维数组为例。

二维数组名做函数的参数时，形参的语法形式是：

类型说明符　形参名[ ][常量表达式 M]

形参数组可以省略一维的长度，例如：

int array[ ][10]

由于实参代表了数组名，是"地址传递"，二维数组在内存中是按行优先存储，并不真正区分行与列，在形参中，就必须指明列的个数，才能保证实参组与形参组中的数据一一对应，因此，形参数组中第二维的长度是不能省略的。

调用函数时，与形参数组相对应的实参数组必须也是一个二维数组，而且它的第二维的长度与形参数组的第二维的长度必须相等。

【例 5.12】　用选择法对数组中 10 个整数由小到大排序。

```
void SortSelect(int data[],int size)
{
int i,j,min;
```

```cpp
    int temp;
    for(i=0;i<size-1;i++)
    {
        min=i;
        for(j=i+1;j<size;j++)
        {
            if(data[min]>data[j])
            {
                min=j;
            }
        }
        if(min!=i)
        {
            temp=data[i];
            data[i]=data[min];
            data[min]=temp;
        }
    }
}
#include<iostream>
using namespace std;
int main()
{
    int a[10]={1,8,6,4,13,2,4,6,5,0};
    int i;
    cout<<"before sort:"<<endl;
    for(i=0;i<10;i++)
    {
        cout<<a[i]<<' ';
    }
    SortSelect(a,10);
    cout<<"after sort:"<<endl;
    for(i=0;i<10;i++)
    {
        cout<<a[i]<<' ';
    }
    return 0;
}
```

5.5　字符数组

　　字符串是用双引号括起来的字符序列，如"China"。字符串常量会在字符序列末尾添加 '\0' 作为结尾标记。字符串在内存中按照串中字符的排列顺序存放，并在末尾添加 '\0' 作为结尾标记。对于 ASCII 码来说，每个字符占一个字节。

　　C++基本数据类型的变量中没有字符串变量，那怎样处理字符串的存储和操作呢？C++语言中用字符数组存放字符串，操作同一般数组类似。字符数组的声明和使用方法与其他类型的数组是一样的。

5.5.1　字符数组的定义和初始化

1．一维数组的定义形式

char 数组名[常量表达式]

例如：

char a[5];

可对字符数组进行初始化，最容易理解的方式是逐个字符赋给数组中各个元素。
例如：把 5 个字符分别赋给 a[0]～a[4]这 5 个元素，分别是

a[0]='h', a[1]='e', a[2]='l', a[3]='l', a[4]='o';

如果常量表达式提供的初值个数大于数组长度，则按语法错误处理。如果初值个数小于数组长度，则只将这些字符赋给数组中前面那些元素，其余的元素自动定为空字符。如果提供的初值个数与预定的数组长度相同，在定义时可以省略数组长度，系统会自动根据初值个数确定数组长度。例如：

char a[]={'h', 'e', 'l', 'l', 'o'};

2．二维字符数组的定义形式

char 字符数组名[下标表达式 1][下标表达式 2]

例如：

char　b[4][4]={ {'s','t','r','i'},{'n','g',' ','i'}, {'s',' ','a',' '},{'c','o','n','s'}}

【例 5.13】　数组元素的操作。

```cpp
#include <iostream>
using namespace std;
int main()
{
    char str[10] = {'I', ' ','l','o','v','e',' ','y','o','u' };        //声明和初始化一维字符数组 str
    int i;
    for (i=0; i<10; i++)
        {
                cout << str[i];
        }
    cout << endl;
    return 0;
}
```

程序运行结果：

I love you

C++字符串实际上就是一个以 null('\0')字符结尾的字符数组，null 字符表示字符串的结束。

需要注意的是：只有以 null 字符结尾的字符数组才是 C++字符串，否则只是一般的 C++字符数组。如用一维字符数组 str 来存放一个字符串"hello"中的字符可以定义如下。

```
char str[8] = {'H','e','l','l','o'};
```

字符串的实际长度 5 与数组长度 8 不相等，在存放完 5 个字符之后，系统对字符数组最后的 3 个元素自动填补 null('\0')字符，所以数组 str 中存放的是字符串"hello"。

我们可以通过如下方式对字符数组初始化：

```
char str[6] = {'H','e','l','l','o'};
```

也可以用另一种方法来初始化字符数组：

```
char str1[] = "hello";
```

它们是等价的，系统自动在后面加上字符串结束标志 null('\0')，str 数组大小为 6，字符串的长度为 5，在计算字符串长度时，null('\0')标志不包括在内。

【例 5.14】　分别求出字符数组 str[]和 str1[]的长度，并输出字符数组 str[]。

```cpp
#include<iostream>
using namespace std;
int main ()
{
    char str[] = {'H','e','l','l','o'};
    char str1[] = "hello";
    cout<<sizeof(str)<<endl;          //此处打印结果是 5
    cout<<sizeof(str1));              //此处打印结果是 6
    while(1)
    {
        if('\0'==str[i])
        {
            break;
        }
        cout<<str[i++]);
    }
    return 0;
}
```

程序运行结果：

```
5
6
Hello
```

上面例题中字符串用字符数组存放时，我们可以按照上面的例程逐个字符处理和输出，还可以将整个字符串一次性输入或者输出。例如：

一次性输入：char str[5]; cin >> str;

一次性输出：char str[5]="love";cout << str;

将字符串一次性输入或输出时要注意：对于字符串结尾标记 '\0'，输出字符串不会输出。输入多个字符串时需要用空格分隔，若要输入单个字符串则不能有空格，否则会被认为是多个字符串。输出字符串时，输出参数是字符数组名，遇到'\0'时输出结束。

（1）char str[5]="love"; cout << str;。字符串"love"的结尾隐含'\0'，输出时只会输出"love"而不会输出'\0'。

（2）char str1[5],str2[5],str3[5]; cin >> str1 >> str2 >> str3;。程序执行时输入"I love you"，则字符串 str1、str2 和 str3 分别被赋值"I"、"love"和"you"。如果改为 char str[11]; cin >> str;，程序执行时输入"I love you"，则 str 被赋值为"I"。因为'I'后输入了空格，被认为是多个字符串，str 只用空格前的子字符串赋值。

（3）输出字符串时 cout 参数只写字符数组名就可以了，比如 cout<<str 就可以输出 str 字符串，遇到'\0'时输出结束。

5.5.2 字符串处理函数

可以使用库中的字符串处理函数来处理字符串，比如，strcat 用来连接两个字符串，strcpy用来复制字符串，strcmp 用来进行字符串的比较，strlen 用来计算字符串的长度。使用这些函数之前需要先包含头文件 string.h。

1. 字符串连接函数 strcat

字符串连接是把一个字符串的头连接到另一个字符串的结尾。第二个字符数组被指定为const，以保证该数组中的内容不会在函数调用期间修改。连接后的字符串放在第一个字符数组中，函数调用后得到的函数值，就是第一个字符数组的地址。

```
strcat(char s1[], const char s2[]);
```

【例 5.15】 函数的实现如下。

```
#include <istream>
using namespace std;
int main()
{
    char d [25]="hello";
    char b[] = " ", c[] = "C++", B[] = "Borland";
    cout<< strcat(d, b);
    cout<<strcat(d, c);
    return 0;
}
```

程序运行结果：

```
hello Borland
hello C++
```

2. 字符串复制函数 strcpy

```
strcpy(char d[], const char s[]);
```

把 s 所指的由 NULL 结尾的字符串复制到由 d 所指的字符串中，s 和 d 不可以相同，d 必有足够的空间存放复制的字符串。此时字符串不能使用 s1=s2，是错误的。

【例 5.16】 用字符串复制函数 strcpy 实现字符串的复制。

```
#include <iostream>
using namespace;
int main()
{
    char a[10],b[10];
    int i,j;
    cout<<"请输入一个字符串:";
    cin>>a;
    strcpy(b,a);
    cout<<b;
    return0;
}
```

程序运行结果:

```
请输入一个字符串:nihao
nihao//屏幕输出
```

3. 字符串比较函数 strcmp

```
strcmp(const char    s1[], const char    s2[]);
```

比较两个字符串的大小（不忽略大小写），返回值很有学问：如果 s1 小于 s2 返回一个小于 0 的数，如果 s1 大于 s2 返回一个大于 0 的数，如果相等则返回 0。返回值是两个字符串中第一个不相等的字符 ASCII 码的差值。此时字符串不能直接进行关系运算、赋值运算。

【例 5.17】 用字符串的比较函数 strcmp 来比较字符串的大小。

```
#include <istream>
using namespace std;
int main()
{
    char buf1[]="aaa",buf2[]="bbb",buf3[]="ccc" ;
    int ptr;
    ptr=strcmp(buf2,buf1);
    if(ptr>0)
    cout<<"buffer 2 is greater than buffer 1\n" ;
    else
    cout<<"buffer 2 is less than buffer 1\n" ;
    ptr=strcmp(buf2,buf3);
    if(ptr>0)
    cout<<"buffer 2 is greater than buffer 3\n" ;
    else
    cout<<"buffer 2 is less than buffer 3\n" ;
    return 0 ;
}
```

程序运行结果:

```
buffer 2 is greater than buffer 1
buffer 2 is less than buffer 3
```

4. 字符串长度函数·strlen

```
strlen( const char string[] )
```

获取字符串长度，其函数的值为字符串中的实际长度，不包括‘\0’结束标志在内。

【例 5.18】 用字符串的长度函数 strlen 来计算字符串的长度。

```
#include <iostream>
using namespace std;
int main()
{
    cout<<"请输入一个字符串："<<endl;
    char str[128];
    cin>>str;
    cout<<"字符串的长度为:"<<strlen(str)<<endl;
    return 0;
}
```

程序运行结果：

```
请输入一个字符串：
Abc
字符串的长度为:3
```

5.5.3 字符数组应用举例

【例 5.19】 由键盘任意输入一个字符串存储到字符数组 a 中，同时再接收一个字符，要求从该字符串中删除所指定的字符，得到的新字符串存储到字符数组 b 中。

```
#include<iostream>
using namespace std;
int main()
{

    char a[100],b[100],ch;
    int i,j;
    cout<<"请输入一个字符或字符串:";
    cin>>a ;
    cout<<"请输入你要删除的字符是: ";
    cin>>ch ;
    for(i=0,j=0;a[i]!='\0';i++)
    if(a[i]!=ch)
    {
        b[j]=a[i];
        j++;
    }
    b[j]='\0' ;
    cout<<b ;
    return 0 ;
}
```

程序运行结果：

输入一串字符：abcda
输入要删除的字符：a
最后输出：bcd

【例5.20】 由键盘输入三个字符串，找出其中最大的字符串。

```cpp
#include <iostream>
using namespace std;
int main()
{
    char string[20];
    char str[3][20];
    int i;
    for(i=0;i<3;i++)
      cin>>str[i];
    if(strcmp(str[0],str[1])>0)
        strcpy(string,str[0]);
    else
        strcpy(string,str[1]);
    if(strcmp(str[2],string)>0)
        strcpy(string,str[2]);
    cout<<"\nthe largest string is:"<<string;
    return 0;
}
```

5.6 C++处理字符串的方法——字符串类与字符串变量

C++标准程序库中的 string 类，我们可以通过它定义一个字符串变量。首先，为了在程序中使用 string 类型，必须包含头文件<string>，如下所示。

```cpp
#include <string>                //这里不是 string.h，string.h 是 C 字符串头文件
```

1. 定义字符串变量

声明一个字符串变量很简单：

```cpp
string str1;
string str2="hello";
```

字符串数组：

```cpp
string a[3];
string a[3]={"ni","hao","ma"}
```

2. 字符串变量的赋值

```cpp
str1="good";
str1=str2;
```

注意：str1 是字符串变量，不是字符数组名，用字符数组时不能这样做，例如：

```cpp
char str[10];
```

```
str="good";                    //是错误的
```

3．字符串变量的输入和输出

```
cin>>str1;
cout>>str2;
```

4．字符串变量的运算

string 类的操作符如表 5-1 所示。

表 5-1　string 类的操作符

操 作 符	举 例	备 注
+	str1+str2	将字符串 str1 和 str2 连接成一个字符串
=	str1=str2	将 str2 赋值给 str1
+=	str1+=str2	相当于 str1=str1+str2
==	str1==str2	判断 str1 与 str2 是否相等
!=	str1!=str2	判断 str1 与 str2 是否不相等
<	str1<str2	判断 str1 是否小于 str2
<=	str1<=str2	判断 str1 是否小于等于 str2
>	str1>str2	判断 str1 是否大于 str2
>=	str1>=str2	判断 str1 是否大于等于 str2
[]	str[i]	引用字符串 str 中位置为 i 的字符

【例5.21】 字符串的运算。

```
#include <string>
#include <iostream>
using namespace std;
void AB(int n)
{
    cout<<(n?"True":"False")<<endl;
}
int main()
{
    string str1="abc " ;
    string str2="def" ;
    char s1[]="123" ;
    char s2[]="456" ;
    cout<<"str1 为 "<<str1<<endl;
    cout<<"str2 为 "<<str2<<endl;
    cout<<"s1 为 "<<s1<<endl;
    cout<<"s2 为 "<<s2<<endl;
    cout<<"str1 的长度:"<<str1.length()<<endl;
    cout<<"str1<s1 的结果为 ";
    AB(str1<s1);
    cout<<"str2>=s2 的结果为 ";
    AB(str2>=s2);
```

```
    str1+=s1 ;
    cout<<"str1=str1+s1:"<<str1<<endl ;
    cout<<"str1 的长度:"<<str1.length()<<endl ;
    return 0 ;
}
```

程序运行结果：

```
str1 为  abcd
str2 为  def
s1 为  12345
s2 为  4566
str1 的长度:4
str1<s1 的结果为  False
str2>=s2 的结果为  True
str1=str1+s1:12345abcd
str1 的长度:9
```

【例 5.22】 输入三个字符串，按由小到大的顺序输出。

```cpp
#include<iostream>
#include<string>
using namespace std;
void swap(string&a,string&b);
int main()
{
    string a,b,c;
    cin>>a>>b>>c;
    if(a>b)
    swap(a,b);
    if(b>c)
    swap(b,c);
    if(a>b)
    swap(a,b);
    cout<<a<<endl;
    cout<<b<<endl;
    cout<<c<<endl;
    return 0;
}
void swap(string&a,string&b)
{
    string c;
    c=a;
    a=b;
    b=c;
}
```

思考与练习

1．输入 10 个整数，从小到大进行排序。

2．编写程序，读入 30 个整数，统计非负数个数，并计算非负数之和。

3．有 m 个整数，使其前面的数顺序后移 n 个位置，最后 n 个数放在最前面的 n 个位置。

4．输入 3 个字符串，按照字母顺序排列输出。

5．在二维数组中选出各行最大的元素组成一个一维数组。

6．求一个 4*4 矩阵主对角线和次对角线元素之和。

7．编写程序，提示输入两个字符串，再测试它们，看看其中一个字符串是否为另一个字符串颠倒字母顺序而得到的。

8．不使用字符串处理函数，将字符数组 a 中字符串复制到字符数组 b 中。

9．不使用字符串处理函数，将两个字符串连接起来

10．不使用字符串处理函数，计算一个字符串的长度。

11．编写程序，计算二维数组中各列之和。

12．计算两个矩阵（均为 2 行 2 列）之积。

13．输出 n 层正方形图案。正方形图案最外层是第一层，每层用的数字和层数相同。

14．找出 m 行 n 列的二维数组中每行元素的最大值以及每列元素的最小值。

15．比较两个字符串的大小，不允许使用 strcmp 函数。输入分 2 行，每一行均为字符串（不包含空格）。如果第一个字符串大于第二个字符串，则输出 1；如果两个字符串大小相等，则输出 0；如果第一个字符串小于第二个字符串，则输出-1。

16．将一个字符串首尾互换，并与原字符串连接后输出。

17．输入一个 4 行 5 列二维数组，计算靠边元素值的和。靠边元素是指第 0 行、第 3 行、第 0 列、第 4 列元素。

18．给定一个一维数组输入任意 6 个数，假设为 7、4、8、9、1、5。建立一个 6 行 6 列的二维数组，用循环为数组赋值，数据内容如下：

```
7 4 8 9 1 5
5 7 4 8 9 1
1 5 7 4 8 9
9 1 5 7 4 8
8 9 1 5 7 4
4 8 9 1 5 7
```

第6章

指　　针

本章知识点：

- 指针与地址的概念
- 变量的指针和指针变量的指针
- 数组的指针与指向数组的指针变量
- 字符串的指针与指向字符串的指针变量
- 指针与函数
- 指针数组
- 引用

基本要求：

- 了解指针与地址的概念
- 掌握指针变量的定义、初始化及指针的运算
- 掌握指针与数组、指针数组、二级指针、引用等知识
- 了解指针与函数的概念
- 掌握指针作为函数参数的应用

能力培养目标：

通过本章的学习，使学生掌握 C++指针变量的定义、初始化及指针的运算，掌握指针与数组、指针数组、二级指针、引用等知识。具备把指针与普通变量、数组、函数结合设计出灵活高效的程序的能力。进行指针应用程序编写的能力培养，具备合理选用和使用常用的辅助设计软件和工具进行应用系统设计、调试、测试及 C++项目开发的能力。

6.1　什么是指针

何谓指针

　　指针是一种特殊的变量。它的特殊性表现在哪些地方呢？由于指针是一种变量，它就应该具有变量的三要素：名字、类型和值。于是指针的特殊性就应表现在这三个要素上。指针的名字与一般变量的规定相同，没有什么特殊的地方。指针的值是某个变量的地址值。因此指针是用来存放某个变量地址值的变量。指针的值与一般变量的值是不同的，这是指针的一个特点。也就是说，指针是用来存放某个变量的地址值的，当然被存放地址值的那个变量是已经定义过的，并且被分配了确定的内存地址值。一个指针存放了哪个变量的地址值，就说该指针指向哪个变量。指针的第二个特点就表现在它的类型上，指针的类型是该指针所指向的变量的类型，而不是指针本身值的类型，指针的类型是由它所指向的变量的类型决定的。由于指针可以指向

任何一种类型的变量，因此，指针的类型是很多的，如 int 型、char 型、float 型、数组类型、结构类型、联合类型，还可以指向函数、文件和指针等。

为了说清楚什么是指针，必须弄清楚数据在内存中是如何存储的，又是如何读取的。

例如，定义了整型变量 a 和 b，在编译时就给这个变量分配内存单元。系统根据程序中定义的变量类型，分配一定长度的空间。例如，C++编译系统一般为整型变量分配 4 个字节。每个变量都有相应的起始地址，如图 6-1 所示。

图 6-1　变量的地址

C++语言中关于地址值的表示有如下规定。

（1）一般变量的地址值用变量名前加运算符&表示。例如，变量 x 的地址值为&x 等。

（2）数组的地址值可用数组名表示，数组名表示该数组的首元素的地址值。数值中某个元素的地址值用&运算符加上数组元素名。例如：

```
int a[10],*p1,*p2;
p1=a;
p2=&a[5];
```

这里，*p1 和*p2 是指向 int 型变量的指针,p1=a;表示指针 p1 指向 a 数组的首元素;p2=&a[5];表示指针 p2 指向数组 a 的数组元素 a[5]。

（3）函数的地址值用该函数的函数名来表示，指向函数的指针可用它所指向的函数名来赋值。

（4）结构变量的指针用运算符加结构变量名来表示，结构变量的成员的地址也用运算符加结构变量的成员名来表示。关于结构变量和结构变量的成员将在下一章中讲解。

关于&运算符的用法需要注意的是，它可以作用在一般变量名前、数组元素名前、结构变量名前和结构成员名前等，而不能作用在数组名前，也不能作用在表达式前和常量前。

综上所述，对指针的含义应做如下理解：指针是一种不同于一般变量的特殊变量，它是用来存放某个变量的地址值的，它存放哪个变量的地址就称它是指向哪个变量的指针。指针的类型不是它本身值的类型，而是它所指向的变量的类型。简单地说，对指针应记住如下两点：

（1）指针的值是地址值。

（2）指针的类型是它所指向变量的类型。

6.2　变量与指针

首先，回顾一下与变量相关的概念。

变量地址：变量所分配存储空间的首字节单元地址（字节单元编号）。

变量名：通过它与相应的存储单元联系，代表具体分配哪些存储单元给变量，由 C 编译系统完成变量名到对应内存单元地址的变换，使用时其代表相应内存空间中的数据。

变量类型：决定变量分配到的存储空间的大小。

变量的值：指相应存储空间的内容。

指针变量是专门存放变量地址的变量。指针变量是一种特殊的变量，它和以前学过的其他类型的变量的不同之处是：用它来指向另一个变量，里面的内容是某一变量的地址。如图 6-2

所示变量 i_pointer 为指针变量。

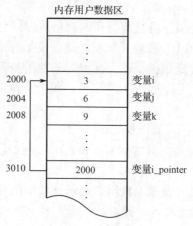

内存用户数据区

2000　3　变量i
2004　6　变量j
2008　9　变量k

3010　2000　变量i_pointer

图6-2　指针变量

为了表示指针变量和它所指向的变量之间的联系，在 C++中用"*"符号表示指向，"*"的含义是取指针所指向变量的内容。用"&"表示取变量的地址。例如，i_pointer 是一个指针变量，而*i_pointer 表示 i_pointer 所指向的变量。&i_pointer 表示指针变量占用内存的地址。即

i_pointer——指针变量，它的内容是地址量。

*i_pointer——指针的目标变量，它的内容是数据。

&i_pointer——指针变量占用内存的地址。

下面两个语句作用相同：

① i_pointer　=　&i　=　&(*i_pointer)

② i　=　　*i_pointer　=　　*(&i)

另外，还需要明确直接访问与间接访问两个概念。

直接访问：按变量地址存取变量值。

间接访问：通过存放变量地址的变量去访问变量。

例如，图 6-2 中，i=3 属于直接访问；*i_pointer=3 属于间接访问。

6.2.1　定义指针变量

C++规定所有变量在使用前必须先定义，即指定其类型。在编译时按变量类型分配存储空间。对指针变量必须将它定义为指针类型。一般的 C++编译系统为每一个指针变量分配 4 个字节的存储单元，用来存放变量的地址。

定义指针变量的一般形式为：

基类型 *指针变量名;

例如：

```
int *p1,*p2;          // p1、p2 是指向整型数据的指针变量
float   *q ;          // q 是指向浮点型数据的指针变量
char   *name;         // name 是指向字符型数据的指针变量
```

注意：

（1）指针变量前面的*表示该变量是类型为指针型变量。指针变量名是 p1 和 p2，而不是*p1

和*p2。

（2）在定义指针变量时必须指定数据类型。

（3）赋给指针变量的是变量地址而不能是任意类型的数据，而且只能是与指针变量的数据类型相同类型的变量的地址。

```
float   a;
int *pointer_1;
pointer_1=&a;
```

将 float 型变量的地址赋给数据类型为 int 的指针变量是错误的。

（4）指针变量中只能存放地址，不要将一个整数赋给一个指针变量。

6.2.2 指针变量赋值

怎样对已经定义好的指针变量进行初始化呢？一般形式如下。

```
数据类型   *指针变量名=初始地址值；
```

例如：

```
int   i;
int  *p=&i;            // 定义指针变量 p,变量必须已说明过类型应一致
int  *q=p;            // 用已初始化指针变量 p 作为初值，赋值给另一相同类型的指针变量
```

给指针赋值（或赋初值）除了要用地址值外，还要注意下面几点。

（1）指针被定义后，只有赋了值（或赋了初值）才能使用。或者说，没有被斌值的指针不能使用。使用没有被赋值的指针是很危险的，有可能造成系统瘫痪。道理是很简单的，因为一个没有被赋值的指针，定义后它将被分配一个内存空间，该空间仍保存着原来的内容，即存在一个“无效”的地址值，该地址值可能是内存中存放关键系统软件的地址，一旦使用了该指针去改变它所指向的内容，则会造成系统软件被改变，因此有可能造成系统的瘫痪。所以，一定要记住，指针在使用前一定要先赋值。

（2）可将一个已赋值的指针值赋给另一个同类型的指针。这里，有两点要注意：一是已赋值的指针，没有被赋值的指针不能赋给另一个指针；二是同类型的指针，不同类型的指针是不能这样赋值的。例如：

```
int a,*p,*q
p=&a
q=p
```

这里，先给指针 p 赋值，然后再将指针 p 赋给同类型的指针 q，于是指针 q 和 p 同时指向变量 a。

（3）暂时不用的指针可以赋值 NULL，例如：

```
int *p;
p=NULL;
```

其中，p 是一个暂时不用的指针，被赋值为 NULL。前面讲过，指针不赋值就使用是很危险的。因此，为了避免这种危险，可将暂时不用的指针赋值 VULL,将来使用时再重新赋值。这样，被赋值为 NULL 的指针一旦被使用也不会带来危险。被赋值为 NULL 的指针又称为无效指针。

6.2.3　引用指针变量

有两个与指针变量有关的运算符：

（1）& 取地址运算符，取变量的地址。

（2）* 指针运算符，取指针所指向单元的值，也叫取值运算符。

例如，&a 为变量 a 的地址，*p 为指针变量 p 指向的存储单元的值。

【例6.1】　通过指针变量访问整型变量。

```cpp
#include <iostream>
using namespace std;
int main()
{
    int *p1,*p2,*p,a,b;      //定义整型变量a、b、指针变量p1、p2、p
    cin>>a>>b;
    p1=&a;                   //把变量a的地址赋给p1
    p2=&b;                   //把变量b的地址赋给p2
    if(a<b)
    {   p=p1;   p1=p2;   p2=p;   }
    cout<<"a="<<a<<",b="<<b<<endl;
    cout<<"max="<< *p1<<",min="<<*p2;
    return 0;
}
```

程序运行结果：

```
a=45,b=78
max=78,min=45
```

程序执行过程中，输入 a 的值 5，b 的值 9，由于 a<b，将 p1 的值和 p2 的值交换，即将 p1 的指向与 p2 的指向交换。内存模拟情况见图 6-3（a），交换后的情况见图 6-3（b）。

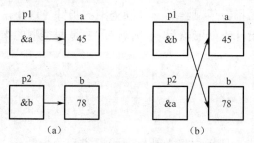

图6-3　指针变量访问

6.2.4　指针作为函数参数

函数的参数不仅可以是整型、浮点型、字符型等数据，还可以是指针类型。它的作用是将一个变量的地址传送给被调用函数的形参，即函数调用时，将数据的存储地址作为参数传递给形参。其特点是：

（1）可实现"双向"传递。

（2）实参和形参必须是地址常量或变量。

函数间采用传址调用方式时,调用函数的实参地址值,被调用函数的形参用指针。在调用时,将实参地址传递给对应的形参指针,使形参指针指向实参变量,被调函数中通过形参指针来访问该实参变量。传址调用时,实参和形参指向同一地址,即形参指针指向实参变量,改变形参值也就改变了实参值。

【例 6.2】 使用交换函数 swap(),将两个整型变量交换数据后输出。

```cpp
#include <iostream>
using namespace std;
void swap(int *, int *);
int main()
{
    int a = 3, b = 4;
    cout << "before swap : a =" << a << ", b=" << b << endl;
    swap(&a, &b);                           // 实参为变量地址
    cout << "after swap : a =" << a << ", b=" << b << endl;
    return 0;
}
void swap(int *x, int *y)
{// 形参为指针类型
    int temp;
    temp = *x; *x = *y; *y = temp;          // 交换
    cout << "in swap : x=" << x << ", y=" << y << endl;
}
```

程序执行过程中,通过改变形参指针所指向的变量的值的方式,改变了实参的值。把实参 a、b 的地址作为实参传递给形参指针变量,通过交换函数的执行,对形参指针所指变量的内容互换,由于形参和实参变量指向相同的存储空间,因此,实参 a、b 的内容也交换过来了,如图 6-4 所示。

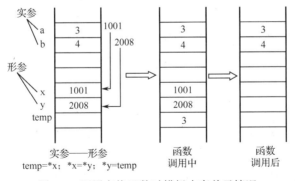

图 6-4 调用交换函数时模拟内存单元情况

请注意交换*x 和*y 的值是如何实现的。如果写成以下这样就有问题了:

```cpp
void swap(int *x,int *y)
{
    int *temp;
    *temp=*x;                    //此语句有问题
    *x=*y;
    *y=*temp;
```

```
}
```

程序执行过程中，会提示编译警告，结果不对。因为指针变量 temp 没有先赋值。因此指针变量在使用前必须先赋值再使用。

为了使在函数中改变了的变量值能被 main 函数所用，不能采取把要改变值的变量作为参数的办法，而应该用指针变量作为函数参数。在函数执行过程中使指针变量所指向的变量值发生变化，函数调用结束后，这些变量值的变化依然保留下来，这样就实现了"通过调用函数使变量的值发生变化，在主调函数中使用这些改变了的值"的目的。

如果想通过函数调用得到 n 个要改变的值，可以采取下面的步骤。

（1）在主调函数中设 n 个变量，用 n 个指针变量指向它们。

（2）编写被调用函数，其形参为 n 个指针变量，这些形参指针变量应当与主调函数中的 n 个指针变量具有相同的基类型。

（3）在主调函数中将 n 个指针变量作为实参，将它们的值（是地址值）传给所调用函数的 n 个形参指针变量，这样，形参指针变量也指向这 n 个变量。

（4）通过形参指针变量的指向，改变该 n 个变量的值。

（5）在主调函数中就可以使用这些改变了值的变量。

现在，试用 3 个指针变量指向 3 个整型变量，然后用 swap 函数来实现互换 3 个整型变量的值。

【例 6.3】 输入 a、b、c 3 个整数，按由大到小的顺序输出。

```cpp
#include <iostream>
using namespace std;
int main()
{
    void exchange(int *,int *,int *);        //对 exchange 函数的声明
    int a,b,c,*p1,*p2,*p3;
    cin>>a>>b>>c;                            //输入 3 个整数
    p1=&a;p2=&b;p3=&c;                       //指向 3 个整型变量
    exchange(p1,p2,p3);                      //交换 p1、p2、p3 指向的 3 个整型变量的值
    cout<<a<<" "<<b<<" "<<c<<endl;
}

void exchange(int *q1,int *q2,int *q3)
{
    void swap(int *,int *);                  //对 swap 函数的声明
    if(*q1<*q2)
        swap(q1,q2);                         //调用 swap，将 q1 与 q2 所指向的变量的值互换
    if(*q1<*q3)
        swap(q1,q3);                         //调用 swap，将 q1 与 q3 所指向的变量的值互换
    if(*q2<*q3)
        swap(q2,q3);                         //调用 swap，将 q2 与 q3 所指向的变量的值互换
}

void swap(int *pt1,int *pt2)                 //将 pt1 与 pt2 所指向的变量的值互换
{
    int temp;
```

```
        temp=*pt1;
        *pt1=*pt2;
        *pt2=temp;
}
```

程序运行结果：

7 -6 13↙
13 7 -6

6.3 数组与指针

6.3.1 指向数组元素的指针变量

一个变量有地址，一个数组包含若干元素，每个数组元素都在内存中占用存储单元，它们都有相应的地址。指针变量既然可以指向变量，当然也可以指向数组元素（把某一元素的地址放到一个指针变量中）。所谓数组元素的指针就是数组元素的地址。

```
int a[10];          //定义一个整型数组 a,它有 10 个元素
int *p;             //定义一个基类型为整型的指针变量 p
p=&a[0];            //将元素 a[0]的地址赋给指针变量 p,使 p 指向 a[0]
```

在 C++中，数组名是表示数组首地址的地址常量。因此，下面两个语句等价：

```
p=&a[0];
p=a;
```

在定义指针变量时可以给它赋初值：

```
int *p=&a[0];
```

也可以写成：

```
int *p=a;
```

6.3.2 指针的运算

1. 指针变量的赋值运算

```
p=&a;               //将变量 a 地址赋给 p
p=array;            //将数组 array 首地址赋给 p
p=&array[i];        //将数组元素地址赋给 p
p1=p2;              //指针变量 p2 值赋给 p1
```

不能把一个整数赋给 p，也不能把 p 的值赋给整型变量。
例如：

```
int  i,   *p;
p=1000;
i=p;
```

把一个整数赋给 p，或把 p 的值赋给一个整型变量都是错误的。

2．指针算术运算

（1）加减运算。一个指针可以加、减一个整数 n，但其结果与指针所指对象的数据类型有关，即结果中指针变量的值应增加或减少"n×sizeof（指针类型）"个单位值，结果是改变指针目标的指向。

并且，指针的加减运算常用于数组的处理，对指向一般数据的指针，加减运算无实际意义。例如：

```
int   a[10], *p=a, *x;
x=p+3;           //实际上是 p 加上 3*2 个字节赋给 x，使得 x 指向数组的第三个分量
```

即对于不同基类型的指针，指针变量"加上"或"减去"一个整数 n 所移动的字节数是不同的。又如：

```
float   a[10], *p=a, *x;
p=p+3;          //实际上是 p 加上 3*4 个字节赋给 x，x 依然指向数组的第三个分量
```

（2）自增自减运算。指针变量自增自减运算具有上述基本加减运算的特点，但有前置后置、先用后用的考虑，需要小心。

例如：

```
int   a[10], *p=a, *x;
x=p++;         //x 指向数组第一个元素， p 指向数组第二个元素
x=++p;          // x、p 均指向数组的第二个元素
```

（3）指针关系运算。指针变量的关系运算指的是相同类型数据的指针之间进行的关系运算，在关系表达式中允许对两个指针进行所有的关系运算，如果两个相同类型的指针相等，就表示这两个指针指向同一个地址。

指针的关系运算在指向数组的指针中广泛运用，假设 p、q 是指向同一数组的两个指针，执行 p>q 的运算，其含义为：若表达式结果为真（非 0 值），则说明 p 所指向元素在 q 所指向元素之后，或者说 q 所指元素离数组第一个元素更近些。

在指针进行关系运算之前，指针必须指向确定的变量或存储区域，即指针有初始值；另外，只有相同类型的指针才能进行比较。不同类型的指针之间或指针与非 0 整数之间的关系运算是毫无意义的，关系运算得到的是同类数据之间存储位置的前后关系。

在定义一个指针变量以后，就可以用该指针变量指向一个已经存在的变量，通过它来对该内存存放的数据进行读写。

6.3.3　通过指针引用数组元素

引用一个数组元素，可以用：

（1）下标法，如 a[i]形式。

（2）指针法，如*（a+i）或*（p+i）。其中 a 是数组名，p 是指向数组元素的指针变量，其初值 p=a。

两种表示数组元素的方法如图 6-5 所示。

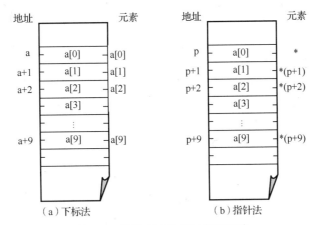

图 6-5 两种表示数组元素的方法

【例 6.4】 输出数组中的全部元素。

假设有一个 a 数组,整型,有 10 个元素。要输出各元素的值有三种方法:

(1)下标法。

```cpp
#include <iostream>
using namespace std;
int main()
{
    int a[10];
    int i;
    for(i=0;i<10;i++)
    cin>>a[i];
    cout<<endl ;
    for(i=0;i<10;i++)
    cout<<a[i]<<" ";
    cout<<endl ;
    return 0 ;
}
```

程序运行结果:

```
9876543210↙        (输入 10 个元素的值)
9876543210         (输出 10 个元素的值)
```

(2)通过数组名计算数组元素地址,找出元素的值。

```cpp
#include<iostream>
using namespace std ;
int main()
{
    int a[10];
    int i ;
    for(i=0;i<10;i++)
    cin>>a[i];
    cout<<endl ;
    for(i=0;i<10;i++)
```

```
        cout<<*(a+i)<<" ";
        cout<<endl ;
        return 0 ;
}
```

（3）用指针变量指向数组元素。

```
#include<iostream>
using namespace std ;
int main()
{
        int a[10];
        int i,*p=a ;
        for(i=0;i<10;i++)
        cin>>*(p+i);
        cout<<endl ;
        for(p=a;p<(a+10);p++)
        cout<<*p<<" ";
        cout<<endl ;
        return 0 ;
}
```

上例中，方法（1）和（2）的执行效率是相同的，第（3）种方法比方法（1）、（2）快，这种方法能提高执行效率。用下标法比较直观，能直接知道是第几个元素。用地址法或指针变量的方法都不太直观，难以很快地判断出当前处理的是哪一个元素。

在用指针变量指向数组元素时要注意：指针变量 p 可以指向有效的数组元素，实际上也可以指向数组以后的内存单元。

【例6.5】 注意指针的当前值。

```
#include <iostream>
using namespace std;
int main()
{    int i,*p,a[7];
     p=a;
     for(i=0;i<7;i++)
         cin>>*(p++);
     cout<<endl;

     for(i=0;i<7;i++,p++)
       cout<<*p;
     cout<<endl;
     return 0;
}
```

指针变量可以指到数组后的内存单元。所以，对于指针当前指向数组的哪个元素，一定要多加注意。

6.3.4 用数组名做函数参数

数组名字代表数组首元素的地址，可以用数组名做函数的参数，此时，实参数组和形参数

组占用相同的内存单元, 对形参数组做什么就等同于对实参数组做什么。例如:

```
void f(int arr[],  int n);
void main()
{
     int array[10];
     …
     f(array,10);    //实参为数组名  array
     …
}
void f(int arr[ ],int  n ) //形参为数组形式
{
…
}
```

【**例 6.6**】 将数组 a 中 n 个整数按相反顺序存放, 即第一个元素和最后一个元素互换, 以此类推至中间元素为止。

解题思路: 将 a[0] 与 a[n-1]对换, 再将 a[1] 与 a[n-2]对换, 直到将 a[int(n-1)/2]与 a[n-int((n-1)/2-1]对换。现用循环处理此问题, 设两个"位置指示变量"i 和 j, i 的初值为 0, j 的初值为n-1。将 a[i]与 a[j]交换, 然后使 i 的值加 1,j 的值减 1,再将 a[i]与 a[j]对换, 直到 i=(n-1)/2 为止。

```
#include <iostream>
using namespace std;
void  inv（int x[ ],int  n）;
int   main()
{
     int  i ,a[10]={3,7,9,11,0,6,7,5,4,2};
     cout<<"The original array: "<<endl;
     for（i=0;i<10;i++)
          cout<<a[i]<<", ";
     cout<<endl;
     inv（a,10);
     cout<<"The array has been inverted: "<<endl;
     for（i=0;i<10;i++)
          cout<<a[i]<< ",";
     cout<<endl;
     return 0;
}
void  inv（int x[ ],int  n）          //形参 x 是数组名
   { int   temp,i,j,m=(n-1)/2;
       for（i=0;i<=m;i++)
         {
              j=n-i-1;
              temp=x[i];
```

```
            x[i]=x[j];
            x[j]=temp;
        }
}
```

程序运行结果：

```
The original array：
3，7，9，11，0，6，7，5，4，2
The array has been inverted：
2，4，5，7，6，0，11，9，7，3
```

对上面的程序可以做一些改动。将函数 inv 中的形参 x 改成指针变量 "int *x"，请对照图 6-6 理解。

```
#include <iostream>
using namespace std;
int    main()
{
    void   inv（int x[ ],int n）；
    int i,a[10]={3,7,9,11,0,6,7,5,4,2};
    cout<<"The original array: "<<endl;
    for （i=0;i<10;i++）
        cout<<a[i]<< ",";
    cout<<endl;
    inv (a,10);
    cout<<"The array has been inverted："<<endl;
    for （i=0;i<10;i++）
        cout<<a[i]<< ",";
    cout<<endl;
    return 0;
}
void   inv（int *x，int n）            //形参 x 为指针变量
{
    int temp,*p,*i,*j,m=(n-1)/2;
    i=x;j=x+n-1;p=x+m;
    for （;i<=p;i++,j--）
        {
            temp=*i;
            *i=*j;
            *j=temp;
        }
}
```

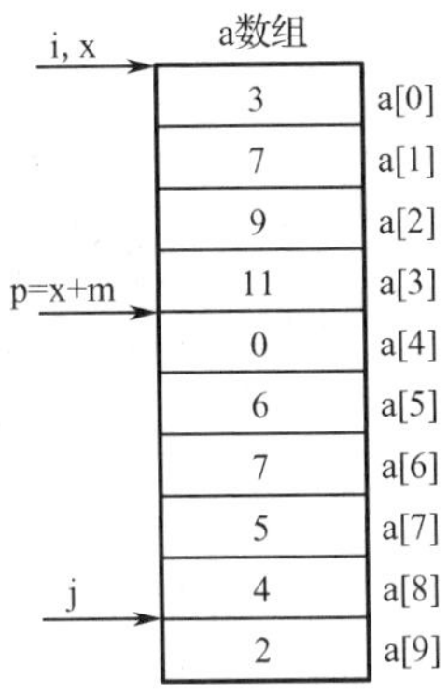

图 6-6　指针变量指向数组元素

归纳起来，如果有一个实参数组，想在函数中改变此数组中的元素的值，实参与形参的对应关系有以下 4 种情况：

（1）形参和实参都用数组名，例如：

```
  main()                        void  f(int x[], int n)
 { int a[10];                  {
        …                          …
   F(a, 10);    }              }
```

（2）实参用数组名，形参用指针变量，例如：

```
  main ()                      void f(int *x, int n)
 { int   a[10];                {
        …                          …
   f(a, 10);   }               }
```

（3）实参和形参都用指针变量，例如：

```
  main()                       void f(int *x, int n)
 { int a[10], *p=a;            {
        …                          …
   F(p, 10);    }              }
```

（4）实参为指针变量，形参为数组名。例如：

```
  main()                       void f(int *x[], int n)
 { int a[10], *p=a;            {
        …                          …
   F(p, 10); }                 }
```

【例 6.7】　将 10 个整数按由小到大的顺序排列。

```
#include <iostream>
using namespace std;
int main()
{
    void select_sort(int*p,int n);
    //函数声明
    int a[10],i ;
```

```
        cout<<" enter the originl array : "<<endl ;
        //输入 10 个数
        for(i=0;i<10;i++)cin>>a[i];
        cout<<endl;
        select_sort(a,10);
        //函数调用，数组名做实参
        cout<<" the sorted array : "<<endl ;
        //输出 10 个已排好序的数
        for(i=0;i<10;i++)cout<<a[i]<< " " ;
        cout<<endl;
        return 0;
}
void select_sort(int*p,int n)
//用指针变量做形参
{
        int i,j,k,t ;
        for(i=0;i<n-1;i++)
        {
            k=i ;
            for(j=i+1;j<n;j++)
            if(*(p+j)<*(p+k))k=j;
            //用指针法访问数组元素
            t=*(p+k);
            *(p+k)=*(p+i);
            *(p+i)=t ;
        }
}
```

6.4 字符串与指针

6.4.1 字符串的表示方法

字符指针是一种专门用来指向字符串首字符的指针。C++语言中提供了字符指针，它可以更方便地对字符串进行处理。对于字符指针可以直接将一个字符串给它赋初值或赋值，这比使用一维字符数组方便多了。例如：

```
char *p1, *p2 = "abcd";
pl="mnpq";
```

可将一个字符串直接给字符指针赋初值，也可以赋值，这里 pl、p2 是两个字符指针。不要把 pl 和 p2 理解为字符串变量，把一个字符串赋给这个变量。而 p1 和 p2 是两个 char 型的指针，这里，p1="mnpq";不是把字符串存放在 p1 中，而是把字符串"mnpq"存放在内存的某个单元里，把该单元的首地址赋给字符指针 p1。实际上，这是用一个无名的字符数组来存放"mnpq"字符串。p1 只是指向该字符串首字符地址的一个指针。

在 C++中一共有 3 种方法访问一个字符串，即：

（1）字符数组表示方式，字符串存放在一维数组中，引用时用数组名。

（2）用字符串变量存放字符串。

（3）字符指针变量表示方式，字符指针变量存放字符串的首地址，引用时用指针变量名。

前两种方法在之前的章节中已经介绍了，现在介绍第三种方法。

【例 6.8】 定义一个字符指针变量并初始化，然后输出它指向的字符串。

```cpp
#include <iostream>
using namespace std;
int main( )
{
    char *str="I love China!";
    cout<<str<<endl;
    return 0;
}
```

说明：

（1）字符串指针的作用。可以用来描述一个字符串，例如：

```cpp
char *str="I love China! ";
```

在程序中没有定义字符数组，只定义了一个字符指针变量 str，用字符串常量"I love China!"对它初始化。C++语言对字符串常量是按字符数组处理的，在内存中开辟了一个字符数组用来存放该字符串常量，但是这个数组是没有名字的，不能通过数组名来引用，只能通过指针变量来引用。

（2）物理含义。不是将字符串的内容赋值给指针变量，而是将其起始地址赋给它。

```cpp
char *str;
str="I am a student. ";
```

（3）应用。利用字符串的指针变量对字符串进行输入与输出。

【例 6.9】 将字符串 a 复制为字符串 b。

定义两个字符数组 a 和 b，再设两个指针变量 p1 和 p2，分别指向两个字符数组中的有关字符，通过改变指针变量的值使它们指向字符串中的不同字符，以实现字符的复制。

```cpp
#include <iostream>
using namespace std;
int main()
{
    char a[]="How are you! ",b[20],*p1,*p2;
    p1=a;p2=b;
    for(;*p1!='\0';p1++,p2++)
        *p2=*p1;
    *p2='\0';
    p1=a;p2=b;
    cout<<"a is: "<<p1<<endl;
    cout<<"b is: "<<p2<<endl;
    return 0;
}
```

程序运行结果：

```
a is: How are you!
b is: How are you!
```

6.4.2　字符指针做函数参数

字符指针同样可以作为函数参数，此时，形参也必须为字符指针变量。

【例6.10】用函数调用实现字符串的复制。

```
#include <iostream>
using namespace std;
int main()
{
    void copy_string（char * from，char *to）;
    char * a =" I am   a   teacher .";
    char  b [ ]= "you are a student.  ";
    char *p=b;
    cout<<"string a="<<a<<endl<<"string b= "<<p;
    cout<<"copy string a to string b: "<<endl;
    copy_string（a ,p）;                      //用字符指针做实参
    cout<<"string a="<<a<<endl<<"string b="<<b;
    return 0;
}
void   copy_string（char *from，char *to）       //形参是字符指针变量
{
    for（; *from!='\0'; from++, to++）          //只要字符串a没结束就复制到b数组
    {
        *to=*from;
    }
    *to='\0';
}
```

程序运行结果：

```
string   a=I am a teacher.
string   b =you are a student.
copy string a to string b:
string a =I am a teacher.
string b =I am a teacher.
```

6.4.3　字符指针与字符数组的区别

（1）字符数组由若干个元素组成，每个元素存放一个字符，而字符指针存放地址（当处理字符串时存放的是字符串的地址），不能将字符串放到字符指针变量中。

（2）赋初值方式不同。

```
static char a[]="I am a student. ";
char *str="I love China. ";
```

（3）赋值方式不同。

对于字符数组赋值不能使用以下的方法：

```
char str[10];
str="book";
```

对于字符类型的指针变量可以使用以下的方法：

```
char *str;
str="This is a book. ";
```

（4）字符指针变量在使用之前必须初始化，即使其指向一个具体的存储单元。例如：

```
char str[];
cin>>str);
```

而

```
char *str;
cin>>str;
```

是十分错误的。也就是说，该指针变量可以指向一个字符型数据，但如果不对它赋予一个地址值，则它并不具体指向一个确定的字符数据。

（5）指向字符类型的指针变量可以用指针的形式表示,也可以用下标的形式表示。指针变量的值是可以改变的，但字符数组名是常量，不能改变。例如：

```
int   main()
{
    char* a ="I love China！";
    a=a+7;
    cout<<a;
    return 0;
}
```

程序运行结果：

```
China!
```

6.5　函数与指针

6.5.1　函数的指针和指向函数的指针变量

一个函数在内存中总是占据一段连续的内存单元。函数名就是该函数所占内存区的首地址。

函数在编译时被分配给一个入口地址，可以用一个指针指向这个入口地址，那么，这个入口地址就称为该函数的指针。此时，这个指针变量就指向对应的函数，叫作指向函数的指针变量。

定义指向函数的指针变量的语法格式为：

类型说明符（*指针变量名）（形参列表）；

函数指针和指向函数的指针变量的区别见表 6-1。

表 6-1　函数指针和指向函数的指针变量的区别

比 较 项 目	指 针 变 量	函数指针变量	说　明
声明格式	int a;	int fun(int,int);	fun 为函数名
声明一个指针	int *p;	int (*p)();	
为指针赋值	p=&a;	p=fun;	fun 为函数入口地址
等价替代项	*p→a	(*p)→fun	

6.5.2　返回指针值的函数

一个函数可以返回一个整型值、字符型或实型值，指针作为一种数据类型，也可以作为函数的返回值。

返回指针型数据的函数一般定义形式为：

```
类型说明符 *函数名（形参列表）
{
…/*函数体*/
}
```

注意：函数指针变量和指针型函数这两者在写法和意义上的区别。如 int (*p)()和 int *p()是两个完全不同的量。

（1）int (*p)()是一个变量说明，说明 p 是一个指向函数入口的指针变量，该函数的返回值是整型，(*p)两边的括号不能少。

（2）int *p()则是定义一个函数，说明 p 是一个指针型函数，其返回值是一个指向整型的指针，*p 两边没有括号。作为函数说明，在括号内最好写入形参，这样便于与变量说明区别。

（3）对于指针型函数的定义，int *p()只是函数头部分，一般还应该有函数体部分。

6.6　指针数组和指向指针的指针

6.6.1　指针数组的概念

数组是存放相同类型数据的一个连续的内存单元，如 int a[5];，表示数组 a 中存放 5 个整型数据，当多个具有相同基类型的指针型数据存放在一起时，则构成了指针数组。

一维指针数组的定义形式为：

```
类型说明符 *数组名[数组长度];
```

例如：

```
int  * a[10];
```

定义了一个指针数组，数组中的每个元素都是指向整型变量的指针，该数组由 10 个元素组成，即 a[0], a[1], a[2], …, a[9]，它们均为指针变量，a 为指针数组元素 a[0]的地址，a+i 为 a[i]的地址，*a 就是 a[0]，*(a+i)就是 a[i]。

对指针数组同样允许初始化和赋值，但每个元素只能存放地址。

6.6.2 指向指针的指针

如果在一个指针变量中存放的是另一个指针变量的地址（指针），这就是"二级间址"，如图 6-7 所示。

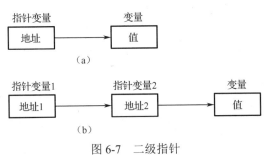

图 6-7 二级指针

定义一个指向指针数据的形式为：

数据类型 **指针变量名；

例如：

char **p;

【例 6.11】 一级指针与二级指针应用。

（1）一级指针：

```cpp
#include <iostream>
using namespace std;
void swap(int *r,int *s)
{   int *t;
    t=r;
    r=s;
    s=t;
}
int    main()
{   int a=1,b=2,*p,*q;
    p=&a;
    q=&b;
    swap(p,q);
    cout<<*p<<","<<*q;
    return 0;
}
```

程序运行结果：

1,2

一级指针程序图示如图 6-8 所示。

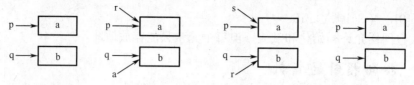

图 6-8 一级指针程序图示

（2）二级指针：

```cpp
#include <iostream>
using namespace std;
    void swap(int **r,int **s)
    {    int *t;
         t=*r;
         *r=*s;
         *s=t;
    }
    int main()
{    int a=1,b=2,*p,*q;
    p=&a;
    q=&b;
    swap(&p,&q);
    cout<<*p<<","<<*q;
    return 0;
}
```

程序运行结果：

2,1

二级指针程序图示如图 6-9 所示

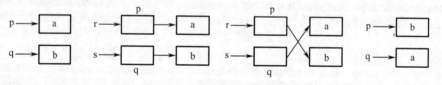

图 6-9 二级指针程序图示

从理论上说，间址方法可以延伸到更多的级。但实际上在程序中很少有超过二级间址的。

6.7 指针运算小结

1. 指针变量加减一个整数

例如， p++、p--、p+i、p-i、p+=i、p-=i 等。

C++规定，一个指针变量加减一个整数是将该指针变量的原值（是一个地址）和它指向的变量所占用的内存单元字节数相加或相减。如 p+i 代表这样的地址计算：p+i*d，d 为 p 所指向的变量单元所占用的字节数。这样才能保证 p+i 指向 p 下面的第 i 个元素。

2．指针变量赋值

将一个变量地址赋给一个指针变量。例如：

```
p=&a;                //将变量 a 的地址赋给 p
p=array;             //将数组 array 首元素的地址赋给 p
p=&array[i];         //将数组 array 第 i 个元素的地址赋给 p
p=max;               //max 为已定义的函数,将 max 的入口地址赋给 p
p1=p2;               //p1 和 p2 都是同类型的指针变量,将 p2 的值赋给 p1
```

3．两个指针变量可以相减

如果两个指针变量指向同一个数组的元素,则两个指针变量值之差是两个指针之间的元素个数。

假如 p1 指向 a[1]，p2 指向 a[4]，则 p2-p1=(a+4) - (a+1)=4-1=3。

但 p1+p2 并无实际意义。

4．两个指针变量比较

若两个指针指向同一个数组的元素，则可以进行比较。指向前面元素的指针变量小于指向后面元素的指针变量。p1<p2，或者说，表达式"p1<p2"的值为真，而"p2<p1"的值为假。注意，如果 p1 和 p2 不指向同一数组则比较无意义。

6.8　引用

6.8.1　什么是变量的引用

对一个数据可以使用"引用"，这是 C++对 C 的一个重要扩充。引用是一种新的变量类型，它的作用是为一个变量起一个别名。

引用是某个变量的别名，对引用的操作与对变量直接操作完全一样。在实际程序中，引用主要用作函数的形式参数和返回值，实现主调函数与被调函数间参数信息的双向传递。

引用通过在变量名前添加"&"符号来定义，格式如下。

```
数据类型名  &引用名 = 目标变量名;
int a;
// 定义引用 ra, ra 是变量 a 的引用，即 ra 作为 a 的别名
int &ra = a;
可以在同一行中定义多个引用，必须在每个引用名前添加"&"符号:
int i = 1024, i2 = 2048;
int &r = i, r2 = i2;            //r 是引用，r2 是一个 int 型变量
int i3 = 1024, &r3 = i3;        //i3 是一个 int 型变量，r3 是引用
int &r3 = i3, &r4 = i2;         // 定义了两个引用
```

说明：

（1）"&"在这里不是求地址运算，而是引用标识。

（2）数据类型名是目标变量的数据类型。

（3）定义引用时，必须同时用与该引用同类型的变量初始化，初始化是指明引用指向哪个对象的唯一方法。

定义引用后，目标变量名相当于有两个名字，即原变量名和引用名，引用只是对象另一个名字，系统也不给引用分配存储空间，作用在引用上的所有操作事实上都是作用在该引用绑定的对象上。

6.8.2　引用作为函数参数

将函数的形参定义为引用类型，使用引用作为函数形参时，调用函数时要用变量名，在被调函数中，对引用形参的操作，实质就是直接操作实参变量。

【例 6.12】　定义变量交换函数 swap( )，将两个整型变量交换数据后输出。

```cpp
#include <iostream>
using namespace std;
void swap(int &, int &);
int main( ) {
    int a = 3, b = 4;
    cout << "before swap : a=" << a << ",b=" << b <<  endl;
    swap(a, b);                      // 实参为变量名
    cout << "after swap : a=" << a << ",b=" << b << endl;
    return 0;
}
void swap(int &x, int &y)            // 形参为引用类型
{
        int temp;
        temp = x; x = y; y = temp;        // 注意与传址调用不同
        cout << "in swap : x=" << x << ",y=" << y << endl;
}
```

程序运行过程中，实参用普通变量，形参为引用。在 swap 函数的形参表列中声明 x 和 y 是整型变量的引用。即实参与形参地址共享，因此，将 a 和 b 的值交换过来了。例 6.12 模拟内存情况如图 6-10 所示。

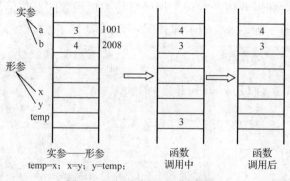

图 6-10　例 6.12 模拟内存情况

【例 6.13】　对 3 个变量按由小到大的顺序排序。

```cpp
#include <iostream>
using namespace std;
void sort(int &,int &,int &);         //函数声明，形参是引用类型
```

```
int main( )
{
    int a,b,c;                              //a、b、c 是需排序的变量
    int a1,b1,c1;                           //a1、b1、c1 最终的值是已排好序的数列
    cout<<"Please enter 3 integers: ";
    cin>>a>>b>>c;                           //输入 a、b、c
    a1=a;b1=b;c1=c;
    sort(a1,b1,c1);                         //调用 sort 函数，以 a1、b1、c1 为实参
    cout<<"sorted order is "<<a1<<" "<<b1<<" "<<c1<<endl;
    return 0;
}
void sort(int &i,int &j,int &k)             //对 i、j、k 排序
{
    void change(int &,int &);               //函数声明，形参是引用类型
    if (i>j) change (i,j);                  //使 i<=j
    if (i>k) change (i,k);                  //使 i<=k
    if (j>k) change (j,k);                  //使 j<=k
}
void change (int &x,int &y)                //使 x 和 y 互换
{
    int temp;
    temp=x;
    x=y;
    y=temp;
}
```

程序运行结果：

```
Please enter 3 integers: 11 42 -81✓
sorted order is -81 11 42
```

程序执行过程中，由于在调用 sort 函数时虚实结合使形参 i、j、k 成为实参 a1、b1、c1 的引用，因此通过调用函数 sort(a1,b1,c1)既实现了对 i、j、k 排序，也同时实现了对 a1、b1、c1 排序。用引用做形参比用指针做形参要简单得多，因此引用可以在一定程度上代替指针。

思考与练习

1. 举例说明什么是指针，什么是指针变量。
2. 举例说明直接访问和间接访问。
3. 举例说明函数参数的 3 种传递方式。
4. 输入 3 个整数，按由大到小的顺序输出。
5. 输入 3 个字符串，按由小到大的顺序输出。
6. 写一个函数，将 3*3 的整型矩阵转置。
7. 设某城市 3 个百货公司某个季度销售电视机的情况和价格如表 6-2、表 6-3 所示。编写程序，将数据用数组存放，求各百货公司的电视机营业额。

表 6-2   电视机销售情况

公司＼牌号	康佳	TCL	长虹
第一百货公司	300	250	150
第二百货公司	200	240	200
第三百货公司	280	210	180

表 6-3   价格情况

牌　号	价　格
康佳	3500
TCL	3300
长虹	3800

8．一个整型数组的每个元素占 4 字节。编写一个压缩函数 pack，把一个无符号小整数（0～255）数组进行压缩存储，只存放低 8 位；再编写一个解压函数 unpack，把压缩数组舒展开来，以整数形式存放。主函数用随机函数生成数据初始化数组，测试 pack 和 unpack 函数。

9．使用指针函数编写程序，把两个字符串连接起来。

10．举例说明指针的运算方式。

11．写一个函数，求一个字符串的长度。

12．用多级指针方法对 5 个字符串排序并输出。

13．应用多级指针对 n 个整数排序并输出。要求用独立函数完成，数据从主函数输出。

第7章

自定义数据类型

本章知识点：

● 结构体类型的说明及结构体类型变量的定义
● 结构体变量的引用
● 结构体变量的初始化
● 结构体数组
● 指针与结构体数组
● 链表
● 共用体
● typedef 的用法

基本要求：

● 掌握结构体和共用体类型的说明、结构体和共用体变量的定义及初始化方法
● 掌握结构体与共用体变量成员的引用
● 领会存储动态分配和释放
● 理解链表的基本概念，掌握基本操作
● 了解枚举类型变量的定义
● 了解 typedef 的作用

能力培养目标：

通过本章的学习，掌握结构体和共用体类型的说明、结构体和共用体变量的定义及初始化方法，掌握结构体与共用体变量成员的引用，并理解链表的基本概念，掌握基本操作方法。具备使用结构体编写简单应用程序的能力，具备项目开发及设计框架时，灵活运用结构体使程序布局更加合理的能力，具备合理选用和使用常用的辅助设计软件和工具进行应用系统设计、调试、测试及 C++项目开发的能力。

7.1 结构体类型

何谓结构

7.1.1 结构体类型的定义

在实际问题中，经常需要将一组不同类型的数据作为一个整体来处理。比如，学生学籍管理，学生的学号、姓名、年龄、住址、考试成绩等数据与某一学生紧密联系，不应分开处理。但它们数据类型不同，用已学习过的数据类型不能处理。

如果将学生的学号、姓名、年龄、住址、考试成绩等分别定义为互相独立的简单变量，则难以反映它们之间的内在联系，而且这些数据的类型是不相同的。

如何用计算机程序实现如表 7-1 所示表格的管理？

表 7-1　学生个人信息

学号	姓名	性别	入学时间	计算机原理	英语	数学	音乐
1	张某	男	1999	90	83	72	82
2	林某	男	1999	78	92	88	78
3	李某	女	1999	89	72	98	66
4	魏某	女	1999	78	95	87	90

数组的解决方法如下。

```
int     studentId[30];          //最多可以管理 30 个学生，每个学生的学号用数组的下标表示
char studentName[10][30];
char studentSex[2][30];
int     timeOfEnter[30];        //入学时间用 int 表示
int     scoreComputer[30];      //计算机原理课的成绩
int     scoreEnglish[30];       //英语课的成绩
int     scoreMath[30];          //数学课的成绩
int     scoreMusic[30];         //音乐课的成绩
```

初始化：

```
int     studentId[30] = {1,2,3,4,5,6};
char studentName[10][30] = {{"张某"},{"林某"},
                                          {"李某"},{"魏某"}};
char studentSex[2][30] = {{"男"},{"男"},{"女"},{"女"}};
int     timeOfEnter[30] = {1999,1999,1999,1999};
int     scoreComputer[30] = {90,78,89,78};
int     scoreEnglish[30] = {83,92,72,95};
int     scoreMath[30] = {72,88,98,87};
int     scoreMusic[30] = {82,78,66,90};
```

但是，数字的解决方法存在一些问题，比如分配内存不集中，寻址效率不高；对数组进行赋初值时，容易发生错位；结构显得比较零散，不容易管理。

结构体类型用来处理联系紧密但数据类型不一致的一组数据。

声明一个结构体类型的一般形式为：

```
struct    结构体名
        {
        类型标识符    成员 1;
        类型标识符    成员 2;
            …
        类型标识符    成员 n;
        };
```

注意：

（1）struct 是结构类型关键字，不能省略。

（2）结构类型名为合法标识符。

（3）"成员表列"也称为"域表"，成员名命名规则与变量名相同。

（4）注意最后有一个分号。

（5）结构的定义明确地描述了该结构的组织形式及内存使用模式，并不占用实际的内存空间。

例如，上例中结构体的解决方法如下。

```
struct    student
{
          int     studentID;              //每个学生的学号
          char    studentName[10];        //每个学生的姓名
          char    studentSex[4];          //每个学生的性别
          int     timeOfEnter;            //每个学生的入学时间
          int     scoreComputer;          //每个学生的计算机原理成绩
          int     scoreEnglish;           //每个学生的英语成绩
          int     scoreMath;              //每个学生的数学成绩
          int     scoreMusic;             //每个学生的音乐成绩
};
```

经过上面的指定，struct student 就是一个在程序中可以使用的合法类型名，它和系统提供的标准类型（如 int、char、float 等）具有同样的作用，都可以用来定义变量的类型，只不过 int 等类型是系统定义的，而结构体类型是由用户根据需要在程序中指定的。

7.1.2　结构体变量的定义

前面只是指定了一种结构体类型，结构体的定义只定义了数据的形式，即声明了一种复杂的数据类型，并未生成任何变量。可以采取以下三种方法定义结构体类型变量。

1．先声明结构体类型再定义变量名

例如：struct　　student　　　　　　student1, student2;

结构体类型名　　　　结构体变量名

即定义了 student1 和 student2 为 struct student 类型的变量，它们具有 struct student 类型的结构。

注意：

在 C 语言中，定义结构体变量要求必须加上关键字 struct，C++ 语言保留了 C 的用法，如上例，但也可以省略 struct，如 Student　　student1, student2;。

在定义了结构体变量后，系统会为之分配内存单元。结构体变量所占内存是所有成员占用内存的总和。

2．在声明类型的同时定义变量

这种定义的一般形式为：

```
struct    结构体名
     {
          成员表列
```

```
        } 变量名表列;
```

例如:

```
struct student
        {       int num;
                char name[20];
                char sex;
                int age;
                float score;
                char addr[30];
                } student1,student2;
```

它的作用与第一种方法相同,即定义了两个 struct student 类型的变量:student1、student2。

3. 不指定类型名直接定义结构体类型变量

其一般形式为:

```
struct
    {
        成员表列
    } 变量名表列;
```

即不出现结构体名。

这种形式指定了一个无名的结构体类型,它没有名字。显然不能再以此结构体类型去定义其他变量。

这种方式用得不多。提倡先定义类型后定义变量的第(1)种方法。在程序比较简单,结构体类型只在本文件中使用的情况下,也可以用第(2)种方法。

关于结构体类型,有几点要说明:

(1)结构类型与结构变量是两个不同的概念,如同 int 类型与 int 型变量的区别一样。

(2)结构类型是用户定义的数据类型,可以有多种。

(3)结构体中的成员名可以与程序中的变量名相同,但二者互不影响。例如,程序中可以另定义一个整型变量 age,它与 student 中的 age 是两回事。

(4)成员也可以是一个结构体变量。

例如:

```
struct date                              //声明一个结构体类型 struct date
{
    int month;
    int day;
    int year;
};
struct student                           //声明一个结构体类型 struct student
{
    int num;
    char name[20];
    char sex;
    int age;
    struct date birthday;                //birthday 是 struct date 类型
```

```
        char addr[30];
    };
```

先声明一个 struct date 类型，它代表"日期"，包括三个成员：month（月）、day（日）、year（年）。然后在声明 struct student 类型时，将成员 birthday 指定为 struct date 类型。

即已声明的类型 struct date 与其他类型一样可以用来定义成员的类型。

7.1.3　结构体变量的初始化

和其他类型变量一样，对结构体变量可以在定义时指定初始值。对应三种结构体变量的定义方式，结构体变量的初始化也有三种形式。

形式一：

```
struct      结构体名
{
        类型标识符      成员名;
        类型标识符      成员名;
        …
};
struct    结构体名    结构体变量={初始数据};
```

例如：

```
struct    student
    {        int num;
            char   name[20];
            char sex;
            int age;
            char addr[30];
    };
struct    student    stu1={112,"Wang Lin",'M',19, "200 Beijing Road"};
```

形式二（用得最多）：

```
struct      结构体名
{
        类型标识符      成员名;
        类型标识符      成员名;
        …
}结构体变量={初始数据};
```

例如：

```
struct    student
    {        int num;
            char   name[20];
            char sex;
            int age;
            char addr[30];
    }stu1={112,"Wang Lin", 'M',19, "200 Beijing Road"};
```

形式三：

```
struct
    {
        类型标识符      成员名；
        类型标识符      成员名；
        …
        }结构体变量={初始数据}；
```

例如：

```
struct
    {    int num;
         char    name[20];
         char sex;
         int age;
         char addr[30];
    }stu1={112,"Wang Lin",'M',19, "200 Beijing Road"};
```

7.1.4　结构体变量的引用

在定义了结构体变量以后，当然可以引用这个变量。但应遵守以下规则：

（1）可以将一个结构体变量的值赋给另一个具有相同结构的结构体变量。如上面的 student1 和 student2 都是 student 类型的变量，可以这样赋值：

```
student1= student2;
```

（2）可以引用一个结构体变量中的一个成员的值。例如，student1.num 表示结构体变量 student1 中的成员的值。

引用结构体变量中成员的一般方式为：

```
结构体变量名. 成员名
```

例如，可以这样对变量的成员赋值：

```
student1.num=10010;
```

（3）如果成员本身也是一个结构体类型，则要用若干个成员运算符，一级一级地找到最低一级的成员。例如，结构体嵌套例子中，如果想引用 student1 变量中的 birthday 成员中的 month 成员，不能写成 student1.year，必须逐级引用，即 student1.birthday.year。即引用结构体变量 student1 中的 birthday 成员中的 year 成员。

（4）只能对结构体变量中的各个成员分别进行输入和输出,结构体变量不支持作为一个整体进行输入和输出。

例如，这样书写是错误的：

```
cout<<student1;
```

【例 7.1】 引用结构体变量中的成员。

```
#include <iostream>
using namespace std;
struct Date                          //声明结构体类型 Date
```

```
{
    int month;
    int day;
    int year;
};
struct Studen t                     //声明结构体类型 Student
{
    int num;
    char name[20];
    char sex;
    Date birthday;                  //声明 birthday 为 Date 类型的成员
    float score;
}student1,student2={001,"lin hong",'f',1,13,1982,95.5};
//定义 Student 类型的变量 student1、student2，并对 student2 初始化
int main()
{
    student1=student2;              //将 student2 各成员的值赋予 student1 的相应成员
    cout<<student1.num<<endl;
    cout<<student1.name<<endl;

    cout<<student1.sex<<endl;
    cout<<student1.birthday.month<<'/'<<student1.birthday.day<<'/' <<student1.birthday.year<<endl;
    cout<<student1.score<<endl;
    return 0;
}
```

程序运行结果：

```
001 lin hong f 1/13/1982 95.5
```

7.1.5　结构体数组

结构体数组的每一个元素，都是结构类型数据，均包含结构类型中的所有成员。

1. 结构体数组的定义

结构体数组的定义和结构体变量的定义方法相同，把变量换成数组即可。

形式一：

先定义结构体类型，再定义结构体数组。

```
struct   student
{
    long int    num;
    char        name[20];
    char        sex;
    char        addr[30];
};                                  //定义结构体类型
struct student    stu [3] ;         //定义结构体数组
```

形式二：

在定义结构体类型的同时定义结构体数组。

```
struct    student
{
    long int    num;
    char        name[20];
    char        sex;
    char        addr[30];
} stu[3] ;
```

结构体数组相当于一列具有相同类型的结构体变量。

2．结构体数组的初始化

对结构体数组每个元素的每个成员赋初值。按元素赋值。

例如：

```
struct clerk b[3]= {{101,"张三",{1980,9,20}},
                    {102, "李四",{1980,8,15}},
                    {103, "王五",{1980,3,10}} };
```

结构体数组初始化的一般形式是在定义数组的后面加上"={初值表列}；"。

3．结构体数组的应用

【例7.2】 有三个候选人（li、wang、wei），每次输入一个候选人的姓名，统计出每个人的得票数。

分析：

（1）用结构体数组：

```
 struct  结构体类型名
{   xm—姓名
    ps—票数
 } hxr[3]={初始化};
```

（2）用循环，每次输入一个人名，若与某候选人名相同，则其票数加一。

程序如下。

```
#include <iostream>
using namespace std;
//声明结构体类型 Person
struct Person
{
    char xm[20];
    int ps;
};

int main()
{
    Person hxr[3]=
    {
        " Li ",0, " wang ",0, " wei ",0
```

```
    };
    //定义 Person 类型的数组，内容为三个候选人的姓名和初始票数
    int i,j;
    char dangxuan[20];
    for(i=0;i<10;i++)
    {
        cin>>dangxuan;
        //先后输入 10 张票上所写的姓名
        //将票上姓名与三个候选人的姓名比较
        for(j=0;j<3;j++)if(strcmp(dangxuan,hxr[j].name)==0)
        hxr[j].ps++;
        //如果与某一候选人的姓名相同，就给他加一票
    }
    cout<<endl;
    //输出三个候选人的姓名与最后得票数
    for(i=0;i<3;i++)
    {
        cout<<hxr[i].xm<<":
        "<<hxr[i].ps<<endl ;
    }
    return 0;
}
```

程序运行结果：

```
wang↙（每次输入一个候选人的姓名）
wei↙
Li↙
wang↙
Li↙
wang↙
Li↙
wei↙
wang↙
wei↙
Li:4（输出三个候选人的姓名与最后得票数）
wang:4
wei:3
```

7.1.6　指向结构体变量的指针

指针变量可以指向结构体类型变量，也可以指向结构体类型数组。

1. 指向结构体类型变量的指针

【例 7.3】　定义一个结构体类型变量 stu_1，包括学号、姓名、性别、分数，先赋值再输出。

```
#include <iostream>
using namespace std;
#include <string>
int main()
```

```
    {
        struct    student
        {
            int num;
            char        name[20];
            char        sex;
            float       score;
        };                                              //定义结构体类型
        struct student stu_1;                           //定义结构体类型变量
        struct student *p;                              //定义指向结构体变量的指针变量
        p=&stu_1;                                       //使指针变量指向结构体变量
        stu_1.num=89101;
        strcpy(stu_1.name,"Lilin");                     //注意对字符数组的赋值
        stu_1.sex='M';
        stu_1.score=89.5;                               //对各成员赋值
        cout<<stu_1.num<<stu_1.name<<stu_1.sex<<stu_1.score<<endl;
        cout<<(*p).num<<(*p).name<<(*p).sex<<(*p).score<<endl;    //用指针输出
        return 0;
    }
```

说明：

（1）(*p).num——结构体类型变量的指针所指的对象，即结构体类型变量的成员。(*p)为指针所指的结构体类型变量 stu_1，而(*P).num 即 stu_1.num。

（2）表示结构体类型变量的成员有三种方法：

● 结构体类型变量.成员名，如 stu_1.num。

● (*p).成员名，如(*p).num。

● p->成员名，如 p->num。

2. 指向结构体数组的指针

【例7.4】 有一个结构体数组，内含三个元素，初始化后输出。

```
#include <iostream>
using namespace std;
struct    student
{
  int    num;
  char name[20];
  char sex;
  int    age;
};                           //定义结构体类型
//定义结构体数组并初始化
struct student stu[3]={{10101,"Lilin",'M',18},
                       {10102,"Zhangfan",'M',19},
                       {10103,"Wangmin",'F',20}};
int main()
{
  struct student *p;   /*定义指向结构体数组的指针*/
  for(p=stu;p<=stu+2;p++)
```

```
        cout<<p->num<<p->name<<p->sex<<p->age<<endl;
    return 0;
}
```

说明：

（1）指向结构体数组的指针的定义：

struct　结构体名　*指针变量名;

例如：

struct student　*p;

（2）要给 p 赋初值，应使用 p=stru;，使用 p=&stu.num;是错误的。

（3）p 增 1，指向下一个结构体数组元素。p 增 1，相当下移 4+20+1+4=29 个字节，指向下一个学生。

（4）要引用数组元素的某个成员，用 p->成员名，如 p->num。这不是地址，而是成员的内容。

（5）(++p)->num:是 p 先增 1，指向下一个元素，再指向该元素的成员 num。(p++)->num:是先指向当前元素的成员，然后 p 再增 1，指向下一个元素。二者是不同的。

3．用结构体变量和指向结构体变量的指针构成链表

C++语言中，数组长度是固定的，数据的插入和删除操作比较复杂。实际问题中需要处理可变长度的数据，用数组不能处理。

链表是一种动态存储的数据结构，存储空间是在程序运行过程中根据需要向系统动态申请的，其存储单元也不连续。

数据的数量及顺序关系可根据需要动态改变，数据的插入和删除操作比较简单。

链表的每个元素称为一个"结点"。链表的存储单元不连续，需要知道每个结点的地址。

（1）每个结点由两个域组成：

● 数据域——存储本结点的数据信息。

● 指针域——指向下一个结点的地址。

（2）头指针变量 head——指向链表的首结点。

（3）尾结点的指针域为"NULL（空）"，表示链表结束。

链表的实现必须用到结构体指针。图 7-1 表示最简单的一种链表（单向链表）的结构。

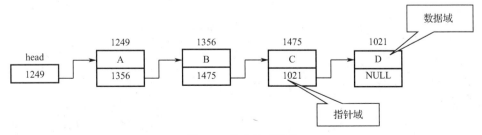

图 7-1　单向链表结构

链表结构的定义：

```
struct    student
{
    int num;
    char    name[20];
    struct student *next;
};
```

next 为 struct student 类型指针变量，指向下一个结点。

结点变量或指针变量的定义：

```
struct student node,*head;
```

指针 head 可以存放学生结点的地址。

对链表的基本操作如下。

（1）建立：从无到有地建立起一个链表。

（2）查找：按给定的检索条件，查找某个结点。

（3）插入：在结点 ki-1 与 ki 之间插入一个新的结点 k。

（4）删除：删除结点 ki，使链表的长度减 1。

（5）输出：全部或部分地输出链表中结点的数据项。

链表是数据结构中的一种重要算法。动态链表则是指各结点是可以随时插入和删除的，这些结点并没有变量名，只能先找到上一个结点，才能根据它提供的下一结点的地址找到下一个结点。只有提供第一个结点的地址，即头指针 head，才能访问整个链表。如同一条铁链一样，一环扣一环，中间是不能断开的。

7.1.7　结构体数据做函数参数

结构体数据同样可以作为函数参数，但要注意实参和形参必须保持都是结构体类型，且类型一致。

1．结构体变量做函数参数

【例 7.5】　有一个结构体变量 stu，内含学生学号、姓名和三门课的成绩。要求在 main 函数中为各成员赋值，在另一函数 print 中将它们的值输出。

```
#include <iostream>
#include <string>
using namespace std;
struct Student                      //声明结构体类型 Student
{
    int num;
    char name[20];
    float score[3];
};
int main( )
{
    void print(Student);            //函数声明，形参类型为结构体 Student
    Student stu;                    //定义结构体变量
    stu.num=001;                    //以下五行对结构体变量各成员赋值
```

```
        stu.name="wei li";
        stu.score[0]=97.5;
        stu.score[1]=66;
        stu.score[2]=84.5;
        print(stu);                        //调用 print 函数，输出 stu 各成员的值
        return 0;
}
void print(Student st)
{
        cout<<st.num<<" "<<st.name<<" "<<st.score[0]
        <<" " <<st.score[1]<< " "<<st.score[2]<<endl;
}
```

程序运行结果：

```
001 wei li 97.5 66 84.5
```

结构体变量做函数参数数据传递方式是赋值传递（单向值传递），实参把它每一个成员的值依次传给形参，运行时间与存储空间的开销很大，程序运行效率很低。实际应用中，一般使用结构体指针做函数参数。

2．指向结构体变量的指针函数参数

一个结构体变量的指针就是该变量所占据的内存段的起始地址。指向结构体变量的指针函数参数即为地址传递。

【例 7.6】 结构体指针做函数参数：赋地址传递。

```
#include <iostream>
using namespace std;
struct clerk
{
        int num;
        char name[20];
        int    age;
        char addr[40];
};
int main()
{
        void output(struct clerk *p);              //函数声明，形参为指向结构体类型的指针变量
        struct clerk *p, a[3]= {{101,"张三",26, "Beijing"},
                            {102, "李四",25, "Taiyuan"},
                            {103, "王五",27, "Shanghai"} };
        p=a;
        output(p);
        return 0;
}
 void output(struct clerk *p)
{
        int i;
        for(i=0;   i<3;   i++, p++)
```

```
            cout<<p->num<<p->name<<p->age<<p->addr<<endl;
}
```

程序运行结果：

```
101,张三,26,Beijing
102,李四,25,Taiyuan
103,王五,27,Shanghai
```

3. 用结构体变量的引用做函数参数

引用是变量的别名，同样适用于结构体类型变量，因此，结构体变量的引用也可以作为函数参数，从而扩充函数传递数据的功能。

【例 7.7】 用结构体变量的引用做函数参数。

```
#include <iostream>
#include <string>
using namespace std;
struct Student
{
    int num;
    string name;
    float score[3];
}stu={001,"wei li",97.5,66,84.5};
void main( )
{
    vtu);                    //实参为结构体 Student 变量
}
void print(Student &stud)
{
    cout<<stud.num<<" "<<stud.name<<" "<<stud.score[0]
    <<" " <<stud.score[1]<< " "<<stud.score[2]<<endl;
}
```

程序运行结果：

```
001 wei li 97.5 66 84.5
```

可以看到，结构体数据做函数参数有三种方法。用结构体变量做函数参数，程序直观易懂，但占用内存较大，效率是不高的。采用指针变量做函数参数，空间和时间的开销都很小，效率较高。用结构体变量的引用做函数参数，节省空间，简单直接，效率较高。

7.1.8   动态内存分配

到目前为止，程序中只用了声明变量、数组和其他对象所必需的内存空间，这些内存空间的大小在程序执行之前就已经确定了。但如果需要内存大小为一个变量，其数值只有在程序运行时才能确定，例如，有些情况下需要根据用户输入来决定必需的内存空间，那么该怎么办呢？

答案是动态内存分配（dynamic memory），为此 C++集成了操作符 new 和 delete。操作符 new 和 delete 是 C++执行指令。

操作符 new 的存在是为了要求动态内存。new 后面跟一个数据类型，并跟一对可选的方括号[ ]，里面为要求的元素数。它返回一个指向内存块开始位置的指针。其形式为：

```
       pointer = new type
或     pointer = new type [elements]
```

第一个表达式用来给一个单元素的数据类型分配内存；第二个表达式用来给一个数组分配内存。例如：

```
int * bobby;
bobby = new int [5];
```

在这个例子里，操作系统分配了可存储 5 个整型 int 元素的内存空间，返回指向这块空间开始位置的指针并将它赋给 bobby。因此，现在 bobby 指向一块可存储 5 个整型元素的合法的内存空间。

那么，这与定义一个普通的数组有什么不同呢？

最重要的不同是，数组的长度必须是一个常量，这就将它的大小在程序执行之前的设计阶段就决定了。而采用动态内存分配，数组的长度可以为常量或变量，其值可以在程序执行过程中再确定。

动态内存分配通常由操作系统控制，在多任务的环境中，它可以被多个应用（applications）共享，因此内存有可能被用光。如果这种情况发生，操作系统将不能在遇到操作符 new 时分配所需的内存，一个无效指针（null pointer）将被返回。用户可以根据该指针的值判断分配空间是否成功。

既然动态分配的内存只是在程序运行的某一具体阶段才有用，那么一旦它不再被需要时就应该被释放，以便给后面的内存申请使用。操作符 delete 因此而产生，它的形式是：

```
       delete pointer;
或     delete [ ] pointer;
```

第一种表达形式用来删除给单个元素分配的内存；第二种表达形式用来删除多元素（数组）的内存分配。这部分内容在第 8 章也有相关介绍。

【例 7.8】　开辟空间以存放一个结构体变量。

```
#include <iostream>
#include <string>
using namespace std;
struct Student                      //声明结构体类型 Student
{
    string name;
    int num;
    char sex;
};
int main( )
{
    Student *p;                     //定义指向结构体类型 Student 的数据的指针变量
    p=new Student;                  //用 new 运算符开辟一个存放 Student 型数据的空间
    p->name="Wang Fun";             //向结构体变量的成员赋值
```

```
        p->num=10123;
        p->sex='m';
        cout<<p->name<<endl<<p->num
        <<endl<<p->sex<<endl;        //输出各成员的值
        delete p;                    //撤销该空间
        return 0;
}
```

程序运行结果：

Wang Fun 10123 m

7.2 共用体

7.2.1 共用体的定义

使几个不同的变量占用同一段内存空间的结构称为共用体，也叫联合体，是一种构造的数据类型。

只是将 struct 关键字改为 union。但联合的空间结构与结构不同，联合中的各组成员共用空间，即几个不同类型的变量共用同一段内存，相互覆盖。

共用体类型定义：

```
union    共用体名
{ 类型标识符    成员 1;
  类型标识符    成员 2;
      …
  类型标识符    成员 n;
};
```

例如：

```
union data
    {    int i;
          char ch;
          float f;
     };
```

共用体如图 7-2 所示。

图 7-2 共用体

以上三个变量在内存中占的字节数不同，但都从同一地址开始存放。也就是使用覆盖技术，几个变量互相覆盖。

共用体变量的定义：与结构体类似。

方法一：

```
union data
    {    int i;
         char ch;
         float f;
    }a,b;
```

方法二：

```
union data
    {    int i;
         char ch;
         float f;
    };
    union data a,b,c,*p,d[3];
```

共用体变量任何时刻都只有一个成员存在，它的长度为最长成员所占字节数。

7.2.2　共用体变量的引用

与结构变量一样，只能逐个引用共用体变量成员。

引用方式如下：

```
共用体变量名.成员名
共用体指针名->成员名
(*共用体指针名).成员名
```

例如：

```
union data
    {    int i;
         char ch;
         float f;
    };
union data a,*p=&a, d[3];
a.i;  (*p).i;   p->i;    d[0].i;
```

不能引用共用体变量，而只能引用共用体变量中的成员。

例如，下面的引用方式是正确的：

```
a.i;  (*p).i;   p->i;    d[0].i;
```

不能只引用共用体变量，例如，下面的引用方式是错误的：

```
cout<<a;
```

应该写成：

```
cout<<a.i;
```

7.2.3　共用体的特点

（1）共用体变量任何时刻都只有一个成员存在，它的长度等于最长成员所占字节数。

（2）系统采用覆盖技术，使共用体成员共享内存。在某一时刻，起作用的总是最后一次存入的成员值。例如：

```
a.i=1;    a.ch= 'c';    a.f=3.14;
```

a.f 是有效的成员。

（3）共用体变量的地址和它的各成员的地址都是同一地址，故共用体变量与其成员的地址相同。例如：

```
&a=&a.i=&a.ch=&a.f
```

（4）不能对共用体变量名赋值；不能企图引用变量名来得到一个值；不能在定义共用体变量时对它初始化；不能用共用体变量名作为函数参数。

7.2.4　共用体变量的应用

共用体和结构是十分类似的，但含义不同。结构变量所占内存长度是各成员所占内存长度之和，每个成员分别占有其自己的内存单元。共用体变量所占的内存长度等于最长的成员的长度。此外，共用体变量不能初始化。

共用体类型常用于需要对类型做转换的场合，因为它们可让你用不止一种方法使用内存。

【例 7.9】 设有若干个人员的数据，其中有学生和教师。学生的数据包括：姓名、号码、性别、职业、班级；教师的数据包括：姓名、号码、性别、职业、职务。现要求把它们放在同一表格中。

name	num	sex	job	class/position
Li	1011	F	S	501
Wang	2085	M	T	prof

显然，第五项必须用共用体来处理。

```
union category
{
        int        class;
        char       position[10];
};
struct person
{
        int        num;
        char       name[20];
        char       sex;
        char       job;
        unioncategory    ctg;
};
```

具体程序如下。

```
#include<iostream>
```

```cpp
#define    N    2
#include<string>
using namespace std;
union category{
    int    Class;
    char Position[10];
};
struct person{
    char name[20];
    long num;
    char sex;
    char job;
    union category ctg;
};
struct person enter();
void show(struct person a);
int main()
{
    int i;
    struct person     a[N];
    for(i=0;i<N;i++)
    a[i]=enter();
    cout<<"Name Number Sex Job Class/Position"<<endl;
    for(i=0;i<N;i++) show(a[i]);
        return 0;
}
struct person enter()
{
    struct person a;
    cout<<"Enter all data of person:"<<endl;
    cout<<"Name:";
    cin>>a.name;
    cout<<"Number:";
    cin>>a.num;
    cout<<"Sex:";
    cin>>a.sex;
    cout<<"Job:";
    cin>>a.job;
    if(a.job=='S')
    {
    cout<<"Class:";
    cin>>a.ctg.Class;
    }
    else
      if(a.job=='T')
    {
    cout<<"Position:";
    cin>>a.ctg.Position;
```

```
    }
        else cout<<"input error";
        return a;
    }
    void show(struct person a)
    {
        cout<<a.name<<"   "<<a.num<<"   "<<a.sex<<"   "<<a.job<<"   ";
        if(a.job=='S')
                cout<<a.ctg.Class<<endl;
        if(a.job=='T')
                cout<<a.ctg.Position<<endl;
    }
```

7.3　枚举类型

有时候，变量的值被限定在一定的范围内，如一周 7 天、人的性别等。

如果一个变量只有几种可能的值，可以定义为枚举类型。所谓枚举类型，是指将变量的值一一列举出来，变量的值只限于列举出来的值的范围内。

枚举类型十分常见，例如，每星期可以枚举为{sun,mon,tue,wed,thu,fri,sat}。

枚举的定义与结构也十分类似，其格式为：

```
enum  枚举类型名  {枚举常量表列};
```

例如：

```
enum    weekday{sun,mon,tue,wed,thu,fri,sat};
enum    weekday    workday;
workday=wed;
```

一个枚举实际上是将每个符号用它们对应的整数来代替，而且可以在任何一个整型量表达式中使用这些值。系统默认第一个枚举值为 0，其余依次为 1, 2, 3…

```
cout<<workday; //  结果为 3
```

但是，定义枚举类型时，不能写成：

```
enum    weekday{0,1,2,3,4,5,6};
```

必须用符号或标识符来写，这些符号称为枚举元素或枚举常量。

也可以通过初始化来修改默认值：

```
enum    weekday{sun=3,mon=5,tue,wed,thu,fri,sat};
```

则 tue 默认为 6，其余类推。

7.4　用 typedef 定义类型

C++语言允许用关键字 typedef 定义新的类型名。实际上，并未建立一个新的数据类型，而是对现有类型定义了一个别名。其格式为：

```
typedef  类型  定义名；
```

例如：

```
typedef        int          INTEGER;
typedef        float REAL;
INTEGER        i,j;
REAL           a,b;
```

如果在一个程序中，整型变量是专门用来计数的，可以用 COUNT 来作为整型类型名。

```
typedef int COUNT;          //指定用 COUNT 代表 int 型
COUNT i,j;                  //将变量 i、j 定义为 COUNT 类型
```

即 int 类型在程序中将变量 i、j 定义为 COUNT 类型，可以使人更一目了然地知道它们是用于计数的。

在程序设计中，利用自定义类型可以把一个较复杂的数据类型定义为一个新的较简单的类型，使程序更加简洁。例如：

```
    struct date
        { int    year;
           int    month;
           int    day;
        };
typedef  struct date   DATE;
DATE d1,d2,d[3];
```

说明：

（1）typedef 可以声明各种类型名，但不能用来定义变量。用 typedef 可以声明数组类型、字符串类型，使用比较方便。

（2）用 typedef 只是对已经存在的类型增加一个类型名，而没有创造新的类型。

（3）当在不同源文件中用到同一类型数据（尤其是像数组、指针、结构体、共用体等类型数据）时，常用 typedef 声明一些数据类型，把它们单独放在一个头文件中，然后在需要用到它们的文件中用 #include 命令把它们包含进来，以提高编程效率。

typedef 和#define 有相似之处，但二者在本质上是不同的。#define 是在预编译时处理的，它只能做简单的字符串替换。而 typedef 是在编译时处理的，它只能做类型替换。

使用 typedef 有利于程序的移植，当数据结构发生变化时，程序员只需修改数据定义而无须修改代码。这极大地减少了程序的维护工作量。typedef 一般都用在头文件中。

思考与练习

1．使用结构类型表示复数。设计程序输入两个复数，可以选择进行复数的+、−、×或÷运算，并输出结果。

2．定义一个结构体变量（包括年、月、日）。计算该日在本年中是第几天，注意闰年问题。

3．编写一个函数 print，打印一个学生的成绩数，该数组中有五个学生的数据记录，每个

记录包括 num、name、sore[3]，用主函数输入这些记录，用 print 函数输出这些记录。

4．有 10 个学生，每个学生的数据包括学号、姓名、三门课的成绩，从键盘输入 10 个学生的数据，要求打印出三门课的总平均成绩，以及最高分的学生的数据（包括学号、姓名、三门课成绩）。

5．把一个班的学生姓名和成绩存放到一个结构数组中，寻找和输出最高分者。

6．建立一个结点包括职工的编号、年龄和性别的单向链表，分别定义函数完成以下功能：

（1）遍历该链表输出全部职工信息；

（2）分别统计出男女性职工的人数；

（3）在链表尾部插入新职工结点；

（4）删除指定编号的职工结点；

（5）删除年龄在 60 岁以上的男性职工或 55 岁以上的女性职工结点，并保存在另一个链表中。

用主函数建立简单菜单选择，测试你的程序。

7．将一个链表按逆序排列，即将链头当链尾，链尾当链头。

第 8 章

类和对象

本章知识点:

- C++语言中类的定义及使用方法
- 对象的创建与使用方法
- 构造函数与析构函数
- 对象数组、对象指针
- 对象的创建、释放、赋值和复制
- 静态成员
- 友元

基本要求:

- 掌握类的含义、类的定义方法与使用
- 掌握对象的创建方法、对对象中成员的访问方法
- 构造函数、析构函数的作用与使用
- 掌握对象数组、对象指针的使用方法
- 掌握共用数据的保护方法
- 掌握对象的动态建立和释放方法
- 掌握静态成员和友元的使用方法

能力培养目标:

通过本章的学习,掌握 C++编程面向对象程序设计最基本的类的定义及其使用方法,理解构造函数、析构函数的作用并能够灵活应用,熟悉对象的创建与操作方法。通过实例问题提高编程能力。

传统的结构化语言都是采用面向过程的方法来解决问题,但在面向过程的程序设计方法中,代码和数据是分离的,因此,程序的可维护性较差。面向对象程序设计方法则是把数据及处理这些数据的函数封装到一个类中,类是 C++的一种数据类型,而使用类的变量则称为对象。

在对象内,只有属于该对象的成员函数才可能存取该对象的数据成员,这样,其他函数就不会无意中破坏其内容,从而达到保护和隐藏数据的效果。

与传统的面向过程的程序设计方法相比,面向对象的程序设计方法有三个优点:第一,程序的可维护性好,面向对象程序易于阅读和理解,程序员只需了解必要的细节,因此降低了程序的复杂性;第二,程序的易修改性好,即程序员可以很容易地修改、添加或删除程序的属性,这是通过添加或删除对象来完成的;第三,对象可以使用多次,即可重用性好,程序员可以根据需要将类和对象保存起来,随时插入到应用程序中,无须做什么修改。

　　面向对象编程和设计以类为基础。类（class）是一种用户定义数据类型。一个类是一组具有共同属性和行为的对象的抽象描述。面向对象的程序就是一组类构成的。一个类中描述了一组数据来表示其属性，以及操作这些数据的一组函数作为其行为。一个类中的数据和函数都称为成员。对象是类的实例，每个对象持有独立的数据值。本章主要探讨类和对象的基本概念。

　　面向对象编程具有封装性、继承性、多态性的特性，本章主要介绍封装性的初步知识。

8.1　类

　　类构成了实现 C++面向对象程序设计的基础。类是 C++封装的基本单元，是进行封装和数据隐藏的工具。当类的成员声明为保护时，外部不能访问；声明为公共时，则在任何地方都可以访问。类把逻辑上相关的实体联系起来，并具备从外部对这些实体进行访问的手段。和函数一样，应用类也是 C++中模块化程序设计的手段之一。但是，函数是将逻辑上有关的语句和数据集合在一起，主要用于执行；而类则是逻辑上有关的函数及其数据的集合，它主要不是用于执行，而是提供所需要的资源。

　　定义一个类就是描述其类名及其成员。对于成员，还要描述各成员的可见性。本节也介绍了类与结构之间的区别。

8.1.1　类的定义

　　如何定义一个类？习惯上将一个类的定义分为两部分：说明部分和实现部分。说明部分包括类中包含的数据成员和成员函数的原型，实现部分描述各成员函数的具体实现。一个类的一般格式如下：

何谓类

```
//类的说明部分
class <类名>{
private:
    <一组数据成员或成员函数的说明>          //私有成员
protected:
    <一组数据成员或成员函数的说明>          //保护成员
public:
    <一组成员函数或数据成员的说明>          //公有成员，外部接口
};
//类的实现部分
<各个成员函数的实现>
```

　　其中，class 是说明类的关键字；<类名>是一个标识符；一对花括号表示类的作用域范围，称为类体，其后的分号表示类定义结束。

　　一个类中可以没有成员，也可以有一组成员。成员可分为数据成员和成员函数两部分。一个数据成员描述了每个对象都持有的一个独立的值，就像结构成员。一个成员函数描述了该类对象能被调用而提供的一项服务或一种计算。成员函数区别于普通函数，就是在调用时必须确定一个作用对象。

　　关键字 public、private 和 protected 称为访问控制修饰符，描述了类成员的可见性。每个成员都有唯一的可见性。下一节详细介绍。

　　一个类中的成员没有前后次序，但最好把所有成员都按照其可见性放在一起。私有成员组

成一组，保护成员组成一组，公有成员再组成一组。这三组之间没有次序要求，而且每一组内的多个成员之间也没有次序要求。一个类不一定都具有这三组成员。

　　成员函数的实现既可以在类体内描述，也可以在类体外描述。如果一个成员函数在类体内描述，就不用再出现在类外的实现部分。如果所有的成员函数都在类体内实现，就可以省略类外的实现部分。在类体外实现的函数必须说明它所属的类名，格式如下：

```
<返回值> <类名>::<函数名>(形参表){...}
```

　　【例 8-1】　一个日期 Date 类。该类的每个对象都是一个具体的日期。例如，2009 年 4 月 3 日就是 Date 类的一个对象。编程如下：

```cpp
#include <iostream.h>
class Date{
private:
    int year, month, day;
public:
    void setDate(int y, int m, int d);
    bool isLeapYear();
    void print(){
        cout<<year<<"."<<month<<"."<<day<<endl;
    }
};
void Date::setDate(int y, int m, int d){
    year = y;
    month = m;
    day = d;
}
bool Date::isLeapYear(){
    return year%400 == 0 || year%4 == 0 && year%100 != 0;
}
void main(void){
    Date date1, date2;
    date1.setDate(2000,10,1);
    date2.setDate(2009,4,3);
    cout<<"date1: ";
    date1.print();
    cout<<"date2: ";
    date2.print();
    if (date1.isLeapYear())
        cout<<"date1 is a leapyear."<<endl;
    else
        cout<<"date1 is not a leapyear."<<endl;
    if (date2.isLeapYear())
        cout<<"date2 is a leapyear."<<endl;
    else
        cout<<"date2 is not a leapyear."<<endl;
}
```

　　执行程序，输出如下：

```
date1: 2000.10.1
date2: 2009.4.3
date1 is a leapyear.
date2 is not a leapyear.
```

Date 类中定义了三个私有 int 型数据成员 year、month 和 day，分别表示某个日期的年、月、日。还定义了三个公有成员函数，setDate 函数用来为对象设置年月日；isLeapYear 函数判断是否为闰年，print 函数用来输出。其中 print 函数在类中给出实现，而另外两个函数在类外实现。在类外实现要在函数名之前添加类名和作用域运算符 "::"。

在 main 函数中说明了 Date 类的两个对象 date1 和 date2，然后对这两个对象调用成员函数进行设置、输出等操作。

我们往往用图来描述类的结构。一个类的封装结构如图 8-1 所示。一个类可抽象为一个封装体，描述为一个矩形框，其中描述了类的名字。也可以在类名下面隔间里描述一组数据成员。比较完整的形式是用三个隔间，分别描述类名、数据成员和成员函数原型。一个成员占一行，成员前面的减号表示私有成员，加号表示公有成员。这样的图称为类图。在类图上能清楚地看到一个类的成员构成，而暂时忽略成员函数内的实现细节。

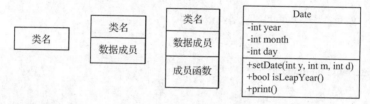

图 8-1　类的封装结构

类的外部代码只能看到类名和公有成员，就可用类名来创建对象，然后就调用公有成员来操作对象、改变或读取对象状态。

一个类应该有哪些成员？一个类往往反映现实存在的一个概念或一种实体，具有自身的一组属性。首先，封装性要求将这一组属性封装到类中，与该类不相关的属性不应纳入。其次，操作管理这些属性需要一组函数，通常实现写入、读出、计算等功能，这些函数应封装在该类中，而其他函数不应纳入。总之，一个类中的各个成员之间存在直接的语义关系。

8.1.2　类成员的可见性

一个类作为一个封装体，各成员具有不同的可见性。例如，前面介绍的类 Date，成员函数 setDate、isLeapYear 和 print 是公有的，那么类外部程序可见，即可调用。而数据成员 year、month 和 day 是私有的，类外部程序就不可见，即不能访问。

C++提供了三种访问控制修饰符：private（私有）、protected（保护）和 public（公有）。每个成员只能选择其中之一。

- 私有成员只允许本类的成员函数来访问，对类外部不可见。数据成员往往作为私有成员。
- 保护成员能被自己类的成员函数访问，也能被自己的派生类访问，但其他类不能访问。派生类将在第 10 章详细介绍。
- 公有成员对类外部可见。当然类内部也能访问。公有成员作为该类对象的操作接口，使类外部程序能操作对象。成员函数一般作为公有成员。

按不同的可见性，一个类的各成员形成一种封装结构，如图 8-2 所示。一个类外部的函数或者其他类只能访问该类的公有成员。一个类 A 的派生类除了能访问类 A 的公有成员之外，还能访问类 A 的保护成员。类中的私有成员只能被该类中的其他成员访问。

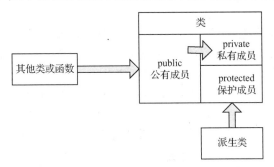

图 8-2　类成员的可见性

对于前面介绍的 Date 类，假如有一个全局函数如下：

```
void datePrint(Date & d){
    cout<<d.year<<endl;              //错误：year 是私有成员
    d.print();                       //正确：print 是公有成员

}
```

这个函数 datePrint 并不是成员函数，形参是类 Date 的一个对象。由于 year 是类 Date 中的私有成员，因此在非成员函数中对私有成员 year 的访问是非法的。成员函数 print 是类 Date 中的成员，因此该函数中调用 d.print()就是合法的。编译器能指出所有的非法访问。

为什么常把数据成员设置为私有，而将成员函数设置为公有？从类的内部来看，数据是被动的，只能被函数所改变，这样数据应该被隐藏在函数的后面。从类的外部来看，一个类不希望外部程序直接访问或改变对象内部的数据，虽然效率高，但不够安全，而希望通过调用自己类的成员函数来间接地访问数据。这样使调用方编程既安全，也简单，因为调用方不需要知道类内部的数据构成，只要知道有哪些公有成员函数可供调用。

从形式上看，一个类中的访问权限修饰符可以任意顺序出现，也可出现多次，但一个成员只能具有一种访问权限。例如，类 Date 的定义可修改如下：

```
class Date{
public:
        void setDate(int y, int m, int d);
private:
        int year, month, day;
public:
        int isLeapYear();
        void print();
};
```

这种定义与前面的定义完全相同。但最好将同一种可见性的成员放在一起。

可将类 Date 定义为如下形式：

```
class Date{
        int year, month, day;
public:
        void setDate(int y, int m, int d);
```

```
        int isLeapYear();
        void print();
};
```

C++约定默认的访问权限为私有，即 year、month 和 day 作为私有成员。这种方式要求将私有成员列在类的最前面。这样定义类 Date 的效果与前面定义完全相同。

将一个类定义并实现后，就可以用该类来创建对象了，创建一个类的对象称为该类的实例化，创建的过程如同 int、char 等基本数据类型声明一个变量一样简单。将类进行实例化后系统才会根据该对象的实际需要分配一定的存储空间。这样就可以使用该对象来访问或调用该对象所能提供的属性或方法了。通过"对象名.公有函数名（参数列表）；"的形式就可以调用该类对象所具有的方法，通过"对象名.公有数据成员;"的形式可以访问对象中的数据成员。详细可见后续内容。

8.1.3　类的数据成员

类中的数据成员描述对象的属性。数据成员在类体中进行定义，其定义方式与一般变量相同，但对数据成员的访问要受到访问权限修饰符的限制。

在定义类的数据成员时，要注意以下几个问题。

（1）类中的数据成员可以是任意类型，包括基本类型及基本类型的数组、指针或引用，也可以是自定义类型，以及自定义类型的数组、指针或引用。但一个类的对象不可作为自身类的成员，而自身类的指针可作为该类的成员。例如：

```
class A{
    A a;              //错误
    A* pa;            //正确
};
```

原因是创建类的一个对象时，也要自动创建其成员的对象。

（2）类中不允许对数据成员进行初始化。例如：

```
class A{
    int a = 33;       //错误
};
```

对数据成员的初始化应该在类的构造函数中实现。在下一节将介绍构造函数。

（3）一个类中说明的多个数据成员之间不能重名。一个类作为一个作用域，不允许出现命名冲突。

（4）一般来说，类定义在前，使用在后。但如果类 A 中使用了类 B，而且类 B 也使用了类 A，应该怎样处理？此时就需要"前向引用说明"。例如：

```
class B;              //前向引用说明，B 是一个类
class A{
    ...
public:
    void f(B b);      //类 A 使用了类 B
};
class B{              //类 B 的说明
    ...
```

```
public:
    void g(A a);                    //类 B 使用了类 A
};
```

对于一个类，如何确定其数据成员至关重要，即一类对象应先确定要描述哪些属性和状态。下面从实际需求出发来分析几类对象的属性和状态。

- 把一个普通人作为一个对象时，就要描述其姓名、性别、出生日期、身份证号等属性。每一个人在任何时刻都具有这些属性的值来表示其状态。
- 把手机通讯录中的一个联系人作为一个对象，就要描述其姓名、固定电话、移动电话、电子邮箱等属性。
- 把一名大学生作为一个对象，除了要描述作为普通人的属性之外，还要描述其学号、专业、所在学院/系、入学日期、奖惩信息、课程成绩等属性。
- 把一名大学教师作为一个对象，除了要描述作为普通人的属性之外，还要描述其员工编号、专业、所在学院/系、职务、职称、开始工作日期、奖惩信息、代课信息等属性。
- 把一门大学课程作为一个对象，就要描述课程的名称、类别、编号、选修还是必修、学分、授课学时、上机学时、实践学时、上课学期、先修课程、内容简介等属性。
- 把二维平面上的一个点作为一个对象，就要描述其坐标，即（x, y）。每一个点都具有明确的坐标值来表示其状态。
- 把一个时刻作为一个对象，除了要描述日期的年、月、日属性之外，还要描述时、分、秒。

一般地，一个属性都表现为一个名词。类的一个属性表示了该类所有对象都持有的一项信息。每个属性都具有确定的类型。例如，姓名应是一个字符数组或字符串 string 类型；性别应该是一个字符 char；出生日期应该是一个 Date。有些属性可用基本类型表示，而有些属性就需要自定义类型。

一个属性的值可能是单个值，也可能是多个值。例如，一名大学生具有多门课程的成绩。

对于一个属性，应区分是原生属性还是派生属性。例如，一个人的出生日期是原生属性，而年龄只是一个派生属性，而不是原生属性，它可以由当前日期和出生日期计算出来，所以年龄一般不作为类的基本属性。可设置一个 getAge() 函数来返回一个人的年龄，而不能设计一个 int age 数据成员。

一个类的多个原生属性之间应该能独立改变，应尽量避免重复的或易产生冲突的设计。例如，对于一门大学课程，通常有下面计算公式：

授课学时+上机学时+实践学时=总学时；总学时/16=学分。

如果在类中将这五个属性都作为原生属性而独立改变，就可能违背上面公式。比较合理的设计是将授课学时、上机学时、实践学时作为原生属性，而用 getCredit() 函数来计算学分。

在描述一类对象的属性时，应根据实际需求完整地描述，不能遗漏重要属性，也不能描述不相关的数据。例如，通讯录中的联系人可能就不需要描述其性别、出生日期、身份证号等属性。

一个类中的数据成员是最重要的部分。在某种程度上，数据决定了该类的成员函数。

8.1.4　类的成员函数

在 C++中通常也把类的成员函数称为类的方法。成员函数的原型一般在类的定义中声明，在类的定义中声明其成员函数的语法与声明普通的函数所用的语法完全相同。方法的具体实现既可以在类的定义内部完成（这种方式定义的类的方法有时也称为类的内联函数），也可以在类的定义之外进行，而且方法的具体实现既可以和类的定义放在同一个源文件中，也可以放在不同的源文件中。

一个类的成员函数描述了该类对象的行为。对于一个类，一个成员函数表示了对该类对象所能执行的一种操作，目的是为了完成一项功能，而且向类外提供一种服务。

按面向对象设计惯例，类的成员函数一般是公有的，使该类的外部程序能调用。但成员函数内部实现的过程细节仍然不为外部程序所知。一个类的外部程序仅需知道该类中的公有成员函数的函数名、形参、返回值，就能调用这些成员函数来作用于特定对象。

在类的数据成员确定之后，设计一组成员函数有以下模式：

- 如果一个数据成员可以被改变，往往用一个 setXxx（一个形参）函数来实现，"Xxx"就是数据成员的名字，而且形参类型往往与数据成员的类型一致。
- 如果一个数据成员可被读取，往往用一个 getXxx()函数来返回这个数据成员，"Xxx"就是数据成员的名字，返回类型往往与数据成员的类型一致。
- 如果希望一个数据成员是只读的（read only），即不能改变，那么该数据成员应设为私有，再设计一个公有的 getXxx()函数来读取它。
- 如果要从已有数据成员中计算并返回一个值，往往用一个 getXxx()成员函数来实现。如果成员函数返回 bool 类型，往往用 isXxx()函数来实现。

在定义类的成员函数时，应注意以下问题：

（1）对于一个私有数组成员，不能用一个函数来返回一个指针指向该数组，这样外部程序就能随意改变各元素，那么私有可见性就形同虚设。例如：

```cpp
class A{
    int a[3];                               //私有数据
public:
    int* getA(){return a;}
    int getAvg(){return (a[0]+a[1]+a[2])/3;}
};


void main(){
    A a1;
    int *pa = a1.getA();
    pa[0] = 1;                              //私有数据在类外被改变
    pa[1] = 2;
    pa[2] = 3;
    cout<<a1.getAvg()<<endl;                //输出 2
}
```

（2）基于同样的理由，不要设计公有成员函数来返回类中私有数据成员的指针或引用，否则会使私有访问权限失效。例如：

```cpp
class A{
    double d;                               //私有数据
public:
    double *getD(){return &d;}              //返回私有数据的指针
    double &getDref(){return d;}            //返回私有数据的引用
};
void main(){
```

```
    A a1;
    double *dp = a1.getD();
    *dp = 3.4;                      //私有数据在类外被改变
    a1.getDref() = 4.5;             //私有数据在类外被改变
}
```

（3）如果在类体外定义成员函数，必须在成员函数名前加上类名和作用域运算符（::），但不要再添加可见性修饰符。作用域运算符用来标识一个成员属于某个类。格式如下：

<返回值> <类名>::<成员函数名>(<形参表>){…}

（4）一个类中的多个成员函数可以重载（overload），即函数名相同，但形参个数或类型不同。一个函数的名称及其形参应看作一个整体，称为该函数的基调或特征（signature）。一个类中的各个成员函数都具有不同的基调。

（5）对成员函数的最后几个形参能设置默认值，但在调用时应注意区别于重载函数。

（6）要调用一个成员函数，必须先确定一个作用对象，格式为：

<作用对象>.<成员函数名>(实参表)

【例 8-2】　设计一个类 Person 表示人，类图如图 8-3 所示。除了要表示一个人的姓名、性别、身份证号之外，还要表示一个人的出生日期，因此 Person 类使用了前面介绍的 Date 类，将 Date 类的一个对象作为自己的一个数据成员 birthdate。编程如下：

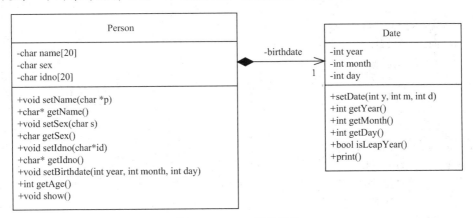

图 8-3　Person 类的设计

```
#include <iostream.h>
#include <string.h>
#include <time.h>
using namespace std;
class Date{                                   //先说明 Date 类
    int year, month, day;
public:
    void setDate(int y, int m, int d){
        year = y;
        month = m;
        day = d;
    }
    int getYear(){return year;}
```

```cpp
        int getMonth(){return month;}
        int getDay(){return day;}
        bool isLeapYear(){
            return year%400 == 0 || year%4 == 0 && year%100 != 0;
        }
        void print(){
            cout<<year<<"."<<month<<"."<<day;
        }
};

class Person{
    char name[20];
    char sex;                               //f=女性，m=男性，u=未知
    char idno[20];
    Date birthdate;
public:
    void setName(char *p){
        if (strlen(p) <= 19)
            strcpy(name, p);
        else
            strcpy(name, "unknown");
    }
    char * getName(){ return name; }
    void setSex(char s){
        if (s == 'm' || s == 'f')
            sex = s;
        else
            sex = 'u';
    }
    char getSex(){return sex;}
    void setIdno(char *id){
        if (strlen(id) == 15 || strlen(id) == 18 || strlen(id) == 19)
            strcpy(idno, id);
        else
            strcpy(idno, "unknown");
    }
    char * getIdno(){ return idno;}
    void setBirthdate(int year, int month, int day){
        birthdate.setDate(year, month, day);
    }
    int getAge(){
        time_t ltime;                       //说明 time_t 结构变量 ltime
        time(&ltime);                       //取得当前时间
        tm * today = localtime(&ltime);     //转换为本地时间
        int ctyear = today->tm_year + 1900; //取得当前年份
        return ctyear - birthdate.getYear(); //返回当前年龄
    }
    void show(){
```

```
            cout<< (sex=='f'?"她是":"他是" )<<getName()
                <<",身份证号为"<<getIdno()<<";";
            cout<<"出生日期为";
            birthdate.print();
            cout<<";年龄为"<<getAge()<<endl;
        }
    };
    void main(){
        Person a, b;
        a.setIdno("320113199004094814");
        a.setName("王翰");
        a.setSex('m');
        a.setBirthdate(1990,4,9);
        a.show();
        b = a;
        b.show();
        b.setIdno("320113198909024815");
        b.setName("李丽");
        b.setSex('f');
        b.setBirthdate(1989,9,2);
        b.show();
    }
```

执行程序，输出如下：

```
他是王翰,身份证号为320113199004094814;出生日期为 1990.4.9;年龄为 27
他是王翰,身份证号为320113199004094814;出生日期为 1990.4.9;年龄为 27
她是李丽,身份证号为320113198909024815;出生日期为 1989.9.2;年龄为 28
```

在 Person 类中对三个成员数据设计了一组函数。这些函数以 setXxx 或 getXxx 形式出现，称为访问函数。其中"Xxx"表示某个属性的名字。setXxx 函数称为设置函数（setter），用于改变某个属性的值。getXxx 函数称为读取函数（getter），用于读取某个属性的值。在面向对象编程中，这种编程模式经常出现。

对于这种模式有这样的疑问：对于一个属性，如 sex，既可以用 setSex 来改变，也能用 getSex 来读取，那为什么不把该属性设为公有（public），而要多加这两个访问函数？如果将该属性设为公有（public），这两个访问函数就无效了。但如果这样的话，我们就不能控制类外部程序任意来改变这个属性。我们对性别 sex 的值有如下约定：'f'表示女性，'m'表示男性，'u'表示未知，不允许有其他值。如果外部程序可任意改变的话，那么上面的约定就无效了。而外部程序想要合理使用 Person 类，就要自己建立约定，这样导致 Person 类仅仅是一个数据类，就与一个结构类型一样了，不能发挥封装性的作用。一个类对于外部程序必须建立合理的、足够的、明确的、稳定的约定。外部程序只需遵循这种约定，就能简化自己的设计。而不合理的约定、不充分的约定、含糊或者易变的约定都可能导致稍大规模的程序开发困难。

Person 类将 Date 类的一个对象 birthdate 作为自己的私有成员，但是 Person 类中的成员函数仍然不能直接访问对象 birthdate 中的私有成员：year、month 和 day，只能调用 Date 类中的公有函数。

Person 类中的 getAge 函数由出生日期来计算当前年龄，使用了 time.h 文件中定义的结构和函数。show 函数用于输出一个对象的当前状态，其中调用了本类中的一些函数和 Date 类的公有函数。

在 main 函数中创建了 Person 类的两个对象 a 和 b，然后分别调用公有成员函数来操作这两个对象。在 A 行将 a 赋给 b，就是将 a 的所有数据成员都复制给 b，所以前两行输出一样结果。

8.1.5　类与结构的区别

前面介绍了结构类型，只是定义了结构中的数据成员。这是传统 C 语言的用法。而 C++语言的结构类型中也能定义成员函数，就像类一样。结构中也可使用关键字 private、public 和 protected 来确定成员的可见性。

结构与类的一个重要区别是类成员的默认访问权限为私有（private），而结构成员的默认访问权限为公有（public）。另一个区别是说明一个结构变量可用花括号来初始化，但创建一个对象时则不能用花括号来初始化，只能用圆括号带实参来初始化，而这又需要编写构造函数才能实现。

如果只需描述一组相关数据，而不需要描述对这些数据的处理函数，建议使用结构类型，这样更简单。如果大多数的数据成员和成员函数都是公有的，也适合采用结构类型。如果要求规范的封装性就应使用类。面向对象设计和编程主要是使用类，C++程序也往往使用结构、枚举等类型，但很少用结构来替代类。

8.2　对象

如何使用一个类？先创建该类的若干对象，然后操作这些对象来完成计算。下面介绍如何创建对象以及如何访问对象的成员。

8.2.1　对象的创建

对象是什么？一个对象（object）是某个类的一个实例。那么实例是什么？一个实例（instance）是某个类型经实例化所产生的一个实体。例如，3 就是 int 类型的一个实例。但通常 3 并不作为一个对象，这是因为 int 并不是一个类，而是一种类型。一个类是一种类型，但并非每一种类型都是类。

一个对象必须属于某个已知的类。在创建一个对象时，必须先说明该对象所属的类。创建一个新对象就是一个类的实例化。创建对象的一种格式如下：

<类名><对象名>[(<实参表>)];

其中，<类名>是对象所属类的名字。<对象名>中可以有一个或多个对象名，多个对象名之间用逗号分隔。一个对象名之后可以用一对圆括号说明<实参表>，用来初始化该对象的一些数据成员，但这需要定义类的构造函数。

创建一个对象数组的格式为：

<类名><对象数组名>[正整数常量];

例如，对于前面介绍的 Person 类，有下面代码：

```
Person a, b;              //创建两个 Person 对象
Person ps[20];            //创建一个数组，包含 20 个 Person 对象作为该数组的元素
Person *pa = &a;          //说明 Person 类的一个指针，并指向对象 a
```

```
Person &rb = b;              //说明 Person 类的一个引用，并作为对象 b 的别名
Person *pa2 = new Person;    //用 new 动态创建一个对象
delete pa2;                  //用 delete 撤销一个对象
```

这种创建对象格式与前面介绍的基本类型和结构类型说明变量格式一样，不过后面还将介绍特殊的格式。

一个对象具有封装性，如图 8-4 所示。一个对象描述为一个封装体，先说明对象的名字并在冒号后说明它所属的类名，用下画线表示它是一个实例。然后描述各个数据成员的名字及值。在描述一个对象时不需要描述其成员函数，这是因为同一类对象的成员函数都来自类的定义。实际上，创建对象时才需要为对象占据一块连续内存空间，这一块内存空间仅存放数据成员，而不包括成员函数，因此 sizeof(Person)与 sizeof(a)是一样的。

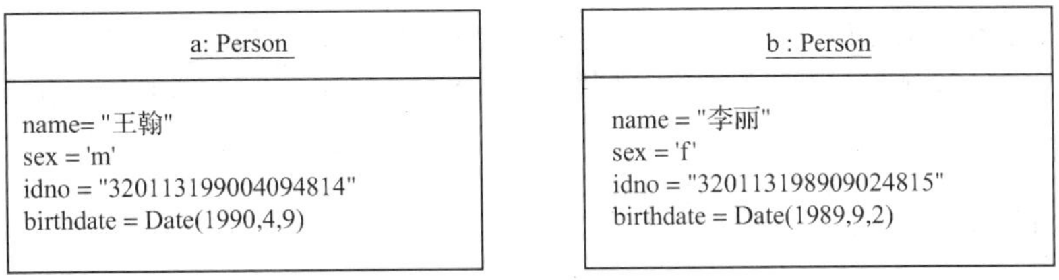

a: Person	b : Person
name= "王翰" sex = 'm' idno = "320113199004094814" birthdate = Date(1990,4,9)	name = "李丽" sex = 'f' idno = "320113198909024815" birthdate = Date(1989,9,2)

图 8-4　两个对象的结构

一个对象内可以包含其他类的一个或多个对象作为其成员对象。例如，一个 Person 对象就包含了一个 Date 对象作为其成员对象。

8.2.2　访问对象的成员

"new" 是 C++的一个关键字，同时也是操作符。new 运算符用于动态分配内存，它分配足够的内存，用来放置某类型的对象，同时调用一个构造函数，为刚才分配的内存中的那个对象设定初始值。new 运算符的一般用法为：

```
new 类型 [初值]
```

其主要用法如下（详见 8.10 节）：
（1）开辟单变量地址空间：

```
new int;                 //开辟一个存放数组的存储空间，返回一个指向该存储空间的地址
int *a = new int;        //将一个 int 类型的地址赋值给整型指针 a
int *a = new int(5)
```

作用同上，但是同时将整数赋值为 5。
（2）开辟数组空间：

```
一维: int *a = new int[100];开辟一个大小为 100 的整型数组空间。
二维: int **a = new int[5][6];
```

操作一个对象是通过访问该对象的成员来实现的。一个对象的成员就是该对象的类中所定义的成员，包括数据成员和成员函数。如何访问对象的成员？说明对象后，就可以使用 "." 运算符或者 "->" 运算符来访问对象的成员。其中，"." 运算符适用于一般对象和对象引用，而 "->" 运算符适用于对象指针。访问对象成员的一般格式如下：

```
<对象名>.<数据成员名>           或    <对象指针> -> <数据成员名>
<对象名>.<成员函数名>(<实参表>)   或    <对象指针> -> <成员函数名>(<实参表>)
```

无论哪一种格式都要求符合成员的访问权限控制。例如，假设 a 是 Person 类的一个对象：

```
a.setName("王翰");
```

对象 a 调用了成员函数 setName，或者说，调用成员函数 setName 作用于对象 a。注意，这个操作不能理解为对象 a 自己调用了成员函数 setName。

由于成员函数 setName 是公有的，所以这条语句（确切地说，该表达式）可以出现在任何地方。反之，如果被访问的成员是私有的，那么该表达式只能出现在该类的内部。

也可以通过对象指针来访问成员。例如，假设 pa 指向对象 a：

```
pa -> setSex('m');
```

用指针访问成员也能等价表示为指针间接引用方式，形式上有所不同，但本质上是相同的。

<对象指针> -> <数据成员名>	等价于	(*<对象指针>).<数据成员名>
<对象指针> -> <成员函数名>(<实参表>)	等价于	(*<对象指针>).<成员函数名>(<实参表>)

上面语句等价于下面语句：

```
(*pa).setSex('m');
```

可以看出，访问对象成员与访问结构体变量的成员是相同的。

一次只能操作一个对象的成员，没有简单办法能同时操作多个对象。

【例 8-3】 描述二维平面上的点 Point，一个点作为一个对象。建立一个 Point 类。Point 类的设计如图 8-5 所示，不仅能表示点的相对移动，还能计算两个点之间的距离。编程如下：

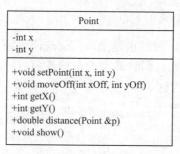

图 8-5　Point 类的结构

```cpp
#include <iostream.h>
#include <math.h>
class Point{
    int x, y;
public:
    void setPoint(int x, int y){              //设置坐标
        this->x = x;
        this->y = y;
    }
    void moveOff(int xOff, int yOff){         //相对移动
        x += xOff;
        y += yOff;
    }
    int getX() { return x; }
    int getY() { return y; }
```

```
        double distance(Point & p){              //计算当前点与另一个点 p 之间的距离
            double xdiff, ydiff;
            xdiff = x - p.x;                      //访问 p 对象的私有成员 x
            ydiff = y - p.y;                      //访问 p 对象的私有成员 y
            return sqrt(xdiff*xdiff + ydiff*ydiff);
        }
        void show(){                             //显示当前点对象的坐标
            cout<<"("<<getX()<<","<<getY()<<")"<<endl;
        }
};

void main(void){
    Point p1, p2;
    p1.setPoint(1,2);
    p2.setPoint(3,4);
    cout<<"p1 is "; p1.show();
    cout<<"p2 is "; p2.show();
    cout<<"Distance is "<<p1.distance(p2)<<endl;//A
    p1.moveOff(5,6);
    p2.moveOff(7,8);
    cout<<"after move"<<endl;
    cout<<"p1 is "; p1.show();
    cout<<"p2 is "; p2.show();
    cout<<"Distance is "<<p1.distance(p2)<<endl;//B
}
```

执行程序，输出如下：

```
p1 is (1,2)
p2 is (3,4)
Distance is 2.82843
after move
p1 is (6,8)
p2 is (10,12)
Distance is 5.65685
```

成员函数 setPoint 用来设置坐标位置，其中使用了 this->x 来表示当前对象的 x 坐标，下一节将介绍 this 指针的作用。

成员函数 distance 用来计算当前点与形参点 p 之间的距离。在 A 行和 B 行调用了此函数，p1 作为当前对象，而将 p2 作为实参，这与 p2.distance(p1) 结果一样。

8.2.3　类与对象的关系

类是创建对象的样板，由这个样板可以创建多个具有相同属性和行为的对象。类是对对象的抽象描述，类中包含了创建对象的具体方法。在运行时刻，类是静态的，不能改变的。一个类的标识就是类的名称。C++ 程序中的类都是公共的，可以随时对一个类创建对象。

一个对象是某个类的一个实例。创建一个对象的过程被称为某个类的一次实例化。在运行时刻，对象才真正存在。对象是动态的，具有一定的生存期。一个对象在其生存期中不能改变它所属的类。每个对象都具有内在的对象标识，称为 OID（object identity），由系统管理。程序员要通过对象的名字、数组下标、指针或引用来区分对象。

某个类的多个对象分别持有自己的成员变量的值，相互间是独立的。例如，Point p1, p2; 创建了两个对象，这两个对象分别持有自己的 x 和 y。当执行 p1.setPoint(1,2);语句，改变 p1 的 x 和 y 时，对其他对象没有影响。但是我们不能认为每个对象都持有一份成员函数的副本。例如，执行 p2.setPoint(3,4);看起来 p1 和 p2 分别持有自己的 setPoint 函数，实际上不论创建多少对象，成员函数的空间只在多个对象之间共享，而没有独立的副本，否则内存空间浪费太大，也没有这个必要。

8.3 this 指针

this 指针

在前面 Point 类中说明了 setPoint 成员函数如下：

```
void setPoint(int x, int y){
    this->x = x;
    this->y = y;
}
```

函数体中的 this 是什么？C++为每个成员函数都提供了一个特殊的对象指针——this 指针，它指向当前作用对象，使成员函数能通过 this 指针来访问当前对象的各成员。this 指针的类型为："class <类名>*"。

其中，<类名>就是当前类的名字。另外，this 指针是常量，不能在函数中改变它，使其指向其他对象，它只能指向当前作用对象。

当前作用对象是什么？当前作用对象就是由成员函数调用时所确定的一个对象。例如，当程序执行 p1.setPoint(1,2);时，p1 对象就是 setPoint 函数的当前作用对象，也称为当前对象。每个非静态的成员函数在运行时都要确定一个当前作用对象，所以在每个非静态的成员函数内都可以使用 this 指针。

this 指针是隐含的，它隐含于每个类的成员函数中。例如，另一个成员函数：

```
void moveOff(int xOff, int yOff){
    x += xOff;        //等价于 this->x += xoff;
    y += yOff;        //等价于 this->y += yoff;
}
```

函数体中的访问成员 x 和 y 都隐含着 "this->x" 和 "this->y"，表示访问当前作用对象的 x 和 y。当调用一个对象的成员函数时，编译程序先将对象的地址赋给 this 指针，然后调用该成员函数，每次成员函数访问数据成员时，则隐含地使用了 this 指针。

通常，this 指针的使用都是隐含的，但在特定场合必须显式地使用它。例如，上面的 setPoint 函数。如果省去 "this->"，将变成 "x = x; y = y;"。而这里的 x 和 y 指的是函数的形参，而不是类 Point 的成员。语法虽然没有错，但达不到给成员 x 和 y 赋值的目的。所以 setPoint 函数中不能省略 "this->"。

关于 this 指针的使用要说明两点。

（1）this 指针是一个 const 型常量指针，因此在成员函数内不能改变 this 指针的值，但能通过 this 指针来改变对象的值，就像 "this->x = x;"。

（2）只有非静态成员函数才有 this 指针，静态成员函数没有 this 指针。

8.4　构造函数

构造函数是一个计算机术语，是一种特殊的方法，主要用来在创建对象时初始化对象。构造函数的命名必须和类名完全相同，而一般方法则不能和类名相同。

C++语言为类提供的构造函数可自动完成对象的初始化任务，全局对象和静态对象的构造函数在 main 函数执行之前就被调用，局部静态对象的构造函数是当程序第一次执行到相应语句时才被调用。然而给出一个外部对象的引用性声明时，并不调用相应的构造函数，因为这个外部对象只是引用在其他地方声明的对象，并没有真正地创建一个对象。

C++的构造函数定义格式为：

```
class <类名>
{
public:
<类名>(参数表)
//…（还可以声明其他成员函数）
};
<类名>::<函数名>(参数表)
{
//函数体
}
```

如以下定义是合法的：

```
class T
{
public:
T(int a=0){i=a;}        //构造函数允许直接写在类定义内，也允许有参数表
private:int i;
};
```

如果一个类中没有定义任何的构造函数，那么编译器只有在以下三种情况，才会提供默认的构造函数：

（1）如果类有虚拟成员函数或者虚拟继承父类（即有虚拟基类）；

（2）如果类的基类有构造函数（可以是用户定义的构造函数，或编译器提供的默认构造函数）；

（3）在类中的所有非静态的对象数据成员，它们对应的类中有构造函数（可以是用户定义的构造函数，或编译器提供的默认构造函数）。

```
<类名>::<类名>(){}
```

即不执行任何操作。

【例 8-4】　C++构造函数举例。

```
#include <iostream>
using namespace std ;
class time
```

```
{
    public :
    //constructor 构造函数
    time()
    {
        hour=0 ;
        minute=0 ;
        sec=0 ;
    }
    void set_time();
    void show_time();
    private :
    int hour ;
    int minute ;
    int sec ;
};
int main()
{
    class time t1 ;
    t1.show_time();
    t1.set_time();
    t1.show_time();
    return 0 ;
}
void time :: set_time()
{
    cin>>hour ;
    cin>>minute ;
    cin>>sec ;
}
void time :: show_time()
{
    cout<<hour<<":"<<minute<<":"<<sec<<endl ;
}
```

程序运行结果：

```
0: 0: 0
10 11 11
10: 11: 11
```

任何时候，只要创建类或结构，就会调用它的构造函数。类或结构可能有多个接受不同参数的构造函数。构造函数使得程序员可设置默认值、限制实例化及编写灵活且便于阅读的代码。

8.5　析构函数

析构函数（destructor）与构造函数相反，当对象脱离其作用域时（如对象所在的函数已调用完毕），系统自动执行析构函数。

析构函数往往用来做"清理善后"的工作（例如，在建立对象时用 new 开辟了一片内存空间，应在退出前在析构函数中用 delete 释放）。

析构函数名也应与类名相同，只是在函数名前面加一个位取反符~，如~stud()，以区别于构造函数。它不能带任何参数，也没有返回值（包括 void 类型）。只能有一个析构函数，不能重载。如果用户没有编写析构函数，编译系统会自动生成一个默认的析构函数（即使自定义了析构函数，编译器也总是会为我们合成一个析构函数，并且如果自定义了析构函数，编译器在执行时会先调用自定义的析构函数再调用合成的析构函数），它也不进行任何操作。所以许多简单的类中没有用显式的析构函数。

C++当中的析构函数格式如下：

```
class<类名>
{
    public :
    ~<类名>();
};
<类名>::~<类名>()
{
    //函数体
}
```

如以下定义是合法的：

```
class T
{
    public :
    ~T()
};
T ::~T()
{
    //函数体
}
```

当程序中没有析构函数时，系统会自动生成以下析构函数：<类名>::~<类名>(){}，即不执行任何操作。

下面通过一个例子来说明析构函数的作用。

```
#include<iostream>
using namespace std ;
class T
{
    public :
    ~T()
    {
        cout<<"析构函数被调用。" ;
    }
    //为了简洁，函数体可以直接写在定义的后面
};
```

```
int main()
{
    T*t=new T ;
    //建立一个 T 类的指针对象 t
    delete t ;
    cin.get();
}
```

析构函数被调用，cin.get()表示从键盘读入一个字符，为了让我们能够看得清楚结果。当然，析构函数也可以显式地调用，如（*t）.~T; 也是合法的。

C++语言析构语言实例，包含构造函数和析构函数的 C++程序。

```
#include<cstring>
#include<iostream>
using namespace std ;
//声明一个类
class stud
{
    private :
    //私有部分
    int num ;
    char name[10];
    char sex ;
    public :
    //公用部分
    //构造函数
    stud(int n,char nam[],char s)
    {
        num=n ;
        strcpy(name,nam);
        sex=s ;
    }
    //析构函数
    ~stud()
    {
        cout<<"stud has been destructe!"<<endl ;
        //通过输出提示告诉我们析构函数确实被调用了
    }
    //成员函数，输出对象的数据
    void display()
    {
        cout<<"num: "<<num<<endl ;
        cout<<"name: "<<name<<endl ;
        cout<<"sex: "<<sex<<endl ;
    }
};
void main()
{
```

```
        stud stud1(10010,"Wang-li",'f'),stud2(10011,"Zhang-fun",'m');
        //建立两个对象
        stud1.display();
        //输出学生 1 的数据
        stud2.display();
        //输出学生 2 的数据
}
//主函数结束的同时，对象 stud1、stud2 均应被"清理"，而清理就是通过调用了析构函数实现的
```

输出结果：num: 10010

name: Wang-li

sex: f

num: 10011

name: Zhang-fun

sex: m

stud has been destructe!

stud has been destructe!

现在把类的声明放在 main 函数之前，它的作用域是全局的。这样做可以使 main 函数更简练一些。在 main 函数中定义了两个对象并且给出了初值，然后输出两个学生的数据。当主函数结束时调用析构函数，输出 stud has been destructe!。值得注意的是，真正实用的析构函数一般是不含有输出信息的。

在本程序中，成员函数是在类中定义的，如果成员函数的数目很多以及函数的长度很长，类的声明就会占很大的篇幅，不利于阅读程序。而且为了隐藏实现，一般有必要将类的声明和实现（具体方法代码）分开编写，这也是一个良好的编程习惯。即可以在类的外面定义成员函数，而在类中只用函数的原型做声明。

8.6 调用构造函数和析构函数的顺序

对象是由"底层向上"开始构造的，当建立一个对象时，首先调用基类的构造函数，然后调用下一个派生类的构造函数，以此类推，直至到达自身为止。因为，构造函数一开始构造时，总是要调用它的基类的构造函数，然后才开始执行其构造函数体。调用直接基类构造函数时，如果无专门说明，就调用直接基类的默认构造函数。在对象析构时，其顺序正好相反。

8.6.1 实例 1

1. 代码

```
#include<iostream>
using namespace std;
class point
{
private:
    int x,y;                                //数据成员
public:
```

```
        point(int xx=0,int yy=0)                //构造函数
        {
            x=xx;
            y=yy;
            cout<<"构造函数被调用"<<endl;
        }
        point(point &p);                        //复制构造函数，参数是对象的引用
        ~point(){cout<<"析构函数被调用"<<endl;}
        int get_x(){return x;}                  //方法
        int get_y(){return y;}
};
point::point(point &p)
{
    x=p.x;                                      //将对象 p 的变量赋值给当前成员变量
    y=p.y;
    cout<<"复制构造函数被调用"<<endl;
}
void f(point p)
{
    cout<<p.get_x()<<"   "<<p.get_y()<<endl;
}
point g()                                       //返回类型是 point
{
    point a(7,33);
    return a;
}
void main()
{
    point a(15,22);
    point b(a);                                 //构造一个对象，使用复制构造函数
    cout<<b.get_x()<<"   "<<b.get_y()<<endl;
    f(b);
    b=g();
    cout<<b.get_x()<<"   "<<b.get_y()<<endl;
}
```

2. 运行结果

程序运行结果如图 8-6 所示。

图 8-6　程序运行结果

8.6.2 实例 2

1. 代码

```cpp
#include <iostream>
using namespace std;
//基类
class CPerson
{
    char *name;                     //姓名
    int age;                        //年龄
    char *add;                      //地址
public:
    CPerson(){cout<<"constructor - CPerson! "<<endl;}
    ~CPerson(){cout<<"deconstructor - CPerson! "<<endl;}
};
//派生类（学生类）
class CStudent : public CPerson
{
    char *depart;                   //学生所在的系
    int grade;                      //年级
public:
    CStudent(){cout<<"constructor - CStudent! "<<endl;}
    ~CStudent(){cout<<"deconstructor - CStudent! "<<endl;}
};
//派生类（教师类）
//class CTeacher : public CPerson   //继承 CPerson 类，两层结构
class CTeacher : public CStudent    //继承 CStudent 类，三层结构
{
    char *major;                    //教师专业
    float salary;                   //教师的工资
public:
    CTeacher(){cout<<"constructor - CTeacher! "<<endl;}
    ~CTeacher(){cout<<"deconstructor - CTeacher! "<<endl;}
};
//实验主程序
void main()
{
    //CPerson person;
    //CStudent student;
    CTeacher teacher;
}
```

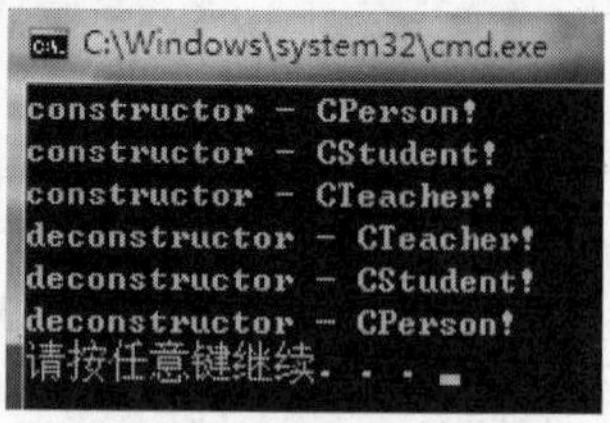

图8-7 程序运行结果

2. 运行结果

程序运行结果如图 8-7 所示。

3. 说明

在实例 2 中，CPerson 是 CStudent 的父类，而 CStudent 又是 CTeacher 的父类，那么在创建 CTeacher 对象的时候，首先调用基类也就是 CPerson 的构造函数，然后按照层级，一层一层下来。关于派生的概念详见第 10 章。

8.7　对象数组

在 ANSI C 中，把具有相同结构类型的结构变量有序地集合起来便组成了结构数组。在 ANSI C++中，与此类似将具有相同 class 类型的对象有序地集合在一起便组成了对象数组，对于一维对象数组也称为"对象向量"，因此对象数组的每个元素都是同种 class 类型的对象。

1. 对象数组的定义

其定义格式为：

<存储类><类名>对象数组名[元素个数]…[= {初始化列表}];

其中，<存储类>是对象数组元素的存储类型，与变量一样有 **extern** 型、**static** 型和 **auto** 型等，该对象数组元素由<类名>指明所属类，与普通数组类似，方括号内给出某一维的元素个数。对象向量只有一个方括号，二维对象数组有两个方括号，以此类推。

```
#include class Point{
int x,y ;
public :
Point(void)
{
    x=y=0 ;
}
Point(int xi,int yi)
{
    x=xi ;
    y=yi ;
}
Point(int c)
{
    x=y=c ;
}
Void Print()
{
    static int i=0
    cout<<"P"<<i++<<"("<<x<<","<<y<<")\n" ;
}
```

```
};
void main()
{
Point Triangle[3]=
{
    Point(0,0),Point(5,5),Point(10,0)
};
int k=0 ;
cout<<"输出显示第"<<++k<<"个三角形的三顶点:\n" ;
for(int i=0;i<3;i++)Triangle[i].Print();
Triangle[0]=Point(1);
Triangle[1]=6 ;
cout<<"输出显示第"<<++k<<"个三角形的三顶点:\n" ;
for(i=0;i<3;i++)Triangle[i].Print();
Point Rectangle[2][2]=
{
    Point(0,0),Point(0,6),Point(16,6),Point(16,0)
};
cout<<"输出显示一个矩形的四顶点:\n" ;
for(i=0;i<2 i++)
for(int j=0;j<2;j++)Rectangle[i][j].Print();
cout<<"输出显示 45 度直线上的三点:\n" ;
Point Line45[3]=
{
    0,1,2
};
for(i=0;i<3;i++)Line45[i].Print();
Point PtArray[3];
cout<<"输出显示对象向量 PtArray 的三元素:\n" ;
for(i=0;i<3;i++)PtArray[i].Print();
}
```

程序运行结果：

输出显示第 1 个三角形的三顶点 : P0(0 , 0) P1(5 , 5) P2(10 , 0)

输出显示第 2 个三角形的三顶点 : P3(1 , 1) P4(6 , 6) P5(11 , 1)

输出显示一个矩形的四顶点 : P6(0 , 0) P7(0 , 6) P8(16 , 6) P9(16 , 0)

输出显示 45 度直线上的三点 : P10(0 , 0) P11(1 , 1) P12(2 , 2)

输出显示对象向量 PtArray 的三元素 : P13(0 , 0) P14(0 , 0) P15(0 , 0)

2．对象数组的初始化

（1）当对象数组所属类含有带参数的构造函数时，可用初始化列表按顺序调用构造函数初始化对象数组的每个元素。如上例中：

```
Point Triangle[3] = {Point(0, 0), Point(5, 5),Point(10, 0)};
Point Rectangle[2][2] = {Point(0, 0),  Point(0, 6),Point(16,6),Point(16,0)};
```

也可以先定义后给每个元素赋值，其赋值格式为：

对象数组名[行下标] [列下标] = 构造函数名(实参表);

例如：

```
Rectangle[0][0] = Point(0, 0);  Rectangle[0][1] = Point(0, 6);
Rectangle[1][0] = Point(16, 6); Rectangle[1][1] = Point(16, 0);
```

（2）若对象数组所属类含有单个参数的构造函数时，如上例中"Point(int c);"，该构造函数置 x 和 y 为相同的值，那么对象数组的初始化可简写为：

```
Point Line45[3] = {0, 1, 2}; Point Triangle[3] = {0,//Call Point(0) 5,//Call Point(5) Point(10, 0)};
```

（3）对象数组创建时若没有初始化列表，其所属类中必须定义无参数的构造函数，在创建对象数组的每个元素时自动调用它。如上例中在执行"Point PtArray[3];"语句时，调用 Point(void)，初始化对象数组 PtArray[ ]的每个对象为（0,0）。

（4）如果对象数组所属类含有析构函数，那么每当建立对象数组时，按每个元素的排列顺序调用构造函数；每当撤销数组时，按相反的顺序调用析构函数。

```
#include class Personal{
char name[20];
public:
Personal(char*n)
{
    strcpy(name,n);
    cout<<name<<"says hello!\n" ;
}
~Personal(void)
{
    cout<<name<<"says goodbye!\n" ;
}
};
Void main()
{
cout<<"创建对象数组，调用构造函数:\n" ;
Personal people[3]=
{
    "Wang","Li","Zhang"
};
cout<<"撤销对象数组，调用析构函数:\n" ;
}
```

程序运行结果：

创建对象数组，调用构造函数：Wang says hello！Li says hello！Zhang says hello！撤销对象数组，调用析构函数：Zhang says goodbye！Li says goodbye！Wang says goodbye！

对象数组是指一个数组元素都是对象的数组，创建对象数组的时候只能调用默认构造函数初始化对象。

```
#include<iostream>
using namespace std ;
class MyClass
```

```cpp
{
    int value ;
    public :
    MyClass(int i)
    {
        value=i ;
    }
    MyClass()
    {
        value=0 ;
    }
    int getvalue()
    {
        return value ;
    }
    void setvalue(int v)
    {
        value=v ;
    }
};
int main()
{
    MyClass a[10]=
    {
        0,1,2,3,4,5,6,7,8,9
    }   ,b[10];
    cout<<"输出 a: "<<endl ;
    for(int i=0;i<10;i++)
    {
        cout<<"a["<<i<<"]="<<a[i].getvalue()<<" " ;
        if((i+1)%5==0)
        cout<<endl ;
    }
    cout<<"输出 b: "<<endl ;
    for(i=0;i<10;i++)
    {
        cout<<"b["<<i<<"]="<<b[i].getvalue()<<" " ;
        if((i+1)%5==0)
        cout<<endl ;
    }
    return 0 ;
}
```

8.8　对象指针

8.8.1　对象指针和对象引用

指向类的成员的指针，在 C++中，可以说明指向类的数据成员和成员函数的指针。
指向数据成员的指针格式如下：

<类型说明符><类名>::*<指针名>

指向成员函数的指针格式如下：

<类型说明符>(<类名>::*<指针名>)(<参数表>)

例如，设有如下一个类 A：

```
    class A
{
    public :
    int fun(int b)
    {
        return a*c+b ;
    }
    Λ(int i)
    {
        a=i ;
    }
    int c ;
    private :
    int a ;
};
```

定义一个指向类 A 的数据成员 c 的指针 pc，其格式如下：

int A:: *pc = &A::c;

再定义一个指向类 A 的成员函数 fun 的指针 pfun，其格式如下：

int (A:: *pfun)(int) = A::fun;

由于类不是运行时存在的对象，因此，在使用这类指针时，需要首先指定 A 类的一个对象，然后，通过对象来引用指针所指向的成员。例如，给 pc 指针所指向的数据成员 c 赋值 8，可以表示如下：

A a;
a.*pc = 8;

其中，运算符.*是用来对指向类成员的指针操作该类的对象的。如果使用指向对象的指针来对指向类成员的指针进行操作，则使用运算符->*。例如：

```
A *p = &a;        //a 是类 A 的一个对象, p 是指向对象 a 的指针
p ->* pc = 8;
```

让我们再看看指向一般函数的指针的定义格式：

<类型说明符>*<指向函数指针名>(<参数表>)

给指向函数的指针赋值的格式如下：

<指向函数的指针名>=<函数名>

在程序中，使用指向函数的指针调用函数的格式如下：

(*<指向函数的指针名>)(<实参表>)

如果是指向类的成员函数的指针，还应加上相应的对象名和对象成员运算符。下面给出一个使用指向类成员指针的例子。

```
#include<iostream.h>
class A
{
    public :
    A(int i)
    {
        a=i ;
    }
    int fun(int b)
    {
        return a*c+b ;
    }
    int c ;
    private :
    int a ;
};
void main()
{
    A x(8);
    //定义类 A 的一个对象 x
    int A ::*pc ;
    //定义一个指向类数据成员的指针 pc
    pc=&A :: c ;
    //给指针 pc 赋值
    x.*pc=3 ;
    //用指针方式给类成员 c 赋值为 3
    int(A ::*pfun)(int);
    //定义一个指向类成员函数的指针 pfun
    pfun=A :: fun ;
    //给指针 pfun 赋值
    A*p=&x ;
    //定义一个对象指针 p, 并赋初值为 x
    cout<<(p->*pfun)(5)<<endl ;
```

```
        //用对象指针调用指向类成员函数指针 pfun 指向的函数
}
```

以上程序定义了好几个指针，虽然它们都是指针，但是所指向的对象是不同的。p 是指向类的对象；pc 是指向类的数据成员；pfun 是指向类的成员函数。因此，它们的值也是不相同的。

8.8.2　对象指针和对象引用做函数参数

1. 对象指针做函数参数

使用对象指针做函数参数要比使用对象做函数参数更普遍一些，因为使用对象指针做函数参数有如下两点好处：

（1）实现传址调用。可在被调用函数中改变调用函数的参数对象的值，实现函数之间的信息传递。

（2）使用对象指针实参。仅将对象的地址值传给形参，而不进行副本的复制，这样可以提高运行效率，减少时空开销。

当形参是指向对象指针时，调用函数的对应实参应该是某个对象的地址值，一般使用&后加对象名。下面举例说明对象指针做函数参数的格式。

```cpp
#include<iostream.h>
class M
{
    public :
    M()
    {
        x=y=0 ;
    }
    M(int i,int j)
    {
        x=i ;
        y=j ;
    }
    void copy(M*m);
    void setxy(int i,int j)
    {
        x=i ;
        y=j ;
    }
    void print()
    {
        cout<<x<<","<<y<<endl ;
    }
    private :
    int x,y ;
};
void M :: copy(M*m)
{
    x=m->x ;
```

```
        y=m->y ;
    }
void fun(M m1,M*m2);
void main()
{
    M p(5,7),q ;
    q.copy(&p);
    fun(p,&q);
    p.print();
    q.print();
}
void fun(M m1,M*m2)
{
    m1.setxy(12,15);
    m2->setxy(22,25);
}
```

程序运行结果：

```
5,7
22,25
```

从运行结果可以看出，当在被调用函数 fun 中改变了对象的数据成员值[m1.setxy(12,15)]和指向对象指针的数据成员值[m2->setxy(22, 25)]以后，可以看到只有指向对象指针做参数所指向的对象被改变了，而另一个对象做参数，形参对象值改变了，可实参对象值并没有改变，因此输出上述结果。

2. 对象引用做函数参数

在实际中，使用对象引用做函数参数要比使用对象指针做函数参数更普遍，这是因为使用对象引用做函数参数具有用对象指针做函数参数的优点，而用对象引用做函数参数将更简单、更直接，所以，在 C++编程中，人们喜欢用对象引用做函数参数，现举一例说明对象引用做函数参数的格式。

```
#include<iostream.h>
class M
{
    public :
    M()
    {
        x=y=0 ;
    }
    M(int i,int j)
    {
        x=i ;
        y=j ;
    }
    void copy(M&m);
    void setxy(int i,int j)
```

```
        {
            x=i ;
            y=j ;
        }
        void print()
        {
            cout<<x<<","<<y<<endl ;
        }
        private :
        int x,y ;
};
void M :: copy(M&m)
{
    x=m.x ;
    x=m.y ;
}
void fun(M m1,M&m2);
void main()
{
    M p(5,7),q ;
    q.copy(p);
    fun(p,q);
    p.print();
    q.print(),
}
void fun(M m1,M&m2)
{
    m1.setxy(12,15);
    m2.setxy(22,25);
}
```

该例与上面的例子输出相同的结果，只是调用时的参数不一样。

8.9   共用数据的保护

8.9.1   常对象

定义：

```
const 类型名    对象名；
类型名    const    对象名；
```

例如：

```
const    int    i=10;
int    const    i=10;
const    Point a;
Point const    b(1,4);
```

常对象：常类型的对象必须进行初始化，而且不能被更新。常对象必须要有初值，例如：

Time const t1（12，34，46）；　　　　　//定义 t1 是常对象

这样，在 t1 的生命周期中，对象 t1 中的所有数据成员的值都不能被修改。凡希望保证数据成员不被改变的对象，可以声明为常对象。

定义常对象的一般形式为：

类名　const　对象名 [（实参表）]；

也可以把 const 写在最左面，二者等价。

const　类名　对象名[（实参表）]；

在定义常对象时，必须同时对之初始化，之后不能改变。

8.9.2　常成员函数

声明格式：

类型说明符　函数名（参数表）const；

const 是函数类型的一个组成部分，因此在实现部分也要带 const 关键字。

常成员函数不能修改对象的数据成员，不能调用非常成员函数，const 关键字可以被用于对重载函数的区分：

```
void   Print ();
void   Print()   const;
```

通过常对象只能调用它的常成员函数。其定义与普通常类型数据的定义相同。注意，常数据成员必须在构造函数中，用初始化列表对其进行初始化。例如：

```
#include<iostream>
using namespace std ;
class A
{
    public :
    A(int i);
    void print();
    const int&r ;
    private :
    const int a ;
    //常数据成员
    static const int b ;
    //静态常数据成员
};
const int A :: b=10 ;
//静态数据成员初始化
A :: A(int i):
a(i),r(a)
{
}
```

```
//构造函数，初始化列表初始化常数据成员
void A :: print()
{
        cout<<a<<":"<<b<<":"<<r<<endl ;
}
int main()
{
        A a1(100),a2(0);
        a1.print();
        a2.print();
}
```

常引用定义：

```
const   类型名      &引用名=对象名;          //定义一个对指定对象的常引用
```

特点：引用是原变量（对象）的别名，两者存取的是同一段内存空间。常引用不可修改被引用对象，但不影响原对象自己对自己的修改。例如：

```
int    x=10;
        const   int    refx=x;
        refx++;
        x++;
```

若是对象的常引用，则不仅不可修改对象，而且不可调用非 const 成员函数。

示例：常引用通常用于作为形参。避免形参修改实参，避免传值调用时，生成原对象副本，系统开销大。

```
#include<iostream>
using namespace std;
void display(const double& r);
int main()
{    double d(9.5);
      display(d);
      return 0;
}
void display(const double& r)                    //常引用做形参，在函数中不能更新 r 所引用的对象
{    cout<<r<<endl;     }
```

8.10　对象的动态建立和释放

使用类名定义的对象都是静态的，在程序运行过程中，对象所占的空间是不能随时释放的。但有时人们希望在需要用到对象时才建立对象，在不需要用该对象时就撤销它，释放它所占的内存空间以供别的数据使用。这样可提高内存空间的利用率。

在 C++中，可以使用 new 运算符动态地分配内存，用 delete 运算符释放这些内存空间（请查看：C++动态分配内存（new）和撤销内存（delete））。这也适用于对象，可以用 new 运算符动态建立对象，用 delete 运算符撤销对象。

如果已经定义了一个 Box 类，可以用下面的方法动态地建立一个对象：

```
new Box;
```

编译系统开辟了一段内存空间，并在此内存空间中存放一个 Box 类对象，同时调用该类的构造函数，以使该对象初始化（如果已对构造函数赋予此功能的话）。

但是此时用户还无法访问这个对象，因为这个对象既没有对象名，用户也不知道它的地址。这种对象称为无名对象，它确实是存在的，但它没有名字。

用 new 运算符动态地分配内存后，将返回一个指向新对象的指针的值，即所分配的内存空间的起始地址。用户可以获得这个地址，并通过这个地址来访问这个对象。需要定义一个指向本类的对象的指针变量来存放该地址。例如：

```
Box *pt;              //定义一个指向 Box 类对象的指针变量 pt
pt=new Box;           //在 pt 中存放了新建对象的起始地址
```

在程序中就可以通过 pt 访问这个新建的对象。例如：

```
cout<<pt->height;     //输出该对象的 height 成员
cout<<pt->volume( );  //调用该对象的 volume 函数，计算并输出体积
```

C++还允许在执行 new 时，对新建立的对象进行初始化。例如：

```
Box *pt=new Box(12,15,18);
```

这种写法是把上面两个语句（定义指针变量和用 new 建立新对象）合并为一个语句，并指定初值。这样更精练。

新对象中的 height、width 和 length 分别获得初值 12、15、18。调用对象既可以通过对象名，也可以通过指针。

用 new 建立的动态对象一般是不用对象名的，是通过指针访问的，它主要应用于动态的数据结构，如链表。访问链表中的结点，并不需要通过对象名，而是在上一个结点中存放下一个结点的地址，从而由上一个结点找到下一个结点，构成链接的关系。

在执行 new 运算时，如果内存量不足，则无法开辟所需的内存空间，目前大多数 C++编译系统都使 new 返回一个 0 指针值。只要检测返回值是否为 0，就可判断分配内存是否成功。

ANSI C++标准提出，在执行 new 出现故障时，就"抛出"一个"异常"，用户可根据异常进行有关处理。但 C++标准仍然允许在出现 new 故障时返回 0 指针值。当前，不同的编译系统对 new 故障的处理方法是不同的。

在不再需要使用由 new 建立的对象时，可以用 delete 运算符予以释放。例如：

```
delete pt;            //释放 pt 指向的内存空间
```

这就撤销了 pt 指向的对象。此后程序不能再使用该对象。

如果用一个指针变量 pt 先后指向不同的动态对象，应注意指针变量的当前指向，以免删错了对象。在执行 delete 运算符时，在释放内存空间之前，自动调用析构函数，完成有关善后清理工作。

```
#include<iostream>
using namespace std ;
int main()
{
```

```
        int*p ;
        //定义一个指向 int 型变量的指针 p
        p=new int(3);
        //开辟一个存放整数的存储空间，返回一个指向该存储空间的地址
        cout<<*p<<endl ;
        delete p ;
        //释放该空间
        char*p_c ;
        p_c=new char[10];
        //开辟一个存放字符数组（包括 10 个元素）的空间，返回首元素的地址
        int i ;
        for(i=0;i<10;i++)
        {
            *(p_c+i)=i+'0' ;
        }
        for(i=0;i<10;i++)
        {
            cout<<*(p_c+i);
        }
        delete[]p_c ;
        cout<<endl ;
        return 0 ;
}
```

程序运行结果：如图 8-8 所示。

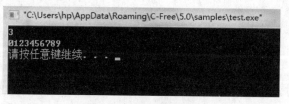

图 8-8　程序运行结果

同样，new 和 delete 运算符也可以应用于类的动态建立和删除，用 new 运算符动态地分配内存后，将返回一个指向新对象的指针的值，即所分配的内存空间的起始地址。用户可以获得这个地址，并用这个地址来访问对象。

当然 C++还允许在执行 new 时，对新建的对象进行初始化。

```
Box *pt =new Box(12,15,18);
```

用 new 建立的动态对象一般是不用对象名的，而是通过指针进行访问，它主要应用于动态的数据结构，如链表等。访问链表中的结点，并不需要通过对象名，而是在上一个结点中存放下一个节点的地址，从而用上一个结点找到下一个结点，构成连接关系。

在不再需要使用 new 建立的对象时，可以用 delete 运算符予以释放。在执行 delete 运算符的时候，在释放内存空间之前，会自动调用析构函数。

```
#include<iostream>
using namespace std ;
```

```cpp
class Box
{
    public :
    Box(int w,int l,int h);
    ~Box();
    int width ;
    int length ;
    int height ;
};
Box :: Box(int w,int l,int h)
{
    width=w ;
    length=l ;
    height=h ;
    cout<<"=======调用构造函数======\n" ;
}
Box ::~Box()
{
    cout<<"=======调用析构函数======\n" ;
}
int main()
{
    Box*p=new Box(12,13,15);
    cout<<"\n 输出指针指向的对象的数据成员"<<endl ;
    cout<<p->width<<"\t"<<p->length<<"\t"<<p->height<<endl ;
    delete p ;
    return 0 ;
}
```

程序运行结果：如图 8-9 所示。

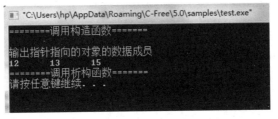

图 8-9　程序运行结果

8.11　对象的赋值和复制

8.11.1　对象的赋值

对象之间的赋值也是通过赋值运算符 "=" 进行的。本来赋值运算符 "=" 只能用来对单个的变量赋值，现在被扩展为两个同类对象之间的赋值，这是通过对赋值运算符的重载实现的。

　　对象的赋值，如果对一个类定义了两个或多个对象，则这些同类的对象之间可以互相赋值，或者说，一个对象的值可以赋给另一个同类的对象。这里所指的对象的值是指对象中所有数据成员的值。

　　实际上这个过程是通过成员复制来实现的，即将一个对象的成员值一一复制给另外一个对象的成员。

　　对象赋值的一般形式为：

对象名 1=对象名 2;

注意： 对象 1 和对象 2 必须属于同一个类。

```cpp
#include<iostream>
#include<string>
using namespace std ;
class Student
{
    public :
    Student(int nu=0,string na="NULL",int=0);
    //构造函数
    void show();
    private :
    int num ;
    string name ;
    int score ;
};
Student :: Student(int nu,string na,int sc)
{
    num=nu ;
    name=na ;
    score=sc ;
}
void Student :: show()
{
    cout<<"date:"<<endl ;
    cout<<"num:"<<num<<"\tname:"<<name<<"\tscore:"<<score<<endl ;
}
int main()
{
    Student s1(1,"qianshou",99);
    s1.show();
    Student s2 ;
    s2=s1 ;
    s2.show();
    return 0 ;
}
```

程序运行结果：如图 8-10 所示。

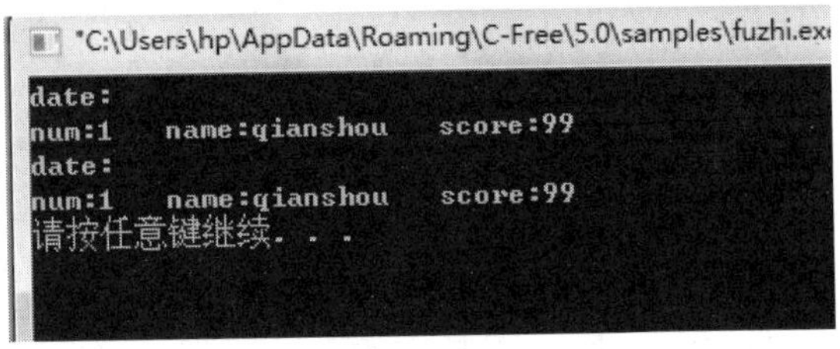

图 8-10　程序运行结果

说明:

(1) 对象的赋值指对其中的数据成员赋值,而不对成员函数赋值。

数据成员是占存储空间的,不同对象的数据成员占有不同的存储空间,赋值过程是将一个对象的数据成员在存储空间的状态复制给另一对象的数据成员的存储空间。

而不同对象的成员函数是同一个函数代码段,既不需要也没法向它们赋值。

(2) 类的数据成员中,不能包括动态分配的数据。

8.11.2　对象的复制

有时我们需要用到多个完全相同的对象,并进行相同的初始化。或者有时候,我们需要将对象在某一瞬间的状态保留下来。

为了处理这种情况,C++提供了对象的复制机制,用一个对象快速地复制出多个完全相同的对象。其一般形式为:

类名　对象 2(对象 1)

用对象 1 复制出对象 2。

Student s2(s1);

可以看到:它与前面介绍的定义对象的方式类似,但是括号中给出的参数不是一般的变量,而是对象。

在建立一个新对象时,调用一个特殊的构造函数——复制构造函数。这个函数是这样的:

```
Student::Student(const Student &b)
    {
        num=b.num;
        name=b.name;
        score=b.score;
    }
```

复制构造函数也是构造函数,但它只有一个参数,这个参数是本类的对象,而且采用对象的引用形式(一般约定加 const 声明,使参数值不能改变,以免在调用函数时因不慎而使对象值被修改)。此复制构造函数的作用就是将实参对象的各数据成员的值一一赋给新的对象中的成员的值。

对于语句:

Student s2(s1);

这实际上也是建立对象的语句,建立一个新对象 s2。由于在括号内给定的实参是对象,编译系统就调用复制构造函数,实参 s1 的值传给形参 b(b 是 s1 的引用)。

C++还提供另外一种方便用户的复制形式，用赋值号代替括号。其一般形式是：

类名　　　对象名 1　　　=　　　对象名 2;

例如：

Student s2=s1;

还可以在一个语句中进行多个对象的赋值，例如：

Student　　　s2=s1,s3=s2,s4=s3;

对象的复制和赋值的区别：对象的赋值是对一个已经存在的对象赋值，因此必须先定义被赋值的对象，才能进行赋值。而对象的复制则是从无到有地建立一个新的对象，并使它与一个已有的对象完全相同（包括对象的结构和成员的值）。

```cpp
#include<iostream>
#include<string>
using namespace std ;
class Student
{
    public :
    Student(int nu=0,string na="NULL",int=0);
    //构造函数
    void show();
    void reset();
    private :
    int num ;
    string name ;
    int score ;
};
Student :: Student(int nu,string na,int sc)
{
    num=nu ;
    name=na ;
    score=sc ;
}
void Student :: reset()
{
    num=0 ;
    name="reset" ;
    score=0 ;
}
void Student :: show()
{
    cout<<"date:"<<endl ;
    cout<<"num:"<<num<<"\tname:"<<name<<"\tscore:"<<score<<endl ;
}
int main()
{
    Student s1(1,"qianshou",99);
```

```
        //实例化一个对象 s1
        Student s2 ;
        //声明一个对象 s2
        s2=s1 ;
        //进行对象的赋值，将对象 s1 的值赋给 s2
        s2.show();
        Student s3(s2);
        //进行对象的复制操作
        s3.show();
        s3.reset();
        //s3 中的数据成员发生了改变
        Student s4=s3 ;
        //将改变之后的 s3 复制为 s4
        s4.show();
        return 0 ;
}
```

程序运行结果：如图 8-11 所示。

图 8-11　程序运行结果

需要说明的是，赋值构造函数和复制构造函数的调用都是由系统自动完成的。程序员可以自己定义复制构造函数，如果没有定义构造函数，则编译系统会自动提供一个默认的构造函数，其作用只是简单地复制类中的数据成员。

可以自定义一个复制构造函数，以便查看效果：

```
#include<iostream>
#include<string>
using namespace std ;
class Student
{
    public :
    Student(int nu=0,string na="NULL",int=0);
    //构造函数
    Student(const Student&s);
    void show();
    void reset();
    private :
    int num ;
    string name ;
    int score ;
};
Student :: Student(int nu,string na,int sc)
```

```
{
    num=nu ;
    name=na ;
    score=sc ;
}
Student :: Student(const Student&s)
{
    num=s.num ;
    name=s.name ;
    score=s.score ;
    cout<<"复制构造函数执行完毕"<<endl ;
}
void Student :: reset()
{
    num=0 ;
    name="reset" ;
    score=0 ;
}
void Student :: show()
{
    cout<<"date:"<<endl ;
    cout<<"num:"<<num<<"\tname:"<<name<<"\tscore:"<<score<<endl ;
}
int main()
{
    Student s1(1,"qianshou",99);
    //实例化一个对象 s1
    Student s2 ;
    //声明一个对象 s2
    s2=s1 ;
    //进行对象的赋值，将对象 s1 的值赋给 s2
    s2.show();
    Student s3(s2);
    //进行对象的复制操作
    s3.show();
    s3.reset();
    //s3 中的数据成员发生了改变
    Student s4=s3 ;
    //将改变之后的 s3 复制为 s4
    s4.show();
    return 0 ;
}
```

程序运行结果：如图 8-12 所示。

图 8-12　程序运行结果

8.12　静态成员

8.12.1　静态数据成员

C++类静态成员与类静态成员函数，当将类的某个数据成员声明为 static 时，该静态数据成员只能被定义一次，而且要被同类的所有对象共享。各个对象都拥有类中每一个普通数据成员的副本，但静态数据成员只有一个实例存在，与定义了多少类对象无关。静态方法就是与该类相关的，是类的一种行为，而不是与该类的实例对象相关。静态数据成员的用途之一是统计有多少个对象实际存在。

静态数据成员不能在类中初始化，实际上类定义只是在描述对象的蓝图，在其中指定初值是不允许的。也不能在类的构造函数中初始化该成员，因为静态数据成员为类的各个对象共享，否则每次创建一个类的对象则静态数据成员都要被重新初始化。

静态成员不可在类体内进行赋值，因为它是被所有该类的对象所共享的。在一个对象里给它赋值，其他对象里的该成员也会发生变化。为了避免混乱，不可在类体内进行赋值。

静态成员的值对所有的对象都是一样的。静态成员可以被初始化，但只能在类体外进行初始化。一般形式为：

> 数据类型类名：：静态数据成员名＝初值

注意：不能用参数初始化表对静态成员初始化。一般系统默认初始为0。

静态成员是类所有的对象的共享的成员，而不是某个对象的成员。它在对象中不占用存储空间，这个属性为整个类所共有，不属于任何一个具体对象。所以静态成员不能在类的内部初始化，比如声明一个学生类，其中一个成员为学生总数，则这个变量就应当声明为静态变量，应该根据实际需求来设置成员变量。

```
#include"iostream"
using namespace std;
class test{
private:
int x;int y;
public:
static int num ;
static int Getnum()
```

```
    {
        x+=5 ;
        num+=15 ;
        return num ;
    }
};
int test :: num=10 ;
int main(void)
{
test a ;
cout<<test :: num<<endl ;
//10
test :: num=20 ;
cout<<test :: num<<endl ;
//20
cout<<test :: Getnum()<<endl ;
//35
cout<<a.Getnum()<<endl ;
//50
system("pause");
return 0 ;
}
```

通过上例可知：x+=5;这行代码是错误的，静态成员函数不能调用非静态数据成员，要通过类的对象来调用。

8.12.2　静态函数成员

静态函数成员必须通过对象名来访问非静态数据成员。另外，静态成员函数在类外实现时无须加 static 关键字，否则是错误的。若在类外来实现上述的那个静态成员函数，不能加 static 关键字，这样写就可以了：

```
int test::Getnum(){…}
```

（1）static 成员的所有者是类本身和对象，但是多个对象拥有一样的静态成员，从而在定义对象时不能通过构造函数对其进行初始化。

（2）静态成员不能在类定义里边初始化，只能在 class body 外初始化。

（3）静态成员仍然遵循 public、private、protected 访问准则。

（4）静态成员函数没有 this 指针，它不能返回非静态成员，因为除了对象会调用它外，类本身也可以调用。

静态成员函数可以直接访问该类的静态数据和函数成员，而访问非静态数据成员必须通过参数传递的方式得到一个对象名，然后通过对象名来访问。

```
class Myclass
{
    private :
    int a,b,c ;
    static int Sum ;
    //声明静态数据成员
```

```
        public :
        Myclass(int a,int b,int c);
        void GetSum();
};
int Myclass :: Sum=0 ;
//定义并初始化静态数据成员
Myclass :: Myclass(int a,int b,int c)
{
    this->a=a ;
    this->b=b ;
    this->c=c ;
    Sum+=a+b+c ;
}
void Myclass :: GetSum()
{
    cout<<"Sum="<<Sum<<endl ;
}
int main(void)
{
    Myclass me(10,20,30);
    me.GetSum();
    system("pause");
    return 0 ;

}
```

由上例可知，非静态成员函数可以任意地访问静态成员函数和静态数据成员。非静态成员函数 Myclass(int a,int b,int c)和 GetSum()都访问了静态数据成员 Sum。静态成员函数不能访问非静态成员函数和非静态数据成员。关于静态成员函数，可以总结为以下几点：出现在类体外的函数定义不能指定关键字 static；静态成员之间可以相互访问，包括静态成员函数访问静态数据成员和访问静态成员函数；非静态成员函数可以任意地访问静态成员函数和静态数据成员；静态成员函数不能访问非静态成员函数和非静态数据成员；由于没有 this 指针的额外开销，因此静态成员函数与类的全局函数相比速度上会有少许的增长；调用静态成员函数，可以用成员访问操作符（.）和（->）为一个类的对象或指向类对象的指针调用静态成员函数，当同一类的所有对象使用一个量时，对于这个共用的量，可以用静态数据成员变量，这个变量对于同一类的所有对象都取相同的值。静态成员变量只能被静态成员函数调用。静态成员函数也是由同一类中的所有对象共用。只能调用静态成员变量和静态成员函数。

8.13　友元

8.13.1　问题的提出

我们已经知道类具备封装和信息隐藏的特性。只有类的成员函数才能访问类的私有成员，程序中的其他函数是无法访问私有成员的。非成员函数能够访问类中的公有成员，但是假如将数据成员都定义为公有的，这又破坏了隐藏的特性。另外，应该看到在某些情况下，特别是在对某些成员函数多次调用时，由于参数传递，类型检查和安全性检查等都需要时间开销，而影响程序的运行效率。

为了解决上述问题，提出一种使用友元的方案。友元是一种定义在类外部的普通函数，但它需要在类体内进行说明，为了和该类的成员函数加以区别，在说明时前面加上关键字 friend。友元不是成员函数，但是它能够访问类中的私有成员。友元的作用在于提高程序的运行效率，但是，它破坏了类的封装性和隐藏性，使得非成员函数能够访问类的私有成员。

友元可以是函数，该函数被称为友元函数；友元也可以是类，该类被称为友元类。

8.13.2 友元函数

友元函数的特点是能够访问类中的私有成员的非成员函数。友元函数从语法上看和普通函数相同，即在定义上和调用上与普通函数相同。下面举例说明友元函数的应用。

【例 8-5】 已知两点坐标，求出两点的距离。

```cpp
#include"iostream"
class Point
{    public :
     Point(double xx,double yy)
     {
         x=xx ;
         y=yy ;
     }
     void Getxy();
     friend double Distance(Point&a,Point&b);
     private :
         double x,y ;
};
void Point :: Getxy()
{
    cout<<"("<<<","<<<")" <<endl;
}
double Distance(Point&a,Point&b)
{
    double dx=a.x-b.x ;
    double dy=a.y-b.y ;
    return sqrt(dx*dx+dy*dy);
}
void main()
{
    Point p1(3.0,4.0),p2(6.0,8.0);
    p1.Getxy();
    p2.Getxy();
    double d=Distance(p1,p2);
    cout<<"Distance is"<<d <<endl;
}
```

说明：在该程式中的 Point 类中说明了一个友元函数 Distance()，在前边加 friend 关键字，标识它不是成员函数，而是友元函数。定义方法和普通函数相同，而不同于成员函数的定义，因为无须指出所属的类。但是，其能够引用类中的私有成员，函数体中 a.x、b.x、a.y、b.y 都是类的私有成员，它们是通过对象引用的。在调用友元函数时，也是同普通函数的调用相同，不要像成员函数那样调用。本例中，p1.Getxy() 和 p2.Getxy() 是成员函数的调用，要用对象来表示；而 Distance(p1, p2) 是友元函数的调用，直接调用，无须对象表示，参数是对象。

8.13.3　友元类

除了前面讲过的函数以外，友元还可以是类，即一个类能够作为另一个类的友元。当一个类作为另一个类的友元时，就意味着这个类的任何成员函数都是另一个类的友元函数。

友元类的所有成员函数都是另一个类的友元函数，都可以访问另一个类中的隐藏信息（包括私有成员和保护成员）。

当希望一个类可以存取另一个类的私有成员时，可以将该类声明为另一个类的友元类。定义友元类的语句格式如下：

```
friend class  类名;
```

其中，friend 和 class 是关键字，类名必须是程序中的一个已定义过的类。

例如，以下语句说明类 B 是类 A 的友元类：

```
class A
{
    …
    public :
    friend class B ;
    …
};
```

经过以上说明后，类 B 的所有成员函数都是类 A 的友元函数，能存取类 A 的私有成员和保护成员。

使用友元类时注意：

（1）友元关系不能被继承。

（2）友元关系是单向的，不具有交换性。例如，类 B 是类 A 的友元，类 A 不一定是类 B 的友元，要看在类中是否有相应的声明。

（3）友元关系不具有传递性。若类 B 是类 A 的友元，类 C 是类 B 的友元，类 C 不一定是类 A 的友元，同样要看类中是否有相应的声明。

注意：

● 友元可以访问类的私有成员。

● 只能出现在类定义内部，友元声明可以在类中的任何地方，一般放在类定义的开始或结尾。

● 友元可以是普通的非成员函数、前面定义的其他类的成员函数或整个类。

● 类必须将重载函数集中每一个希望设为友元的函数都声明为友元。

● 友元关系不能继承，基类的友元对派生类的成员没有特殊的访问权限。如果基类被授予友元关系，则只有基类具有特殊的访问权限。该基类的派生类不能访问授予友元关系的类。

8.14 类模板

模板就是实现代码重用机制的一种工具，它可以实现类型参数化，即把类型定义为参数，从而实现真正的代码可重用性。模板可以分为两类，一个是函数模板，另外一个是类模板。

C++提供了函数模板（function template）。所谓函数模板，实际上是建立一个通用函数，其函数类型和形参类型不具体指定，用一个虚拟的类型来代表。这个通用函数就称为函数模板。凡是函数体相同的函数都可以用这个模板来代替，不必定义多个函数，只需在模板中定义一次即可。在调用函数时系统会根据实参的类型来取代模板中的虚拟类型，从而实现不同函数的功能。

【例8-6】 函数模板的使用。

```cpp
#include <iostream>
using namespace std ;
//模板声明，其中 T 为类型参数
//定义一个通用函数，用 T 作为虚拟的类型名
template<typename T>T max(T a,T b,T c)
{
    if(b>a)a=b ;
    if(c>a)a=c ;
    return a ;
}
int main()
{
    int i1=185,i2=-76,i3=567,i ;
    double d1=56.87,d2=90.23,d3=-3214.78,d ;
    long g1=67854,g2=-912456,g3=673456,g ;
    i=max(i1,i2,i3);
    //调用模板函数，此时 T 被 int 取代
    d=max(d1,d2,d3);
    //调用模板函数，此时 T 被 double 取代
    g=max(g1,g2,g3);
    //调用模板函数，此时 T 被 long 取代
    cout<<"i_max="<<i<<endl ;
    cout<<"f_max="<<f<<endl ;
    cout<<"g_max="<<g<<endl ;
    return 0 ;
}
```

为了节省篇幅，数据不用 cin 语句输入，而在变量定义时初始化。程序第 3～8 行是定义模板。

定义函数模板的一般形式为：

```
template < typename T>
通用函数定义   通用函数定义
```

在建立函数模板时，只要将程序中定义函数语句中的数据类型（如 int）改为 T 即可，即用

虚拟的类型名 T 代替具体的数据类型。在对程序进行编译时，遇到第 13 行调用函数 max(i1, i2, i3)，编译系统会将函数名 max 与模板 max 相匹配，将实参的类型取代函数模板中的虚拟类型 T。此时相当于已定义了一个函数：

```
int max(int a,int b,int c)
{
    if(b>a)a=b ;
    if(c>a)a=c ;
    return a ;
}
```

然后调用它。后面两行（14、15 行）的情况类似。

除了函数模板外，C++中还可以定义类模板。

类模板的通用定义形式为：

```
template<class 形参名, class 形参名···>  class 类名{}
```

类模板和函数模板都是以 template 开始，后接模板形参列表组成，模板形参不能为空，形参类型可以用 class 或 typename，一旦声明了类模板就可以用类模板的形参名声明类中的成员变量和成员函数；即可以在类中使用内置类型的地方都可以使用模板形参名来声明。例如：

```
template<class T> class A{
    public:
        T a;
        T b;
        T hy(T c, T &d);
};
```

在类 A 中声明了两个类型为 T 的成员变量 a 和 b，还声明了一个返回类型为 T 带两个类型为 T 的函数 hy。类型参数不止一个，可以根据需要确定个数。例如：

```
template <class T1, typename T2>
```

可以看到，采用模板可以使程序更简洁。但应注意，它只适用于函数的参数个数相同而类型不同，且函数体相同的情况，如果参数的个数不同，则不能用模板。

如下面语句声明了一个类：

```
class Compare_int
{
    public :
    Compare(int a,int b)
    {
        x=a ;
        y=b ;
    }
    int max()
    {
        return(x>y)?x:y ;
    }
    int min()
```

```
    {
        return(x<y)?x:y ;
    }
    private :
    int x,y ;
};
```

其作用是对两个整数做比较，可以通过调用成员函数 max 和 min 得到两个整数中的大者和小者。

如果想对两个浮点数（float 型）做比较，不采用模板的话，需要另外声明一个类：

```
class Compare_float
{
    public :
    Compare(float a,float b)
    {
        x=a ;
        y=b ;
    }
    float max()
    {
        return(x>y)?x:y ;
    }
    float min()
    {
        return(x<y)?x:y ;
    }
    private :
    float x,y ;
}
```

显然这基本上是重复性的工作，可以声明一个通用的类模板，它可以有一个或多个虚拟的类型参数，如对以上两个类可以综合写出以下的类模板：

```
template<class numtype>class Compare
{
    public :
    Compare(numtype a,numtype b)
    {
        x=a ;
        y=b ;
    }
    numtype max()
    {
        return(x>y)?x:y ;
    }
    numtype min()
    {
        return(x<y)?x:y ;
```

```
    }
    private :
    numtype x,y ;
};
```

将此类模板和前面第一个 Compare_int 类做一比较，可以看到有两处不同。

（1）声明类模板时要增加一行：

```
template <class 类型参数名>
```

template 意思是 "模板"，是声明类模板时必须写的关键字。在 template 后面的尖括号内的内容为模板的参数表列，关键字 class 表示其后面的是类型参数。在本例中，numtype 就是一个类型参数名。这个名字是可以任意取的，只要是合法的标识符即可。这里取 numtype 只是表示 "数据类型" 的意思而已。此时，numtype 并不是一个已存在的实际类型名，它只是一个虚拟类型参数名。在以后将被一个实际的类型名取代。

（2）原有的类型名 int 换成虚拟类型参数名 numtype。

在建立类对象时，如果将实际类型指定为 int 型，编译系统就会用 int 取代所有的 numtype；如果指定为 float 型，就用 float 取代所有的 numtype。这样就能实现 "一类多用"。

由于类模板包含类型参数，因此又称为参数化的类。如果说类是对象的抽象，对象是类的实例，则类模板是类的抽象，类是类模板的实例。利用类模板可以建立含各种数据类型的类。

那么，在声明了一个类模板后，怎样使用它呢？怎样使它变成一个实际的类？

先回顾一下用类来定义对象的方法：

```
Compare_int cmp1(4,7);              // Compare_int 是已声明的类
```

其作用是建立一个 Compare_int 类的对象，并将实参 4 和 7 分别赋给形参 a 和 b，作为进行比较的两个整数。

用类模板定义对象的方法与此相似，但是不能直接写成：

```
Compare cmp(4,7);              // Compare 是类模板名
```

Compare 是类模板名，而不是一个具体的类，类模板体中的类型 numtype 并不是一个实际的类型，只是一个虚拟的类型，无法用它去定义对象。必须用实际类型名去取代虚拟的类型，具体做法是：

```
Compare <int> cmp(4,7);
```

即在类模板名之后在尖括号内指定实际的类型名，在进行编译时，编译系统就用 int 取代类模板中的类型参数 numtype，这样就把类模板具体化了或者说实例化了。这时 Compare<int> 就相当于前面介绍的 Compare_int 类。

【例 8-7】　声明一个类模板，利用它分别实现两个整数、浮点数和字符的比较，求出大数和小数。

```
#include<iostream>
using namespace std ;
template<class numtype>
//定义类模板
class Compare
{
```

```
        public :
        Compare(numtype a,numtype b)
        {
            x=a ;
            y=b ;
        }
        numtype max()
        {
            return(x>y)?x:y ;
        }
        numtype min()
        {
            return(x<y)?x:y ;
        }
        private :
        numtype x,y ;
    };
    int main()
    {
        Compare<int>cmp1(3,7);
        //定义对象 cmp1，用于两个整数的比较
        cout<<cmp1.max()<<" is the Maximum of two integer numbers."<<endl ;
        cout<<cmp1.min()<<" is the Minimum of two integer numbers."<<endl<<endl ;
        Compare<float>cmp2(45.78,93.6);
        //定义对象 cmp2，用于两个浮点数的比较
        cout<<cmp2.max()<<" is the Maximum of two float numbers."<<endl ;
        cout<<cmp2.min()<<" is the Minimum of two float numbers."<<endl<<endl ;
        Compare<char>cmp3('a','A');
        //定义对象 cmp3，用于两个字符的比较
        cout<<cmp3.max()<<" is the Maximum of two characters."<<endl ;
        cout<<cmp3.min()<<" is the Minimum of two characters."<<endl ;
        return 0 ;
    }
```

程序运行结果：

```
7 is the Maximum of two integers.
3 is the Minimum of two integers.
93.6 is the Maximum of two float numbers.
45.78 is the Minimum of two float numbers.
a is the Maximum of two characters.
A is the Minimum of two characters.
```

还有一个问题要说明：上面列出的类模板中的成员函数是在类模板内定义的。如果改为在类模板外定义，不能用一般定义类成员函数的形式：

```
numtype Compare::max( ) {...}      //不能这样定义类模板中的成员函数
```

而应当写成类模板的形式：

```
template <class numtype>
numtype Compare<numtype>::max( )
{
        return (x>y)?x:y;
}
```

上面第一行表示是类模板，第二行左端的 numtype 是虚拟类型名，后面的 Compare <numtype>是一个整体，是带参的类，表示所定义的 max 函数是在类 Compare <numtype>的作用域内的。在定义对象时，用户要指定实际的类型（如 int），进行编译时就会将类模板中的虚拟类型名 numtype 全部用实际的类型代替。这样 Compare <numtype >就相当于一个实际的类。可以将本例改写为在类模板外定义各成员函数。

归纳以上的介绍，可以这样声明和使用类模板：

（1）先写出一个实际的类。由于其语义明确、含义清楚，一般不会出错。

（2）将此类中准备改变的类型名（如 int 要改变为 float 或 char）改用一个自己指定的虚拟类型名（如上例中的 numtype）。

（3）在类声明前面加入一行，格式为：

```
template <class  虚拟类型参数>
```

例如：

```
template <class numtype>              //注意本行末尾无分号
class Compare
{…};                                  //类体
```

（4）用类模板定义对象时用以下形式：

```
类模板名<实际类型名> 对象名;
类模板名<实际类型名> 对象名(实参表列);
```

例如：

```
Compare<int> cmp;
Compare<int> cmp(3,7);
```

（5）如果在类模板外定义成员函数，应写成类模板形式：

```
template <class  虚拟类型参数>
函数类型  类模板名<虚拟类型参数>::成员函数名(函数形参表列) {…}
```

关于类模板的几点说明：

（1）类模板的类型参数可以有一个或多个，每个类型前面都必须加 class，例如：

```
template <class T1,class T2>
class someclass
{…};
```

在定义对象时分别代入实际的类型名，例如：

```
someclass<int,double> obj;
```

（2）和使用类一样，使用类模板时要注意其作用域，只能在其有效作用域内用它定义对象。

（3）模板可以有层次，一个类模板可以作为基类，派生出派生模板类。有关这方面的知识实际应用较少，本书暂不介绍，感兴趣的同学可以自行学习。

思考与练习

1. 关于类的成员，下面说法错误的是（　　）。

   A. 类中的一个数据成员表示该类的每个对象都持有的一个值

   B. 调用类中的一个成员函数必须确定一个作用对象

   C. 类中至少应包含一个成员

   D. 类中的各个成员的说明没有严格次序

2. 关于类的成员的可见性，下面说法错误的是（　　）。

   A. 私有（private）成员只能在本类中访问，而不能被类外代码访问

   B. 一般将类的数据成员说明为私有成员，但不是绝对的

   C. 公有（public）成员能被类外代码访问，而不能被同一个类中的代码访问

   D. 一般将类的成员函数说明为公有成员，但不是绝对的

3. 关于类的数据成员，下面说法错误的是（　　）。

   A. 假设一个类名为 A，那么"A a;"不能作为类 A 的数据成员

   B. 在说明一个数据成员时，可以说明其初始化值，就像函数中说明一个变量一样

   C. 类中的多个数据成员变量不能重名

   D. 如果有两个数据成员的可见性不同，它们就可以重名

4. 关于类的成员函数，下面说法错误的是（　　）。

   A. 一般来说，一个类的成员函数对该类中的数据成员进行读写计算

   B. 如果一个数据成员希望是只读的，那么该成员应说明为私有的，而且用一个公有的 getXxx 成员函数来读取它的值

   C. 一个类中的一组成员函数不能重名

   D. 公有成员函数不应该返回本类的私有成员的指针或引用

5. 关于类与对象，下面说法错误的是（　　）。

   A. 一个对象是某个类的一个实例

   B. 一个实例是某个类型经实例化所产生的一个实体

   C. 创建一个对象必须指定被实例化的一个类

   D. 一个类的多个对象之间不仅持有独立的数据成员，而且成员函数也是独立的

6. 关于对象成员的访问，下面说法错误的是（　　）。

   A. 对于一个对象，可用"."运算符来访问其成员

   B. 对于一个对象引用，可用"->"运算符来访问其成员

   C. 如果被访问成员是公有的，该访问表达式可以出现在 main 函数中

   D. 如果被访问成员是私有的，该访问表达式只能出现在类中

7. 关于 this 指针，下面说法错误的是（　　）。

   A. 每个非静态成员函数都隐含一个 this 指针

   B. this 指针在成员函数中始终指向当前作用对象

   C. 在成员函数中直接访问成员 m，隐含着 this->m

   D. 在使用 this 指针之前，应该显式说明

8．定义一个类 Cat 来描述猫，一只猫作为一个对象，应描述 age、weight、color 等属性，以及对这些属性的读写函数。实现并测试这个类。

9．设计一个矩形类 Rectangle，要求有下述成员：

数据成员：左上角坐标(x, y)、宽度 width 和高度 high，可用 int 类型。

成员函数：对以上数据成员的读 getXxx 和写 setXxx。

另外，void move(int, int)：相对移动，从一个位置移到另一个位置；int getArea()：计算矩形的面积。

实现并测试这个类。

第 9 章

运算符重载

本章知识点：

- 运算符重载的定义
- 运算符重载的方法
- 运算符重载的规则
- 运算符重载函数的类型
- 双目、单目、流插入和流提取运算符重载过程
- 不同数据类型的转换

基本要求：

- 了解运算符重载的重要性
- 理解运算符重载规则和使用方法
- 掌握双目、单目、流插入和流提取运算符重载过程

能力培养目标：

通过本章的学习，使学生知道在解决问题过程中的灵活性和机动性，使学生具有初步的判断能力以及不断学习新知识的探索欲望。重载运算符是 C++的一个特性，它的主要特征是面向对象，并不是所有的运算符都能够用于对象的操作，通过运算符的重载可以让运算符的使用范围得到扩展，赋予运算符不同的功能和特点，从而激发学生的研发和创新能力。

9.1　什么是运算符重载

C++中预定义的运算符的操作对象只能是基本数据类型（如 int、char）。运算符（如+、-、*、/）是为基本数据类型定义的，为什么不允许使之适用于用户定义的类型呢？例如：

```
Class T
{
        public:
            T(int x){t=x;}
private:
            int t;
};
T a(2),b(10),c;
c=a+b;                        //希望类对象也应该能运算（不能，编译错误）
```

　　类的对象的加法不能直接用运算符，如果想让它们做加法运算，最基本的方法就是定义一系列能够完成各种运算的函数。

　　那么如何来完成运算符的重载呢？

　　把上面的例子改写成如下形式：

```
Class T
{
      public:
        T(int x){t=x;}
        T kk(T &k)
          {return t+k.t;}
          int gett()
            {return t;}
private:
        int t;
};
void main()
{ T a(2),b(10),c;
  c=a.kk(b);
  cout<<c.gett()<<endl;}
```

　　上例可以实现两个对象的相加。在 T 类内定义的成员函数 kk，其作用是将两个整数相加，在该函数中定义了一个 T 对象的引用，函数体中 return t+k.t 相当于 return this.t+k.t；this 是当前对象的指针，由于是对象 a 调用的该函数，那么该指针就是对象 a 的指针，所以 this.t 的值就是对象 a 的成员 t 的值，函数参数为 b，那么 k.t 就是对象 b 的成员 t 的值。

　　但是 c=a.kk(b)，使人不容易联想到是两个对象相加，那如何来实现两个对象用"+"运算符相加呢？

　　这时就必须在 C++中重新定义这些运算符，赋予已有运算符新的功能，使它能够用于特定类型执行特定的操作。这就需要对运算符"+"进行重载。

　　实际上，很多 C++运算符已经被重载。例如，将*运算符用于地址，将得到存储在这个地址中的值，但将它用于两个数字时，得到的是它们的乘积。C++根据操作数的目的和类型来决定采用哪种操作。

9.2　运算符重载的方法

　　为了完成重载运算符，必须定义一个函数，当编译系统遇到这个重载运算符时就调用这个函数，由这个函数来完成该运算符应该完成的操作。这个函数通常为类的成员函数或友元函数。运算符的操作数通常也应该是类的对象。也就是说，运算符重载是通过创建运算符函数实现的，运算符函数定义了重载的运算符将要进行的操作。运算符函数的定义与其他函数的定义类似，唯一的区别是运算符函数的函数名是由关键字 operator 和其后要重载的运算符符号构成的。运算符函数定义的一般格式如下：

　　<返回类型说明符> operator <运算符符号>(<参数表>)　　　　//成员函数定义方法

　　{

```
        <函数体>
    }
```

或者

```
friend<返回类型说明符> operator <运算符符号>(<参数表>)        //友元函数定义方法
{
        <函数体>
}
```

例如，operator+()重载+运算符，operator*()重载*运算符，将"+"用于上面 T 类的加法运算，函数的原型可以是这样的：

```
T operator+ (T    & k);
```

T 是返回类型说明符，函数名由 operator 和运算符组成，上面的 operator+就是函数名，意思是"对运算符+重载"。重载运算符函数的执行过程是 c=a+b 这个语句调用了重载运算符函数，该函数中只有一个参数。将运算符函数重载为类的成员函数只有一个参数，一个对象调用了运算符重载函数，自身的数据可以直接访问，就不需要在参数表中进行传递了。相当于 a.operator +(b)，运算符函数是用 this 指针隐式地访问类对象的成员，this->t+b.t，this 代表 a，即实际上是 a.t+b.t。

【例 9.1】 重载运算符 "+"，使之能用于两个复数相加。

```cpp
#include <iostream>
using namespace std;
class Complex
{
public:
        Complex( ){real=0;imag=0;}
        Complex(int r,int i){real=r;imag=i;}
        Complex operator+(Complex &c2);              //声明重载运算符的函数
        void output( );
private:
        int real;
        int imag;
};
Complex Complex::operator+(Complex &c2)              //定义重载运算符的函数
{
        Complex c;
        c.real=real+c2.real;
        c.imag=imag+c2.imag;
        return c;
}
void Complex::output( )
{
        cout<<real<<"+"<<imag<<"i"<<endl;
}
int main( )
{
```

```
          Complex c1(6,8),c2(1,-2),c3;
          c3=c1+c2;                                    //运算符+用于复数运算
          cout<<"c1+c2=";
          c3.output( );
          return 0;
}
```

【例 9.2】 通过友元函数来实现复数相加。

```
#include <iostream>
using namespace std;
class Complex                                          //定义 Complex 类
{
public:
          Complex( ){real=0;imag=0;}                   //定义构造函数
          Complex(int r,int i){real=r;imag=i;}         //构造函数重载
          friend Complex operator+ (Complex &c1,Complex &c2);  //复数相加函数
          void output( );                              //声明输出函数
protected:
          int real;                                    //复数实部
          int imag;                                    //复数虚部
};
Complex operator+ (Complex &c1,Complex &c2)
{
          Complex c;
          c.real=c1.real+c2.real;
          c.imag=c1.imag+c2.imag;
          return c;
}
void Complex::output( )                                //定义输出函数
{
          cout<<real<<"+"<<imag<<"i"<<endl;
}
int main( )
{
          Complex c1(6,8),c2(1,-2),c3;
          c3=c1+c2;                                    //运算符+用于复数运算
          cout<<"c1+c2=";
          c3.output( );
          return 0;
}
```

程序运行结果:

```
c1+c2=7+6i
```

运算符重载为类的成员函数和友元函数的比较:

当运算符重载为类的成员函数时,函数的参数个数比原来的操作个数要少一个;当重载为类的友元函数时,参数个数与原操作数个数相同。原因是重载为类的成员函数时,如果某个对象使用了重载的成员函数,自身的数据可以直接访问,就不需要再放在参数表中进行传递,少

了的操作数就是该对象本身。而重载为友元函数时，友元函数对某个对象的数据进行操作，就必须通过该对象的名称来进行，因此用到的参数都要进行传递，操作数的个数就不会有变化。

9.3   C++运算符重载的规则

运算符重载的规则如下。

（1）重载后的运算符必须至少有一个操作数是用户定义的类型，以防止用户修改用于标准类型数据的运算符的性质，如下面这样是不对的：

```
double operator - (double a,double b)
{
    retum(a+b);
}
```

不能将减法运算符（–）重载为计算两个 double 值的和。

（2）使用运算符时不能违反原来的用法规则，如将">"运算符重载为"小于"运算，将%运算符重载为一个*运算符。

（3）不能创建新运算符。不能定义 operator**()来表示求幂。

（4）不能重载下面的运算符（类属关系运算符"."、作用域分辨符"::"、成员指针运算符"*"、sized 运算符和三目运算符"?:"）。

（5）重载之后运算符的优先级和结合性都不能改变，也不能改变运算符的语法结构（操作数的个数不允许改变），即单目运算符只能重载为单目运算符，双目运算符只能重载为双目运算符；同时至少有一个操作数为用户自定义类型。

（6）重载为类的成员函数时，函数的参数个数比原来的操作数少一个（后置"++"、"––"除外）。原因是：若某个对象使用了重载后的成员函数，自身的地址会传递给 this 指针，从而借助于 this 指针可直接访问该对象的数据成员，也就不需要在参数中进行传递，少了的操作数就是该对象本身。一般单目运算符重载为成员函数。

（7）重载为类的友元函数时，函数的参数个数与原来的操作数相同。友元函数对某个对象数据进行操作，就必须通过该对象的名称来进行，因此所有的对象都必须进行传递。一般双目运算符重载为友元函数。

（8）用户自定义类的运算符一般都必须重载后方可使用，但有两个例外，运算符"="和"&"不必用户重载。

9.4   运算符重载函数作为类成员函数和友元函数

运算符函数重载一般有两种形式：重载为类的成员函数和重载为类的非成员函数。非成员函数通常是友元。（可以把一个运算符作为一个非成员、非友元函数重载。但是，这样的运算符函数访问类的私有和保护成员时，必须使用类的公有接口中提供的设置数据和读取数据的函数，调用这些函数时会降低性能。可以内联这些函数以提高性能。）

例 9.1 中对运算符"+"进行了重载，使之能用于两个复数的相加。在该例中运算符重载函数 operator+作为 Complex 类中的成员函数。

1．成员函数运算符

运算符重载为类的成员函数的一般格式为：

```
<函数类型> operator <运算符>(<参数表>)
{
    <函数体>
}
```

当运算符重载为类的成员函数时，函数的参数个数比原来的操作数要少一个（后置单目运算符除外），这是因为成员函数用 this 指针隐式地访问了类的一个对象，它充当了运算符函数最左边的操作数。因此：

（1）双目运算符重载为类的成员函数时，函数只显式说明一个参数，该形参是运算符的右操作数。

（2）前置单目运算符重载为类的成员函数时，不需要显式说明参数，即函数没有形参。

（3）后置单目运算符重载为类的成员函数时，函数要带有一个整型形参。

调用成员函数运算符的格式如下：

```
<对象名>.operator <运算符>(<参数>)
```

它等价于

```
<对象名><运算符><参数>
```

例如，a+b 等价于 a.operator +(b)。一般情况下采用运算符的习惯表达方式。

运算符重载函数除了可以作为类的成员函数外，还可以是非成员函数。

2．友元函数运算符

运算符重载为类的友元函数的一般格式为：

```
friend <函数类型> operator <运算符>(<参数表>)
{
    <函数体>
}
```

当运算符重载为类的友元函数时，由于没有隐含的 this 指针，因此操作数的个数没有变化，所有的操作数都必须通过函数的形参进行传递，函数的参数与操作数自左至右一一对应。

调用友元函数运算符的格式如下：

```
operator <运算符>(<参数 1>,<参数 2>)
```

它等价于

```
<参数 1><运算符><参数 2>
```

例如，a+b 等价于 operator +(a,b)。即执行 c1+c2 相当于调用以下函数：

```
Complex operator + (Complex &c1，Complex &c2)
{
    return Complex(c1.real+c2.real，  c1.imag+c2.imag);
}
```

在多数情况下，将运算符重载为类的成员函数和类的友元函数都是可以的。但成员函数运算符与友元函数运算符也具有各自的一些特点：

（1）一般情况下，单目运算符最好重载为类的成员函数；双目运算符则最好重载为类的友元函数。

（2）以下一些双目运算符不能重载为类的友元函数：=、()、[]、->。

（3）类型转换函数只能定义为一个类的成员函数而不能定义为类的友元函数。

（4）若一个运算符的操作需要修改对象的状态，选择重载为成员函数较好。

（5）若运算符所需的操作数（尤其是第一个操作数）希望有隐式类型转换，则只能选用友元函数。

（6）当运算符函数是一个成员函数时，最左边的操作数（或者只有最左边的操作数）必须是运算符类的一个类对象（或者是对该类对象的引用）。如果左边的操作数必须是一个不同类的对象，或者是一个内部类型的对象，该运算符函数必须作为一个友元函数来实现。

（7）当需要重载运算符具有可交换性时，选择重载为友元函数。

9.5　重载双目运算符

双目运算符是 C++常用的运算符。双目运算符有两个操作数，通常在运算符的左右两侧，如 3+5、a=b、i<10 等，在重载双目运算符时，在函数中应该包含两个参数。

分别用两种方式实现 Time 类，用来保存时间（时、分、秒），通过重载操作符"+"实现两个时间的相加（此程序只是简单的时间的小时、分、秒的相加）。

【例 9.3】 用类的成员函数来实现。

```cpp
#include <iostream>
using namespace std;
class Time
{
    public:
    Time()
    {
        hours=0;
        minutes=0;
        seconds=0;
    }
    //无参构造函数
    //重载构造函数
    Time(int h,int m,int s)
    {
        hours=h;
        minutes=m;
        seconds=s;
    }
    Time operator+(Time&);
    //操作符重载为成员函数，返回结果为 Time 类
    void gettime();
```

```
    private:
    int hours,minutes,seconds;
}
;
Time Time :: operator+(Time&time)
{
    int h,m,s;
    s=time.seconds+seconds;
    m=time.minutes+minutes;
    h=time.hours+hours;
    Time result(h,m,s);
    return result;
}
void Time :: gettime()
{
    cout<<hours<<":"<<minutes<<":"<<seconds);
}
int main()
{
    Time t1(8,10,10),t2(4,15,30),t3;
    t3=t1+t2;
    t3.gettime();
    return 0;
}
```

【例 9.4】 用类的友元函数来实现。

```
#include <iostream>
using namespace std;
class Time
{
    public:
    Time()
    {
        hours=0;
        minutes=0;
        seconds=0;
    }
    //无参构造函数
    //重载构造函数
    Time(int h,int m,int s)
    {
        hours=h;
        minutes=m;
        seconds=s;
    }
    friend Time operator+(Time&,Time&);
    //重载运算符为友元函数形式。友元不是类成员，
    //所以，这里要用两个参数，返回的结果是这两个参数的和
```

```
        void gettime();
        private :
        int hours,minutes,seconds;
    }
    ;
    Time operator+(Time&time1,Time&time2)
    {
        int h,m,s;
        s=time1.seconds+time2.seconds;
        //计算秒数
        m=time1.minutes+time2.minutes;
        //计算分数
        h=time1.hours+time2.hours;
        //计算小时数
        Time result(h,m,s);
        return result;
    }
    void Time :: gettime()
    {
        cout<<hours<<":"<<minutes<<":"<<seconds);
    }
    int main()
    {
        Time t1(8,10,10),t2(4,15,30),t3;
        t3=t1+t2;
        //调用友元函数
        t3.gettime();
        return 0;
    }
```

9.6 重载单目运算符

单目运算符只有一个操作数，如!x、--y、++m。重载单目运算符与重载双目运算符的方法是类似的。但由于单目运算符只有一个操作数，因此运算符重载函数只有一个参数，如果运算符重载函数作为成员函数，则一个参数也没有。

类的单目运算符可重载为一个没有参数的非静态成员函数或者带有一个参数的非成员函数，参数必须是用户自定义类型的对象或者是对该对象的引用。

【例9.5】将负号"−"重载为友元函数。

```
#include <iostream>
using namespace std;
//定义 Complex 类
class Complex
{
    public:
    Complex()
```

```
    {
        real=0;
        imag=0;
    }
    //定义构造函数
    Complex(int r,int i)
    {
        real=r;
        imag=i;
    }
    //构造函数重载
    friend Complex operator-(Complex&x);
    //复数相加函数
    void output();
    //声明输出函数
    protected:
    int real;
    //复数实部
    int imag;
    //复数虚部
};
;


Complex operator-(Complex&x)
{
    Complex c;
    c.real=-x.real;
    c.imag=-x.imag;
    return c;
}

//定义输出函数
void Complex :: output()
{

    cout<<real;
    if(imag>0)
    cout<<"+"<<imag<<"i"<<endl;
    else
    cout<<imag<<"i"<<endl;
}
int main()
{
    Complex m1(6,-8),m2;
    m2=-m1;
    //运算符-用于复数运算
    m2.output();
```

```
    return 0;
}
```

程序运行结果：

```
-6+8i
```

注意：如果不出结果，将前两行改为#include <iostream.h>即可。

在 C++中，单目运算符有++和--，它们是变量自动增 1 和自动减 1 的运算符。在类中可以对这两个单目运算符进行重载。

如同"++"运算符有前缀和后缀两种使用形式一样，"++"和"--"重载运算符也有前缀和后缀两种运算符重载形式，以"++"重载运算符为例，其语法格式如下：

```
<函数类型> operator ++();            //前缀运算
<函数类型> operator ++（int）;        //后缀运算
```

使用前缀运算符的语法格式如下：

```
++<对象>;
```

使用后缀运算符的语法格式如下：

```
<对象>++;
```

下面以自增运算符"++"为例，介绍单目运算符的重载。

【例 9.6】 重载自增运算符

```cpp
#include <iostream.h>
using namespace std;
class Counter
{
    public:
    Counter(int a)
    {
        x=a;
    }
    operator++()
    {
        ++x
    }
    ;
    operator++(int)
    {
        x=x+10
    }
    ;
    void disp()
    {
        cout<<x<<endl;
    }
    private:
    int x;
```

```
    }
    ;
    void main()
    {
        Counter A(4),B(2);
        ++A;
        B++;
        A.Disp;
        B.disp;
    }
```

程序运行结果：

```
5
12
```

可以看到，重载后置自增运算符时，多了一个 int 型的参数，增加这个参数只是为了与前置自增运算符重载函数有所区别，此外没有任何作用。编译系统在遇到重载后置自增运算符时，会自动调用此函数。

9.7 重载流插入运算符和流提取运算符

C++的流插入运算符"<<"和流提取运算符">>"是 C++在类库中提供的，所有 C++编译系统都在类库中提供输入流类istream和输出流类ostream，cin 和 cout 分别是istream类和ostream类的对象。

在类库提供的头文件中已经对"<<"和">>"进行了重载，使之作为流插入运算符和流提取运算符，能用来输出和输入 C++标准类型的数据。因此凡用"cout<<"和"cin>>"对标准类型数据进行输入、输出的，都要用#include <iostream>把头文件包含到本程序文件中。

用户自己定义的类型是不能直接用"<<"和">>"类输出和输入的。如果想用它们输出和输入自己声明的类型的数据，则必须对它们重载。对"<<"和">>"重载的函数形式如下：

```
istream& operator>>(istream&,自定义类&);
ostream& operator<<(ostream&,自定义类&);
```

即重载运算符">>"的函数的第一个参数和函数的类型都必须是 istream&类型，第二个参数是要进行输入操作的类。重载运算符"<<"的函数的第一个参数和函数的类型都必须是ostream&类型，第二个参数是要进行输出操作的类。因此，只能将"<<"和">>"的函数作为友元函数或普通函数，而不能将它们定义为成员函数。

【例 9.7】 重载流插入运算符"<<"。

```
#include<iostream>
using namespace std;
class Kpoint
{
    private:
    int x,y;
    public:
```

```
        Kpoint(int a,int b)
        {
            x=a;
            y=b;
        }
        friend ostream&operator<<(ostream&output,Kpoint&p);
        //使用友元函数重载<<输出运算符
        {
            cout<<"x="<<p.x<<",y="<<p.y<<endl;
            return output;
        }
}
int main()
{
    Kpoint a(1,2);
    cout<<a<<endl;
    return 0;
}
```

程序运行结果:

```
x=1,y=2
```

说明：

重载运算符"<<"函数中的参数 cout 是 ostream 类对象的引用。在执行过程中，执行语句 cout<<a 实际上是调用了函数 operator<<函数，把 cout 和 a 作为函数的参数，而 output 和 p 作为这两个参数的引用。

重载运算符"<<"函数，由于在 Kpoint 类中重载为友元函数，它的作用对象只能是用来输出 Kpoint 类的对象，对其他的类型是无效的。

【例 9.8】 重载流提取运算符 ">>"。

```
#include<iostream>
using namespace std;
class Kpoint
{
    private :
    int x,y;
    public :
    Kpoint(int a,int b)
    {
        x=a;
        y=b;
    }
    friend istream&operator>>(istream&input,Kpoint&p)
    {
        input>>p.x>>p.y;
        return input;
    }
    //使用友元函数重载>>输出运算符
```

```
            friend ostream&operator<<(ostream&output,Kpoint&p)
            {
                output<<"x="<<p.x<<",y="<<p.y<<endl;
                return output;
            }
            //使用友元函数重载<<输出运算符
    };
    int main()
    {
        Kpoint a;
        cin>>a;
        cout<<a<<endl;
        return 0;
    }
```

程序运行结果：

```
6 8                    //程序运行时输入值
x=6，y=8               //输出结果
```

重载运算符"$>>$"函数中的参数 cin 是 istream 类对象的引用。在执行过程中，执行语句 cin>>a 实际上是调用了 operator>>函数，把 cin 和 a 作为函数的参数，而 input 和 p 作为这两个参数的引用。

9.8　不同类型数据间的转换

在使用重载的运算符时，往往需要在自定义数据类型和系统预定义的数据类型之间进行转换，或者需要在不同的自定义数据类型之间进行转换。对于标准类型的转换，编译系统有章可循，知道怎样进行转换。而对于用户自己声明的类型，编译系统并不知道怎样进行转换。解决这个问题的关键是让编译系统知道怎样去进行这些转换，需要定义专门的函数来处理。

转换函数就是在类中定义一个成员函数，作用是将类转换为某种数据类型。

```
#include<iostream>
using namespace std;
class Kpoint
{
    private :
    int x,y;
    public :
    Kpoint(int a,int b)
    {
        x=a;
        y=b;
    }
};
int main()
{
```

```
    Kpoint a(2,3);
    cout<<a<<endl;
    return 0;
}
```

我们希望通过 cout<<a<<endl;输出类对象 a 的值，但是通过运算符重载知道，对于自己定义的类是不能直接输出的。在这里，我们也可以利用转换函数将类的对象 a 转换成某种数据类型，然后再输出。

在 C++中定义类型转换函数的一般形式为：

```
类名::operator 目标类型()
{
    ...
    return 目标类型的数据;
}
```

目标类型是所要转化成的类型名，既可以是预定义及基本类型，也可以是自定义类型。

类型转换函数的函数名（operator 目标类型）前不能指定返回类型没有参数，但函数体最后一条语句一般为 return 语句，返回的是目标类型的数据。

【例 9.9】 使用转换函数。

```
#include <iostream>
using namespace std;
class Data
{
    private:
    //私有
    int val;
    public:
    Data(int i)
    {
        val=i;
    }
    Operator int();
};
Data :: operator int()
{
    return val;
}
int main()
{
    Data m(20);
    int i=m;
    cout<<i<<endl;
    i=i+m;
    cout<<i<<endl;
    cout<<float(m)<<endl;
    return 0;
}
```

Data 类的类型转换函数返回数据成员 val 的值，该类型转换函数的作用是将 Data 的对象 m 强制转换为整型。执行语句"int i=m;"时，由于赋值运算符的右边被期望是一个 int 类型的操作数，因此，类 Data 的转换函数被调用，该语句等价为"i=m.operator int();"。

思考与练习

1．运算符重载的含义是什么？是否所有运算符都可以重载？

2．运算符重载有哪两种形式？有何区别？

3．为什么流运算符"<<"和">>"应该重载为友元函数？

4．有两个矩阵 a 和 b，均是 3 行 3 列，求两个矩阵的和。重载运算符"+"，使之能用于矩阵相加。

5．定义复数类的加法与减法，使之能够执行下列运算。

```
Complex a(6,2)b(8,5)c(0,0);
c=a+b;
c=4.2+a;
c=b+5.6
```

第 10 章

继承与派生

本章知识点：

- 继承和派生的概念
- 继承和派生的工作方式
- 派生类的构造函数和析构函数
- 多重继承和组合

基本要求：

- 了解继承是面向对象程序设计的关键概念之一
- 掌握派生类可以继承基类所有公有和保护的数据成员和成员函数。派生类的成员不能访问基类中私有的数据成员和成员函数。派生类不能继承基类的构造函数和析构函数
- 掌握派生类的构造函数的执行顺序、派生类析构函数的执行顺序
- 掌握派生类可以重载基类的成员函数
- 掌握多重继承的应用方法

能力培养目标：

通过本章的学习，使学生了解面向对象设计的语言的精髓，培养学生对不断出现的问题的解决能力和获取广博知识的能力。深刻理解继承性是面向对象程序设计中的最重要的机制，这种机制自动地为一个类提供另一个类的操作和数据结构，这使得程序员只需在新类中对没有的成分进行定义，从而获得新的资源。

软件开发技术最关心的是软件的安全与开发效率，面向对象程序设计方法提供了强有力的支持。面向对象编程主要的目的之一是提供可重用的代码。开发新项目，尤其是当项目十分庞大时，重用经过测试的代码比重新编写代码要好得多。使用已有的代码可以节省时间，由于已有的代码已被使用和测试过，因此有助于避免在程序中引入错误。

类的封装机制可以很好地保护一个对象的数据成员（对象的属性或状态），同时也为控制对象提供了成员函数（对象的行为或操作），将对象的属性与操作封装为一体是一种非常有效的机制。如果实际当中遇到与已经定义的类相似的问题，是从头开始重新建立一个类，还是去修改原来已经定义的类，面向对象程序设计技术中的继承机制可以更好地解决这个问题。继承机制可以使用已存在的类定义一个新的类，已存在的类称为基类或父类，新定义的类称为派生类或子类。派生类可以继承基类的成员，体现出代码重用或开发效率。在不破坏基类的情况下，可以为派生类增加新的成员，是一种进一步的再封装。继承性是面向对象程序设计最重要的特征。

10.1 继承与派生的概念

现实世界中各种事物都是互相联系的，事物之间有一种重要的关系就是继承，最简单的情况：一个派生类只从一个基类派生，这称为单继承（single inheritance），这种继承关系所形成的层次是一个树形结构，如图 10-1 所示。

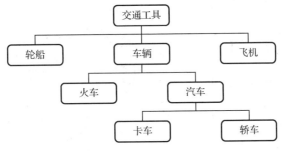

图 10-1 基类和派生类图

最顶部的类称为基类或父类，是交通工具，这个基类有轮船类、车辆类和飞机类，每个类都以交通工具作为父类。车辆类有火车类和汽车类，每个类都以车辆类作为父类。交通工具可以称为其祖先类。汽车类是卡车类和轿车类的父类。在这个四个层次的类中，它用继承来派生子类。继承就是从先辈处得到属性和行为。类的继承，是新的类从已有的类那里得到已有的特征，从另一个角度看，从已有类产生新类的过程就是类的派生。由原有类产生新类时，新类在保持原类特征的同时也可以加入自己所特有的特征。原有的类称为基类或父类，新产生的类称为派生类或子类。"基类"、"派生类"是相对的：一个基类也可以是一个更高层次的派生类，而一个派生类也可以进一步派生出更下层的类。这样就形成了类的层次结构。

继承机制使软件的重用性成为可能，根据已有的父类（基类）创造新的子类的时候，无须去修改父类的内容，通过继承的方式产生新类，新类自然而然地就继承了父类的一些特征和操作，而无须在子类中重新编写和定义父类的内容，同时子类也可以有自己的特征和操作。

例如，已声明了日期基本数据的类 Date：

```
class Date
{
    public:
    //对成员函数 display 的定义
    void display()
    {
        cout<<"year: "<<year<<endl;
        cout<<"month: "<<month<<endl;
        cout<<"dat: "<<day<<endl;
    }
    private:
    int year;
    int month;
    int day;
};
```

　　如果日期除了需要用到年、月、日以外，还需要用到小时、分钟、秒等信息，当然可以重新声明另一个类 class Datetime：

```
class Datetime
{
  public:
  void display( )                    //此行原来已有
    {
    cout<<"year: " <<year<<endl;       //此行原来已有
    cout<<"month: "<< month <<endl;    //此行原来已有
    cout <<"day: "<<day<<endl;         //此行原来已有
    cout <<"hour: "<<hour<<endl;       //新增加行
    cout <<"minute: "<<minute<<endl;   //新增加行
    cout <<"second: "<<second<<endl;   //新增加行
    }
  private:
  int year;                          //此行原来已有
  int month;                         //此行原来已有
  int day;                           //此行原来已有
  int hour;                          //新增加行
  int minute;                        //新增加行
  int second;                        //新增加行
};
```

　　可以看到有相当一部分是原来已经有的，可以利用原来声明的类 Date 作为基础，再加上新的内容即可，以减少重复的工作量。C++提供的继承机制就是为了解决这个问题。

　　继承常用来表示类属关系，不能将继承理解为构成关系。当现存类中派生出新类时，可以对派生类做如下几种变化：

　　（1）可以增加新的数据成员，如上面的 Datetime 中增加了 hour、minute、second 数据成员。

　　（2）可以增加新的成员函数。

　　（3）可以重新定义已有的成员函数，如 Datetime 中重新定义了 display 函数。

　　（4）可以改变现有成员的属性。

10.2　派生类的声明方式

C++中派生类声明：

```
class 派生类名：继承方式 基类名 1，继承方式 基类名 2，……，继承方式 基类名 n
  {
      派生类成员声明；
  }
```

　　声明中的"基类名"是已有类的名称，"派生类名"是继承原有类的特征而生成的新类的名称。如果一个派生类同时有多个基类则称为多继承，否则称为单继承。通过派生，基类中的所有成员为派生类所继承，成为派生类的成员。另外，派生类中还可以声明其他成员。

　　继承方式包括 public（公有的）、private（私有的）和 protected（受保护的），此项是可选的，如果不写此项，则默认为 private（私有的）。

下面通过一个例子来说明怎样通过继承来创建派生类。

假设已经声明了一个基类 Date，在此基础上通过单继承建立一个派生类 Date1：

```
class Date1: public Date              //声明基类是 Date
{
public:
        void display_1( )             //新增加的成员函数
    {
        cout<<"hour: "<<hour<<endl;
        cout<<"minute: "<<minute<<endl;
        cout<<"second: "<<second<<endl;
    }
private:
        int minute;                   //新增加的数据成员
        int hour;                     //新增加的数据成员
        int second;
};
```

"class Date1: public Date"中在 class 后面的 Date1 是新建的类名，冒号后面的 Date 表示是已声明的基类，在 Date 之前有一关键字 public，用来表示基类 Date 中的成员在派生类 Date1 中的继承方式。基类名前面有 public 的称为"公有继承"。

10.3 派生类的构成

【例 10.1】 编写程序设计一个狗与动物类的关系。

```
#include<iostream>
using namespace std;
enum MyColor{BLACK,WHITE};
class Animal
{
public:
        Animal(){};
        ~Animal(){};
        Animal(int age,int weight):itsAge(age),itsWeight(weight){};
        int GetAge(){return itsAge;}
        int GetWeight(){return itsWeight;}
        void SetAge(int age){itsAge=age;}
        void SetWeight(int weight){itsWeight=weight;}
        void Speek(){cout<<"animal language!"<<endl;}
protected:
        int itsAge;                   //年龄
        int itsWeight;                //体重
};
class Dog:public Animal{
public:
```

```
        Dog(){};
        ~Dog(){};
        MyColor GetColor(){return itsColor;}
        void SetColor(MyColor color){itsColor=color;}
        void Speek(){cout<<"Dog language!"<<endl;}
    private:
        MyColor    itsColor;

};
int main()
{
        Dog dog;
        dog.SetAge(25);
        dog.SetWeight(50);
        dog.SetColor(WHITE);
        cout<<"dog age=    "<<dog.GetAge()<<endl;
        cout<<"dog weight=    "<<dog.GetWeight()<<endl;
        cout<<"dog color=    "<<dog.GetColor()<<endl;
        dog.Speek();
        return 0;
}
```

程序运行结果：

```
dog age=    25
dog weight= 50
dog color=    1
dog language !
```

在本例中，Animal 是基类，Dog 是派生类。在基类中包括数据成员和成员函数（或称数据与方法）两部分，派生类分为两大部分：一部分是从基类继承来的成员，另一部分是在声明派生类时增加的部分。每一部分均分别包括数据成员和成员函数。

实际上，并不是把基类的成员和派生类自己增加的成员简单地加在一起就成为派生类。从上例中我们可以看到在基类中有 Speek()函数，在派生类里面新增的部分也有 Speek()函数，从这个角度说派生类并不是简单地继承了基类的 Speek()函数。

构成一个派生类大致包括以下几部分：

（1）从基类继承的成员和函数。继承后，派生类继承基类中除构造函数和析构函数外的所有成员。注意，派生过程中构造函数和析构函数都不被继承。本例中派生类的 Dog 继承了基类 Animal 的所有成员，包括 itsAge、itsWeight、GetAge()、GetWeight()、SetAge()、SetWeight()、Speek()。

（2）调整从基类继承的成员。当派生类的同名属性或行为具有不同的特征时，就要在派生类中重新声明或定义，赋予新的含义，从而完成对基类成员的改造。这样就隐藏了基类中的同名成员，这称为同名隐藏。本例中 Dog 类对 Speek()函数进行了改造，因为并不是每种动物都有共同语言。

（3）在派生类中新增的数据成员和成员函数。派生类中添加新成员使得派生类在功能上有所扩展。这里派生类 Dog 中添加了新的数据成员 itsColor 和函数成员 GetColor()、SetColor()，从而实现了派生类 Dog 在功能上的扩展。

10.4　派生类成员的访问属性

既然派生类中包含基类成员和派生类自己增加的成员，就产生了这两部分成员的关系和访问属性的问题。在建立派生类的时候，并不是简单地把基类的私有成员直接作为派生类的私有成员，把基类的公有成员直接作为派生类的公有成员。

实际上，对基类成员和派生类自己增加的成员是按不同的原则处理的。具体说，在讨论访问属性时，要考虑以下几种情况：

① 基类的成员函数访问基类成员。

② 派生类的成员函数访问派生类自己增加的成员。

③ 基类的成员函数访问派生类的成员。

④ 派生类的成员函数访问基类的成员。

⑤ 在派生类外访问派生类的成员。

⑥ 在派生类外访问基类的成员。

对于第①种和第②种情况，比较简单，基类的成员函数可以访问基类成员，派生类的成员函数可以访问派生类成员。私有数据成员只能被同一类中的成员函数访问，公有成员可以被外界访问。第③种情况也比较明确，基类的成员函数只能访问基类的成员，而不能访问派生类的成员。第⑤种情况也比较明确，在派生类外可以访问派生类的公有成员，而不能访问派生类的私有成员。

对于第④种和第⑥种情况，就稍微复杂一些，也容易混淆。譬如，有人提出这样的问题：基类中的成员函数是可以访问基类中的任一成员的，那么派生类中新增加的成员是否可以同样地访问基类中的私有成员呢？在派生类外，能否通过派生类的对象名访问从基类继承的公有成员？

这些牵涉如何确定基类的成员在派生类中的访问属性的问题，不仅要考虑对基类成员所声明的访问属性，还要考虑派生类所声明的对基类的继承方式，根据这两个因素共同决定基类成员在派生类中的访问属性。

前面已提到，在派生类中，对基类的继承方式可以有 public（公有的）、private（私有的）和 protected（保护的）三种。不同的继承方式决定了基类成员在派生类中的访问属性。简单地说可以总结为以下几点。

（1）公有继承（public inheritance）。基类的公有成员和保护成员在派生类中保持原有访问属性，其私有成员仍为基类私有。

（2）私有继承（private inheritance）。基类的公有成员和保护成员在派生类中成了私有成员，其私有成员仍为基类私有。

（3）受保护的继承（protected inheritance）。基类的公有成员和保护成员在派生类中成了保护成员，其私有成员仍为基类私有。保护成员的意思是，不能被外界引用，但可以被派生类的成员引用。

10.4.1　公有继承

```
class 派生类名:public 基类名
    {
```

```
    派生类新增的数据成员和成员函数;
    }
```

在定义一个派生类时将基类的继承方式指定为 public 的，称为公有继承。

当派生类对基类的继承方式为公有继承时，基类的公有成员和保护成员被继承到派生类中仍作为派生类的公有成员和保护成员，派生类的其他成员可以直接访问它们。其他外部使用者只能通过派生类的对象访问继承来的公有成员，而无论是派生类的成员还是派生类的对象，都无法访问基类的私有成员（基类的私有成员只能由基类本身的成员访问）。

【例 10.2】　通过公有继承 Point（点）类派生 Rectangle（矩形）类。

```cpp
#include <iostream.h>
#include <math.h>
class Point
{
    private:
    float X,Y;
    public:
    Point(){X=0;Y=0;}
    void InitP(float xx=0, float yy=0) {X=xx;Y=yy;}
    void Move(float xOff,float yOff) { X+=xOff; Y+=yOff; }
    float GetX(){return X;}
    float GetY(){return Y;}
};
class Rectangle: public Point
{
    private:
    float W,H;
    public:
    void InitR(float x, float y,float w,float h)
    {    InitP(x,y) ;  W=w,H=h;    }
    float GetH() {return H;}
    float GetW() {return W;}
};
int main()
{
    Rectangle rect;
    rect.InitR(2,3,20,10);
    rect.Move(3,2);
    cout <<"The data of rect(X,Y,W,H):" <<endl;
    cout <<rect.GetX() <<","
    <<rect.GetY() <<","
    <<rect.GetW() <<","
    <<rect.GetH() <<endl;
    return 0;
}
```

程序运行结果：

```
The data of rect(X,Y,W,H):
5,5,20,10
```

矩形类 Rectangle 是由一个点加上长和宽构成的，矩形的点具备了 Point 类的全部特征，同时矩形也有自身的特点。通过公有继承，基类中公有的和保护成员的访问属性在派生类中不变，而基类的私有成员不可直接访问。因此在本例中 point 类的公有成员 GetX()、GetY()、InitP(float xx=0, float yy=0)、Move(float xOff,float yOff)继承到矩形类中可以直接访问，但私有成员像 x 和 y 必须通过公有成员 GetX()、GetY()才能访问。

公有继承总结：

派生类对基类成员的访问无非就两种：内部访问（即函数访问）和对象访问。

内部访问：基类的公有成员、保护成员。

对象访问：基类的公有成员。

基类中的私有成员在派生类中不可直接访问（不管是内部访问还是对象访问）。

10.4.2　私有继承

```
class 派生类名:private 基类名
    {
        派生类新增的数据成员和成员函数;
    }
```

在声明一个派生类时将基类的继承方式指定为 private 的，称为私有继承。

当类的继承方式为私有继承时，基类中的公有成员和保护成员被继承后作为派生类的私有成员，派生类的其他成员可以直接访问它们，但是在类外部通过派生类的对象无法访问。无论是派生类的成员还是派生类的对象都无法访问从派生类继承的私有成员。

【例 10.3】　通过私有继承 Point（点）类派生 Rectangle（矩形）类。

```cpp
#include    <iostream.h>
#include    <math.h>
class Point
{
    private:
    float X,Y;
    public:
    void InitP(float x=0, float y=0) {X=x;Y=y;}
    void Move(float xOff,float yOff) { X+=xOff; Y+=yOff;        }
    float GetX(){return X;}
    float GetY(){return Y;}
};
class Rectangle: private Point
{
    private:
    float W,H;
    public:
    void InitR(float x, float y,float w,float h)
    {        InitP(x,y);W=w;H=h;        }
    void Move(float xOff, float yOff)
    {Point::Move(xOff,yOff);}
```

```
        float GetX() {return Point::GetX();}
        float GetY() {return Point::GetY();}
        float GetH() {return H;}
        float GetW() {return W;}
    };
      int main()
    {
        Rectangle rect;
        rect.InitR(2,3,20,10);
        rect.Move(3,2);
    cout <<"The data of rect(X,Y,W,H):" <<endl;
    cout <<rect.GetX() <<","
    <<rect.GetY() <<","
    <<rect.GetW() <<","
    <<rect.GetH() <<endl;
    return 0;
}
```

程序运行结果：

```
The data of rect(X,Y,W,H):
5,5,20,10
```

矩形类 Rectangle 是由一个点加上长和宽构成的，矩形的点具备了 Point 类的全部特征，同时矩形也有自身的特点。通过私有继承，基类中公有的和保护成员的访问属性在派生类中都变为私有成员，而基类的私有成员在派生类中不可直接访问。因此在本例中 Point 类的公有成员继承后在 Rectangle 类中访问属性变为私有，Rectangle 类对象不能直接访问，需要在 Rectangle 类中重新定义 GetX()和 GetY()。因此，在私有继承下，派生类 Rectangle 的对象只能调用自己的公有成员，不可能访问到基类的任何一个成员。

私有继承总结：

内部访问：基类的公有成员、保护成员。

对象访问：都不可访问。

基类中的私有成员在派生类中不可直接访问（不管是内部访问还是对象访问）。

由于私有派生类限制太多，使用不方便，一般不常使用。

10.4.3　保护成员和保护继承

```
class 派生类名:protected  基类名
    {
        派生类新增的数据成员和成员函数;
    }
```

在定义一个派生类时将基类的继承方式指定为 protected 的，称为保护继承。

protected 与 public 和 private 一样是用来声明成员的访问权限的。由 protected 声明的成员称为"受保护的成员"，或简称"保护成员"。从类的用户角度来看，保护成员等价于私有成员。但有一点与私有成员不同，保护成员可以被派生类的成员函数引用。

保护继承中，基类的公有和保护成员都以保护成员的身份出现在派生类中，即派生类的其他成员都可以直接访问从基类继承来的公有和保护成员，但在类外部通过派生类的对象无法访问它们。基类的私有成员不可访问。

基类的私有成员被派生类继承（不管是私有继承、公有继承还是保护继承）后变为不可访问的成员，派生类中的一切成员均无法访问它们。如果需要在派生类中引用基类的某些成员，应当将基类的这些成员声明为 protected，而不要声明为 private。

通过以上的介绍，可以知道：在派生类中，成员有四种不同的访问属性：

● 公有的，派生类内和派生类外都可以访问。

● 受保护的，派生类内可以访问，派生类外不能访问，其下一层的派生类可以访问。

● 私有的，派生类内可以访问，派生类外不能访问。

● 不可访问的，派生类内和派生类外都不能访问。

【例 10.4】　保护继承举例。

```cpp
#include <iostream>
#include <string>
using namespace std;
class CBase {
    string name;
    int age;
public:
    string getName() {
        return name;
    }
    int getAge() {
        return age;
    }
protected:
    void setName(string s) {
        name = s;
    }
    void setAge(int i) {
        age = i;
    }
};

class CDerive : protected CBase {                    //用 "protected" 指定保护继承
public:
    void setBase(string s, int i) {
        setName(s);                                  //调用基类的保护成员
        setAge(i);                                   //调用基类的保护成员
        //调用基类的私有成员
        //cout << name << "    " << age << endl;     //编译出错
    }
    string getBaseName() {
        return getName();                            //调用基类的公有成员
    }
    int getBaseAge() {
        return getAge();                             //调用基类的公有成员
    }
```

```
};

int main ( )
{
    CDerive d;
    d.setBase("abc", 100);

    //调用基类的私有成员
    //cout << d.name << "    " << d.age << endl;                //编译出错

    //调用基类的公有成员
    //cout << d.getName() << " " << d.getAge() << endl;        //编译出错
    cout << d.getBaseName() << "    " << d.getBaseAge() << endl;
        //调用基类的保护成员
    //d.setName("xyz");                                        //编译出错
    //d.setAge(20);                                            //编译出错

    return 0;
}
```

程序运行结果：

abc　　100

在派生类的成员函数中引用基类的保护成员是合法的。基类的保护成员对派生类的外界来说是不可访问的（例如，setName 是基类 CBase 中的保护成员，由于派生类是保护继承，因此它在派生类中仍然是受保护的，外界不能用 d.setName 来引用它），但在派生类内，它相当于私有成员，可以通过派生类的成员函数访问。可以看到，保护成员和私有成员的不同之处，在于把保护成员的访问范围扩展到派生类中。

10.4.4　多级派生时的访问属性

图 10-2　多级派生

在实际项目开发中，经常会有多级派生的情况。如图 10-2 所示的派生关系：类 A 为基类，类 B 是类 A 的派生类，类 C 是类 B 的派生类，则类 C 也是类 A 的派生类；类 B 称为类 A 的直接派生类，类 C 称为类 A 的间接派生类；类 A 是类 B 的直接基类，是类 C 的间接基类。

在多级派生的情况下，各成员的访问属性仍按以上原则确定。

【例 10.5】多级派生举例。

```
#include <iostream>
using namespace std;
class Base
{
    public:
    //公有的
    int a1;
    virtual void test()=0;
    protected:
```

```
        //受保护的
        int a2;
    private:
        //私有的
        int a3;
};
class ProtectedClass:
//保护继承
protected Base
{
    public:
    void test()
    {
        a1=1;
        //a1 在这里被转变为 protected
        a2=2;
        //a2 在这里被转变为 protected
        //a3=3;                                    //错误，派生类不能访问基类的私有成员
    }
};
class ControlProtectedClass:
public ProtectedClass
//以 public 方式继承 ProtectedClass 类
{
    public:
    void test()
    {
        a1=1;
        //a1 在这里仍然保持为 a1，被转变为 protected
        a2=2;
        //a2 在这里仍然保持为 a2，被转变为 protected
        //a3=3;//错误,由于 Base 类成员为私有的，即使上级父类是保护继承，也不能改变 Base 类成员的
            //控制类型
    }
};
class PrivateClass:
//私有继承
private Base
{
    public:
    void test()
    {
        a1=1;
        //a1 在这里被转变为 private
        a2=2;
        //a2 在这里被转变为 private
        //a3=3;                         //错误，基类私有成员对文件区域与派生类区域都是不可访问的
    }
```

```cpp
};
class ControlPrivateClass:
public PrivateClass
//以 public 方式继承 PrivateClass 类
{
    public:
    void test()
    {
        //a1=1;              //错误，由于基类 PrivateClass 为私有继承，a1 已经转变为 private
        //a2=2;              //错误，由于基类 PrivateClass 为私有继承，a2 已经转变为 private
        //a3=3;              //错误，由于 Base 类成员为私有的，PrivateClass 类也为私有继承
    }
};
class PublicClass:
public Base
//公有继承区别于其他方式的继承，继承后的各成员不会改变其控制方式
{
    public:
    void test()
    {
        a1=1;
        //a1 仍然保持 public
        a2=2;
        //a2 仍然保持 protected
        //a3=3;              //错误，派生类不能操作基类的私有成员
    }
};
class ControlPublicClass:
//以 public 方式继承 PublicClass 类
public PublicClass
{
    public:
    void test()
    {
        a1=1;
        //a1 仍然保持 public
        a2=2;
        //a2 仍然保持 protected
        //a3=3;//错误，由于 Base 类成员为私有成员，即使上级父类是公有继承，也不能改变 Base 类成
        //员的控制类型
    }
};
int main()
{
    system("pause");
    return 0;
}
```

在继承关系中，基类的私有成员不但对应用程序隐藏，即使是对派生类也是隐藏不可访问的；而基类的保护成员只对应用程序隐藏。对于派生类来说是不隐藏的，保护继承与私有继承在实际编程工作中的使用是极其少见的，它们只在技术理论上有意义。

10.5　派生类的构造函数和析构函数

基类对象构建时都有构造函数或采用默认的构造函数。在派生类中，创建派生类对象时，如何调用基类的构造函数对基类数据初始化？撤销派生类对象时，如何调用基类的析构函数对基类对象的数据成员进行善后处理？

由于构造函数不能被继承，因此，派生类的构造函数中除了对派生类中数据成员进行初始化外，还必须通过调用直接基类的构造函数来对基类中的数据成员初始化，一般派生类中的数据成员初始化放在该派生类构造函数的函数体内，而调用基类构造函数的基类中的数据成员初始化放在该构造函数的成员初始化表中。

派生类构造函数的格式如下：

```
    <派生类构造函数名>(<参数表>) : <成员初始化表>
{
    <派生类构造函数的函数体>
}
```

其中，<派生类构造函数名>同该派生类的类名。<成员初始化表>中包含如下的初始化项：

① 基类的构造函数，用来给基类中的数据成员初始化；
② 子对象的类的构造函数，用来给派生类中子对象的数据成员初始化；
③ 派生类中常成员的初始化。

<派生类构造函数的函数体>用来给派生类中的数据成员初始化。

派生类构造函数的调用顺序如下：

① 基类构造函数；
② 子对象的构造函数；
③ 成员初始化表中其他初始化项；
④ 派生类构造函数的函数体。

在基类中有默认构造函数时，派生类的构造函数中可隐含调用基类中的默认构造函数。

当派生类对象的生存期结束时，要调用析构函数。析构函数的执行顺序与构造函数正好相反，即按派生序列的相反顺序调用执行。由于析构函数对于一个类是唯一的，因此对析构函数的调用永远是自动的和隐含的，无须显式地表示出来。

10.5.1　基类构造函数不包括参数

派生类构造函数的执行顺序是首先执行基类的构造函数，然后执行派生类的构造函数。派生类析构函数的执行顺序是首先执行派生类的析构函数，然后执行基类的析构函数。当基类的构造函数没有参数，或没有显式定义构造函数时，派生类可以不像基类传递参数，甚至可以不定义构造函数。

【例 10.6】 基类构造函数不包括参数。

```cpp
#include<iostream>
using namespace std;
class Baseclass
{
    public:
    int number;
    Baseclass()
    {
        cout<<"baseclass 的构造函数"<<endl;
    }
    ~Baseclass()
    {
        cout<<"baseclass 的析构函数"<<endl;
    }   ;
    private:
};
class Derived:
public Baseclass
{
    public:
    Derived()
    {
        cout<<"derived 的构造函数"<<endl;
    }   ;
    ~Derived()
    {
        cout<<"derived 的析构函数"<<endl;
    }   ;
    private:
};
int main()
{
    Derived a;
    return 0;
}
```

程序运行结果：

```
baseclass 的构造函数
derived 的构造函数
derived 的析构函数
baseclass 的析构函数
```

10.5.2 基类构造函数包括参数

在类中对派生类构造函数做声明时，不包括基类构造函数名及其参数表列，只在定义函数时才将它列出。调用基类构造函数时的实参是从派生类构造函数的总参数表中得到的，也可以不从派生类构造函数的总参数表中传递过来，而直接使用常量或全局变量。

【**例 10.7**】 基类构造函数包括参数。

```
#include<iostream>
using namespace std;
class Baseclass
{
    public:
    Baseclass(int n)
    {
        cout<<"baseclass 的构造函数"<<endl;
        a=n;
    }
    ~Baseclass()
    {
        cout<<"baseclass 的析构函数"<<endl;
    }
    void showa()
    {
        cout<<"a="<<a<<endl;
    }
    private:
    int a;
};
class Derived:
public Baseclass
{
    public:
    Derived(int i,int j):
    Baseclass(j)
    {
        cout<<"derived 的构造函数，b="<<b<<endl;
        b=i;
    }
    ~Derived()
    {
        cout<<"derived 的析构函数"<<endl;

    }
    void showb()
    {
        cout<<"b="<<b<<endl;
    }
    private:
    int b;
};
int main()
{
    Derived x(2,8);
```

```
        x.showa();
        x.showb();
        return 0;
}
```

程序运行结果：

```
baseclass 的构造函数
derived 的构造函数
a=8
b=2
derived 的析构函数
baseclass 的析构函数
```

构造函数初始化表的例子：

Derived(int i,int j):Baseclass(j)也有一个冒号，在冒号后面的是对数据成员的初始化表。

实际上，派生类构造函数中对基类成员初始化，就是构造函数初始化表。不仅可以利用初始化表对构造函数的数据成员初始化，而且可以利用初始化表调用派生类的基类构造函数，实现对基类数据成员的初始化。也可以在同一个构造函数的定义中同时实现这两种功能。对 b 的初始化也用初始化表处理，将构造函数改写为以下形式：

Derived(int i,int j):Baseclass(j),b(i) {}

这样函数体为空，更显得简单和方便。

10.5.3　有子对象的派生类构造函数

定义派生类构造函数的一般形式为：

派生类构造函数名（总参数表列）：基类构造函数名（参数表列），子对象名(参数表列)
　　　{派生类中新增数据成员初始化语句}

执行派生类构造函数的顺序是：

（1）调用基类构造函数，对基类数据成员初始化；

（2）调用子对象构造函数，对子对象数据成员初始化；

（3）再执行派生类构造函数本身，对派生类数据成员初始化。

派生类构造函数的总参数表列中的参数，应当包括基类构造函数和子对象的参数表列中的参数。基类构造函数和子对象的次序可以是任意的，如果有多个子对象，派生类构造函数的写法以此类推，应列出每一个子对象名及其参数表列。

【例 10.8】　有子对象的派生类构造函数。

```
#include<iostream>
using namespace std;
class Baseclass
{
    public:
    Baseclass(int n)
    {
        a=n;
        cout<<"baseclass 的构造函数, a="<<a<<endl;
```

```
    }
    ~Baseclass()
    {
        cout<<"baseclass 的析构函数，a="<<a<<endl;
    }
    void showa()
    {
        cout<<"a="<<a<<endl;
    }
    private:
    int a;
};
class Derived:
public Baseclass
{
    public:
    Derived(int i,int j,int k,int x):
    Baseclass(i),m(j),n(x)
    {
        b=k;
        cout<<"derived 的构造函数，b="<<b<<endl;
    }
    ~Derived()
    {
        cout<<"derived 的析构函数，b="<<b<<endl;

    }
    void showb()
    {
        cout<<"b="<<b<<endl;
    }

    private:
    int b;
    Baseclass m,n;
};
int main()
{
    Derived x(3,5,7,9);
    x.showa();
    return 0;
}
```

程序运行结果：

```
baseclass 的构造函数，a=3
baseclass 的构造函数，a=5
baseclass 的构造函数，a=9
derived 的构造函数，b=7
```

```
a=3
derived 的析构函数，b=7
baseclass 的析构函数，a=9
baseclass 的析构函数，a=5
derived 的析构函数，b=3
```

从上面的例题可知，派生类构造函数的执行过程是：

（1）对基类数据成员的初始化，如数据成员 a。

（2）对子对象数据成员的初始化，如派生类中的基本对象 m 和 n。

（3）对派生类数据成员的初始化，如数据成员 b。

派生类析构函数的执行顺序是：

（1）调用派生类的析构函数，根据派生类定义对象的后先顺序进行析构。

（2）调用基类的析构函数，根据基类对象的定义后先顺序进行析构。

10.5.4 多层派生时的构造函数

一个类不仅可以派生出一个派生类，派生类还可以继续派生，形成派生的层次结构。在上面叙述的基础上，不难写出在多级派生情况下派生类的构造函数。

例如，建立一个 Point（点）类，派生出一个 Circle（圆）类，派生出一个 Cylinder（圆柱体）类。

（1）先建立一个 Point（点）类，包含数据成员 x,y（坐标点）；

（2）以 Point 为基类，派生出一个 Circle（圆）类，增加数据成员 r（半径）；

（3）再以 Circle 类为直接基类，派生出一个 Cylinder（圆柱体）类，再增加数据成员 h（高）。

要求编写程序，设计出各类中基本的成员函数（包括构造函数、析构函数、修改数据成员和获取数据成员的公共接口、用于输出的重载运算符"<<"函数等），使之能用于处理以上类对象，最后求出圆柱体的表面积、体积并输出。（提示：此任务可以分为三个子任务分成若干步骤进行。先声明基类，再声明派生类，逐级进行，分步调试。这种方法适用于任何项目。）

● 第 1 个程序：基类 Point 类及用于测试的 main()函数。

● 第 2 个程序：声明 Point 类的派生类 Circle 及其测试的 main()函数。

● 第 3 个程序：声明 Circle 的派生类 Cylinder 及测试的 main()函数。

【例 10.9】 有子对象的派生类的构造函数。

```cpp
#include<iostream>
#define pi 3.1415
using namespace std;
class Point
{
    public:
    int x;
    int y;
    public:
    Point(int xx=0,int yy=0):
    x(xx),y(yy)
    {
    };
    ~Point();
```

```cpp
        void setPoint(int a,int b);
        friend ostream&operator<<(ostream&out,Point&a);
};
Point ::~Point()
{
}
ostream&operator<<(ostream&out,Point&a)
{
    out<<"("<<a.x<<","<<a.y<<")"<<endl;
    return out ;
}
void Point :: setPoint(int a,int b)
{
    x=a;
    y=b;
}
class Circle:
public Point
{
    public:
    int r;
    public:
    Circle(int xx,int yy,int r1):
    Point(xx,yy)
    {
        r=r1;
    }
    ~Circle();
    void setCircle(int a,int b,int c);
    friend ostream&operator<<(ostream&out,Circle&a);

};
Circle ::~Circle()
{
}
void Circle :: setCircle(int a,int b,int c)
{
    x=a;
    y=b;
    r=c;
}
ostream&operator<<(ostream&out,Circle&a)
{
    out<<"圆心："<<"("<<a.x<<","<<a.y<<")"<<endl;
    out<<"半径："<<a.r;
    return out;
}
class Cylinder:
```

```cpp
    public Circle
    {
        private:
        int h;
        public:
        Cylinder(int xx,int yy,int r1,int h1):
        Circle(xx,yy,r1)
        {
            h=h1;
        }
        ~Cylinder();
        void setCylinder(int a,int b,int c,int d);
        friend ostream&operator<<(ostream&out,Cylinder&a);
        double Carea();
        double Cvolume();
    };
    Cylinder ::~Cylinder()
    {
    }
    void Cylinder :: setCylinder(int a,int b,int c,int d)
    {
        x=a;
        y=b;
        r=c;
        h=d;
    }
    ostream&operator<<(ostream&out,Cylinder&a)
    {
        out<<"圆心:"<<"("<<a.x<<","<<a.y<<")"<<endl;
        out<<"半径:"<<a.r<<endl;
        out<<"高: "<<a.h<<endl;
        return out;
    }
    double Cylinder :: Carea()
    {
        double m;
        m=2*r*pi;
        return(m*h);
    }
    double Cylinder :: Cvolume()
    {
        return(r*r*pi*h);
    }
    int main()
    {
        Cylinder c(2,2,2,2);
        cout<<c;
        cout<<"表面积:"<<c.Carea()<<endl;
```

```
        cout<<"体积: "<<c.Cvolume()<<endl;
        system("pause");
        return 0;
}
```

程序运行结果:

```
圆心: <2,2>
半径: 2
高: 2
表面积: 25.132
体积: 25.132
```

10.6　多重继承

多重继承（multiple inheritance）指的是一个类可以同时继承多个父类的行为和特征功能。在单继承中，派生类的对象中包含了基类部分和派生类自定义部分。同样，在多重继承关系中，派生类的对象包含了每个基类的子对象和自定义成员的子对象。下面是一个多重继承关系图:

```
class A{ /* */ };
class B{ /* */ };
class C : public A { /* */ };
class D : public B, public C { /* */ };
```

C 继承了 A，派生类 D 又继承了 B 和 C，如图 10-3 所示，一个 D 对象中含有一个 B 部分、一个 C 部分（其中又含有一个 A 部分）以及在 D 中声明的非静态数据成员。

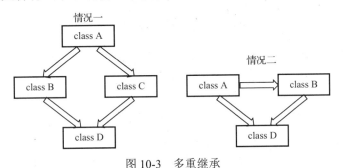

图 10-3　多重继承

多重继承是从实际需要中产生的。例如，从大学在册人员产生学生和教职工，再从学生派生研究生。如果考虑到研究生可以当助教，那么他们又有了教职工的特性。教职工可分为教师和行政人员，但行政人员也可以去授课，兼有教师的特点等，这就是多重继承。

10.6.1　声明多重继承

如果已声明了类 A、类 B 和类 C，可以声明多重继承的派生类 D:

```
class D: public A, private B, protected C
{
    类 D 新增加的成员
}
```

D 是多重继承的派生类，它以公有继承方式继承 A 类，以私有继承方式继承 B 类，以保护继承方式继承 C 类。D 按不同继承方式的规则继承 A、B、C 的属性，确定各基类的成员在派生类中的访问权限。

【例 10.10】 多重继承举例。

```cpp
#include <iostream>
using namespace std;
class B1
{
    protected:
    int b1;
    public:
    B1(int val1)
    {
        b1=val1;
        cout<<"base1 is called"<<endl;
    }
};

class B2
{
    protected:
    int b2;
    public:
    B2(int val2)
    {
        b2=val2;
        cout<<"base2 is called"<<endl;
    }
};

class D:
//调用顺序与类在此处的声明有关
public B2,public B1
{
    protected:
    int d;
    public:
    D(int val1,int val2,int val3);
};
//D::D(int val1, int val2, int val3):B1(val1),B2(val2)
D :: D(int val1,int val2,int val3):
B2(val2),B1(val1)
{
    d=val3;
    cout<<"erived class is called";
}
```

```
int main()
{
    D dobj(1,2,3);
    system("pause");
    return 0;
}
```

程序运行结果:

```
base2 is called
base1 is called
```

10.6.2 多重继承派生类的构造函数

多重继承派生类的构造函数形式与单继承时的构造函数形式基本相同,只是在初始表中包含多个基类构造函数。例如:

派生类构造函数名(总参数表列): 基类 1 构造函数(参数表列), 基类 2 构造函数(参数表列), 基类 3 构造函数(参数表列)
```
{
    派生类中新增数据成员初始化语句
}
```

各基类的排列顺序任意。

【例 10.11】 多重继承构造函数举例。

```
#include <iostream>
using namespace std;
class B1
{
    public:
    B1(int i)
    {
        cout<<"coustructing B1 "<<i<<endl;
    }
};
class B2
{
    public:
    B2(int j)
    {
        cout<<"coustructing B2 "<<j<<endl;
    }
};
class B3
{
    public:
    B3()
    {
        cout<<"coustructing B3 *"<<endl;
```

```
        }
    };
    class C:
    public B2,public B1,public B3
    {
        public:
        C(int a,int b,int c,int d):
        B1(a),memberB2(d),memberB1(c),B2(b)
        {
        }
        private:
        B1 memberB1;
        B2 memberB2;
        B3 memberB3;
    };
    int main()
    {
        C obj(1,2,3,4);
        return 0;
    }
```

程序运行结果：

```
coustructing B2 2
coustructing B1 1
coustructing B3 *
coustructing B1 3
coustructing B2 4
coustructing B3 *
```

这是一个具有一般性特征的例子，有三个基类 B1、B2 和 B3，其中 B3 只有一个默认的构造函数，其余两个基类的成员只是一个带有参数的构造函数。类 C 由这三个基类经过公有派生而来。派生类新增加了三个私有对象成员，分别是 B1、B2 和 B3 类的对象。

因为基类及内嵌对象成员都具有非默认形式的构造函数，所以派生类中需要声明一个非默认形式（即带参数）的构造函数。这个派生类构造函数的主要功能就是初始化基类及内嵌对象成员，派生类的构造函数定义为：

C(int a,int b, int c, int d):B1(a),memberB2(d),memberB1(c),B2(b){}

构造函数的参数表中给出了基类及内嵌成员对象所需的全部参数，在冒号之后，分别列出了各个基类及内嵌对象名和各自的参数。

这里有几个问题要注意：

首先，这里并没有列出全部基类和成员对象，由于 B3 类只有默认构造函数，不需要给它传递参数，因此基类 B3 以及 B3 类成员对象 memberB3 就不必列出。

其次，基类名和成员对象名的顺序是随意的。

这个派生类构造函数的函数体为空，可见实际上只是起到了传递参数和调用基类及内嵌对象构造函数的作用。

程序的主函数只是声明了一个派生类 C 的对象 obj，生成对象 obj 时调用了派生类的构造函数。考虑 C 类构造函数的执行情况，它应该是先调用基类的构造函数，然后调用内嵌对象的构造函数。基类构造函数的调用顺序是按照派生类定义时的顺序，因此应该是先 B2，再 B1，再 B3，而内嵌对象的构造函数调用顺序应该是按照成员在类中声明的顺序，应该是先 B1，再 B2，再 B3，程序运行的结果也完全证实了这种分析。

10.6.3　多重继承引起的二义性问题

对基类成员的访问必须是无二义性的，如果一个表达式的含义能解释为可以访问多个基类中的成员，称这种访问具有二义性，则这种基类成员的访问是不确定的。

下面看多继承情况下同名覆盖的例子：派生类 Child 由基类 Base1 和 Base2 公有继承而来，两个基类有同名数据成员 x 和同名函数成员 show，派生类 Child 又新增了同名的数据成员 x 和同名的函数成员 show，这样派生类 Child 中就一共有六个成员：三个同名的数据成员和三个同名的函数成员。

【例 10.12】　多继承情况下同名覆盖的例子。

```cpp
#include <iostream>
using namespace std;
// 基类 Base1 的声明
class Base1
{
    public:
    int x;
    void show()
    {
        cout<<"x of Base1: "<<x<<endl;
    }
};
// 基类 Base2 的声明
class Base2
{
    public:
    int x;
    void show()
    {
        cout<<"x of Base2: "<<x<<endl;
    }
};
class Child:
// 派生类 Child 的声明
public Base1,public Base2
{
    public:
    int x;
    void show()
    {
        cout<<"x of Child: "<<x<<endl;
    }
}
```

```
    };
    int main()
    {
        Child child;
        child.x=5;
        // 访问派生类数据成员
        child.show();
        // 调用派生类函数成员
        child.Base1 :: x=7;
        // 使用作用域分辨符访问基类 Base1 的数据成员
        child.Base1 :: show();
        // 使用作用域分辨符访问基类 Base1 的函数成员
        child.Base2 :: x=8;
        // 使用作用域分辨符访问基类 Base2 的数据成员
        child.Base2 :: show();
        // 使用作用域分辨符访问基类 Base2 的函数成员
        return 0;
    }
```

程序运行结果：

```
x of Child: 5
x of Base1: 7
x of Base2: 8
```

主函数 main 中声明了派生类 Child 的对象 child，因为同名覆盖，所以通过成员名只能访问派生类 Child 的成员，要访问基类 Base1 和 Base2 的同名成员就需要像上面那样使用作用域分辨符访问。如果在派生类 Child 的成员函数 show 中访问基类 Base1 的同名成员，比如 x，则可以将 Child 的 show 函数修改为：

```
void show()    { cout<<"x of Child: "<<Base1::x<<endl; }
```

如果上例中的派生类 Child 中没有定义与基类成员同名的成员，则通过成员名就访问不到任何成员，因为继承的 Base1 和 Base2 的同名成员具有相同的作用域，系统无法唯一标识它们。如果要访问基类 Base1 或 Base2 的同名成员，就需要使用作用域分辨符。

将上例中派生类 Child 的新增同名成员去掉，改为：

```
class Child : public Base1, public Base2
{
};
```

程序其余部分不变，则主函数 main 中的语句 child.x = 5;和 child.show();就会编译报错，因为这两个标识符具有二义性，系统无法唯一标识它们，不知道该访问哪个成员。只能通过作用域分辨符来访问。

上面对于多重继承的讨论都是假设多个基类之间没有继承关系也没有共同基类的情况，而如果派生类的全部或者部分基类有共同的基类，也就是说派生类的这些基类是从同一个基类派生出来的，那么派生类的这些直接基类从上一级基类继承的成员都具有相同的名称，即都是同名成员，要访问它们就必须通过直接基类限定，使用作用域分辨符访问。

上面说的可能有些抽象，再给出个程序例子来说明这种情况吧。先声明一个基类 Base0，

Base0 中有数据成员 x 和函数成员 show，再声明类 Base1 和 Base2，它们都由 Base0 公有继承而来，最后从 Base1 和 Base2 共同派生出类 Child。这时 Base0 的成员经过 Base1 和 Base2 再到 Child 的两次派生过程，出现在 Child 类中时，实际上 Base0 的数据成员 x 已经是两个不同的成员，只是名称相同但在内存中是两份，函数成员 show 也是两个不同的成员，只是名称相同但是函数体可能不同。这就需要使用作用域分辨符访问了，但是不能用基类 Base0 来限定，因为这样还是不能说明成员是从 Base1 还是 Base2 继承而来的，所以必须使用直接基类 Base1 或 Base2 来限定，达到唯一标识成员的目的。

【例 10.13】 多重继承编程举例。

```cpp
#include <iostream>
using namespace std;
// 基类 Base0 的声明
class Base0
{
    public:
    int x;
    void show()
    {
        cout<<"x of Base0: "<<x<<endl;
    }
};
class Base1:
// 由 Base0 派生的类 Base1 的声明
public Base0
{
};
class Base2:
// 由 Base0 派生的类 Base2 的声明
public Base0
{
};
class Child:
public Base1,public Base2
{
};
int main()
{
    Child child;
    child.Base1 :: x=3;
    // 通过直接基类 Base1 限定成员
    child.Base1 :: show();
    child.Base2 :: x=5;
    // 通过直接基类 Base2 限定成员
    child.Base2 :: show();
    return 0;
}
```

程序运行结果：

```
x of Base0: 3
x of Base0: 5
```

上面的主函数 main 中定义了派生类 Child 的对象 child，如果只通过成员名访问成员 x 和 show，系统就不能确定访问哪个 x 和哪个 show，这就需要使用直接基类 Base1 或 Base2 和作用域分辨符来访问它们。数据成员 x 在内存中有两份拷贝，可以存放不同的数值，但是一般我们只需要一份这样的拷贝，那多出来的那份就是对内存的浪费。解决这个问题就需要后面讲的虚基类技术。

作用域分辨操作的一般形式为：

```
类名::类标识符
```

类名可以是任一基类或派生类名，类标识符是该类中声明的任何一数据成员或成员函数名。

10.6.4 虚基类

1．虚基类的概念及用法

上一节中说过，如果派生类的全部或者部分基类有共同的基类，那么派生类的这些直接基类从上一级基类继承的成员都具有相同的名称，定义了派生类的对象后，同名数据成员就会在内存中有多份拷贝，同名函数也会有多个映射。访问这些同名成员时，为了唯一标识它们可以使用上一节中的作用域分辨符，也可以使用虚基类技术。将派生类直接基类的共同基类声明为虚基类后，派生类从不同的直接基类继承来的同名数据成员在内存中就会只有一份拷贝，同名函数也会只有一个映射，这样不仅实现了唯一标识同名成员，而且也节省了内存空间，可见虚基类技术是很实用的。

在派生类声明时若除继承方式外还使用关键字 virtual 限定基类，此基类就是虚基类。虚基类声明的语法形式为：

```
class 派生类名:virtual 继承方式 基类名
```

这里关键字 virtual 跟继承方式一样，只限定紧跟在它后面的基类。比如，声明了类 A 为虚基类，类 B 为 A 的派生类，类 C 也是 A 的派生类，类 D 由类 B 和类 C 共同继承而来，则类 B 和类 C 从 A 继承的同名数据成员在类 D 的对象中只有一份拷贝，同名函数成员也只有一个函数体。

将上一节中的第二个例子做一下修改，将 Base0 声明为虚基类来说明虚基类的用法：先声明一个基类 Base0，Base0 中有数据成员 x 和函数成员 show，再声明类 Base1 和 Base2，它们都由 Base0 公有继承而来，与上一节中不同的是，派生时声明 Base0 为虚基类，最后从 Base1 和 Base2 共同派生出类 Child。这时 Base0 的成员经过 Base1 和 Base2 再到 Child 的两次派生过程，出现在 Child 类中时，数据成员 x 在内存中也只有一份拷贝，函数成员 show 也只有一个映射。

【例 10.14】 虚基类编程举例。

```cpp
#include <iostream>
using namespace std;
// 基类 Base0 的声明
class Base0
{
    public:
```

```
        int x;
        void show()
        {
            cout<<"x of Base0: "<<x<<endl;
        }
};
class Base1:
// Base0 为虚基类，公有派生 Base1 类
virtual public Base0
{
};
class Base2:
// Base0 为虚基类，公有派生 Base2 类
virtual public Base0
{
};
class Child:
public Base1,public Base2
{
};
int main()
{
    Child child;
    child.x=5;
    child.show();
    return 0;
}
```

程序运行结果：

```
x of Base0: 5
```

声明虚基类只需要在它的派生类声明时使用关键字 virtual 修饰。

对作用域分辨符和虚基类技术进行对比分析可知，使用作用域分辨符唯一标识同名成员时，派生类中有同名成员的多份拷贝，可以存放不同的数据，进行不同的操作，而使用虚基类时派生类的同名成员只有一份拷贝，更节省内存。

2．虚基类的构造函数和虚基类对象的初始化

上面例子中各个类都没有定义构造函数，而是使用的默认构造函数。如果虚基类定义了带参数表的非默认构造函数，没有定义默认形式的构造函数，那么情况会有些复杂。因为由虚基类直接或间接继承的所有派生类，都必须在构造函数的成员初始化列表中给出对虚基类成员的初始化。将上面的例子做进一步修改，为虚基类添加带参数表的构造函数，那么整个程序就要改成以下形式：

【例 10.15】　虚基类中带参数表的构造函数。

```
#include <iostream>
using namespace std;
// 基类 Base0 的声明
```

```cpp
    class Base0
    {
        public:
        Base0(int y)
        {
            x=y;
        }
        int x;
        void show()
        {
            cout<<"x of Base0: "<<x<<endl;
        }
    };
    class Base1:
    // Base0 为虚基类，公有派生 Base1 类
    virtual public Base0
    {
        public:
        Base1(int y):
        Base0(y)
        {
        }
    };
    class Base2:
    // Base0 为虚基类，公有派生 Base2 类
    virtual public Base0
    {
        public:
        Base2(int y):
        Base0(y)
        {
        }
    };
    class Child:
    public Base1,public Base2
    {
        public:
        Child(int y):
        Base0(y),Base1(y),Base2(y)
        {
        }
    };
    int main()
    {
        Child child(3);
        child.show();
        return 0;
    }
```

程序运行结果：

```
x of Base0: 3
```

主函数中定义了派生类 Child 的对象 child，在构造对象 child 时调用了 child 的构造函数，其初始化列表中不只调用了虚基类 Base0 的构造函数对从它继承的成员 x 进行初始化，而且还调用了基类 Base1 和 Base2 的构造函数 Base1() 和 Base2()，而 Base1() 和 Base2() 的初始化列表中又有对虚基类 Base0 成员 x 的初始化。这么说，从虚基类 Base0 继承来的成员 x 初始化了三次，其实不然，因为编译器在遇到这种情况时会进行特殊处理：如果构造的对象中有从虚基类继承来的成员，那么虚基类成员的初始化由而且只由最远派生类的构造函数调用虚基类的构造函数来完成。最远派生类就是声明对象时指定的类，上面例子中构造对象 child 时，类 Child 就是最远派生类。除了最远派生类，它的其他基类对虚基类构造函数的调用会被忽略。上例中就只会由 Child 类的构造函数调用虚基类 Base0 的构造函数完成成员 x 的初始化，而 Child 类的基类 Base1 和 Base2 对虚基类 Base0 构造函数的调用会被忽略。

10.7　基类与派生类的转换

在三种类继承方式中，只有公有继承的派生类才是基类真正的子类型，它完整地继承了基类的功能。基类与派生类对象之间有赋值兼容关系，由于派生类中包含从基类继承的成员，因此可以将派生类的值赋给基类对象，在用到基类对象的时候可以用其子类对象代替。

正如整型数据可以自动转换成 double 型一样，基类对象与派生类对象间也存在赋值兼容的关系。假如有如下基类和派生类：

```
class CBase { //··· };
class CDerived:public CBase { //··· };
```

基类对象和派生类对象间的转换具体表现在以下几个方面：

（1）派生类对象可以向基类对象赋值。

```
CBase base; CDerived derived; base=derived;        //将派生类对象的基类部分赋值给基类对象
```

【例 10.16】 派生类对象向基类对象赋值。

```
#include <iostream>
using namespace std;
class A
{
    private:
    int a1;
    protected:
    int a2;
    public:
    int a3;
    A(int a1);
    void showA();
};
A :: A(int a1)
```

```cpp
    {
        this->a1=a1;
    }
    void A :: showA()
    {
        cout<<"a1="<<this->a1<<endl;
    }
    class B:
    public A
    {
        private:
        int b;
        public:
        B(int b,int a1,int a2,int a3);
        void showB();
    };
    B :: B(int b,int a1,int a2,int a3):
    A(a1)
    {
        this->a2=a2;
        //内部可以访问
        this->a3=a3;
        //内部可以访问
        this->b=b;
    }
    void B :: showB()
    {
        showA();
        cout<<"a2="<<this->a2<<endl;
        cout<<"a3="<<this->a3<<endl;
        cout<<"b="<<this->b<<endl;
    }
    int main()
    {
        B b(4,1,2,3);
        A a(5);
        a.showA();
        //通过构造函数 a(5)使得 a1=5，输出 a1=5
        a=b;
        //将 b 的基类部分赋值给 a，这时 a1 的值改为 1
        a.showA();
        //输出 a1=1
        return 0;
    }
```

程序运行结果：

a1=5 a1=1

（2）派生类对象可以替代基类对象向基类对象的引用进行赋值或者初始化。

```
CBase b1;
CDerived d1;
CBase &b1Alias=b1;          //普通的引用
b1Alias=d1;                 //将 d1 的基类部分赋值给 b1Alias（即 b1）
CBase &b2=d1;               //d1 基类部分的引用
```

【例 10.17】派生类对象向基类对象的引用进行赋值。

```cpp
#include <iostream>
using namespace std;
class A
{
    private:
    int a1;
    protected:
    int a2;
    public:
    int a3;
    A(int a1);
    void showA();
};
A :: A(int a1)
{
    this->a1=a1;
}
void A :: showA()
{
    cout<<"a1="<<this->a1<<endl;
}
class B:
public A
{
    private:
    int b;
    public:
    B(int b,int a1,int a2,int a3);
    void showB();
};
B :: B(int b,int a1,int a2,int a3):
A(a1)
{
    this->a2=a2;
    //内部可以访问
    this->a3=a3;
    //内部可以访问
    this->b=b;
}
```

```
    void B :: showB()
    {
        showA();                          // cout<<"a1="<<this->a1<< endl;基类私有，在子类中不可访问
        cout<<"a2="<<this->a2<<endl;
        cout<<"a3="<<this->a3<<endl;
        cout<<"b="<<this->b<<endl;
    }
    int main()
    {
        B b(4,1,2,3);
        A a(5);
        A&aAlias=a;
        aAlias.showA();
        showA();
        aAlias=b;
        //派生类对象 b 赋值给基类对象的引用，其实就是赋值给基类对象 a 本身
        a.showA();
        return 0;
    }
```

程序运行结果：

a1=5 a1=5 a1=1

（3）如果函数的参数是基类对象或者基类对象的引用，则相应的实参可以是派生类对象。

```
void Func1(CBase base) { //… }
void Func2(CBase &base) { //… }
CDerived derived;
Func1(derived);                    //将 derived 的基类部分赋值给行参
base Func2(derived)                //将 derived 的基类部分当作行参使用
```

（4）派生类对象的地址可以赋给基类类型的指针变量，或者说，基类型的指针可以指向派生类对象。

```
CBase *pBase; CDerived derived; pBase=&derived;
```

10.8   继承与组合

类以另一个类的对象成员作为数据成员，称为组合。

类 B 继承于类 A，并且在类 B 中以类 A 的对象作为自己的数据成员。

例如，下面的代码中，定义了一个派生类，该类中包含类对象成员：

```
class Vehicle
{
};
class Motor
{
};
```

```
class Car:public Vehicle
{
   Public:
       Motor motor;
};
void vehicleFn(Vehicle & v);
void motorFn(Motor& m);
void main()
{
   Car c;
   vehicleFN(C);//ok
   motorFn(c);//error
   motorFn(c.motor);//ok
}
```

思考与练习

1．下面对派生类的描述中，错误的是（　　　）。

   A．一个派生类可以作为另外一个派生类的基类

   B．派生类至少有一个基类

   C．派生类的成员除了它自己的成员外，还包含了它的基类成员

   D．派生类中继承的基类成员的访问权限到派生类中保持不变

2．下列对友元关系叙述正确的是（　　　）。

   A．不能继承　　　　　　　　　　　　B．是类与类的关系

   C．是一个类的成员函数与另一个类的关系　　D．提高程序的运行效率

3．当保护继承时，基类的（　　　）在派生类中成为保护成员，不能通过派生类的对象来直接访问。

   A．任何成员　　　　　　　　　　　　B．公有成员和保护成员

   C．公有成员和私有成员　　　　　　　D．私有成员

4．设置虚基类的目的是（　　　）。

   A．简化程序　　　　　　　　　　　　B．消除二义性

   C．提高运行效率　　　　　　　　　　D．减少目标代码

5．在公有派生情况下，有关派生类对象和基类对象的关系，不正确的叙述是（　　　）。

   A．派生类的对象可以赋给基类的对象

   B．派生类的对象可以初始化基类的引用

   C．派生类的对象可以直接访问基类中的成员

   D．派生类的对象的地址可以赋给指向基类的指针

6．有如下类定义：

```
class MyBASE
{  int k;
public:
void set(int n) {k=n;}
```

```
int get( ) const {return k;}
};
class MyDERIVED: protected MyBASE{
  protected;
int j; public:
void set(int m,int n){MyBASE::set(m);j=n;}
int get( ) const{return MyBASE::get( )+j;}
};
```

则类 MyDERIVED 中保护成员个数是（   ）。

    A. 4   B. 3   C. 2   D. 1

7. 有如下程序：

```
#include<iostream>
using namespace std;
  class A {
public:  A( ) {cout<<"A";}
  };
class B {
public:B( ) {cout<<"B";}
};
class C: public A{
B b; public:  C( ) {cout<<"C";}
};
int main( )
{C obj; return 0;}
```

执行后的输出结果是（   ）。

    A. CBA   B. BAC   C. ACB   D. ABC

8. 设计一个圆类 Circle 和一个桌子类 Table，另设计一个圆桌类 Roundtable，它是从前两个类派生的，要求输出一个圆桌的高度、面积和颜色等数据。

9. 定义一个图书管理系统的读者类 Reader，每个读者的信息包括卡号、姓名、单位、允许借书的数量以及借书记录。学生类最多允许借 5 本，教师类最多 8 本。

第11章

多态性与虚函数

本章知识点：
- 多态性的概念
- 基类对象的指针指向派生类对象
- 虚函数的定义、使用
- 虚函数与实函数的区别
- 构造函数和析构函数调用虚函数
- 纯虚函数
- 抽象类

基本要求：
- 掌握多态性的定义及使用
- 掌握虚函数的定义及使用
- 理解如何通过虚函数实现多态

能力培养目标：

通过本章的学习，使学生知道在实际应用中常常出现不能正确分辨对象类型的问题，C++提供了一种叫作多态性（polymorphism）的技术来解决该问题，多态是面向对象程序设计的关键技术，它通常用虚函数来实现。多态特性让程序员省去了细节的考虑，提高了开发效率，使代码大大简化。当然虚函数的定义也是有缺陷的，因为多态特性增加了一些数据存储和执行指令的开销，使学生认识到多态的双面性。

11.1 多态性的概念

多态性和数据封装、继承性共同构成了面向对象程序设计的三个重要机制。多态性是面向对象的程序设计的关键技术，它常用虚函数来实现。通过对本章的学习，我们将对多态的使用有更深的了解。

多态是面向对象的重要特性，简单点说就是"一个接口，多种实现"，即同一种事物表现出的多种形态。编程其实就是一个将具体世界进行抽象化的过程，多态就是抽象化的一种体现，把一系列具体事物的共同点抽象出来，再通过这个抽象的事物，与不同的具体事物进行对话。

对不同类的对象发出相同的消息将会有不同的行为。比如，老板让所有员工在九点钟开始工作，他只要在九点钟的时候说"开始工作"即可，而不需要对销售人员说："开始销售工作"，对技术人员说："开始技术工作"，因为"员工"是一个抽象的事物，只要是员工就可以开始工作，他知道这一点就行了。至于每个员工，当然会各司其职，做各自的工作。

消息在 C++编程中指的是对类的成员函数的调用。多态就是指相同的消息被不同类型的对象接收会引起不同的操作，直接点讲，就是在不同的情况下调用同名函数时，可能实际调用的并不是同一个函数。

以 "+" 运算符为例，"+" 可以实现整型变量之间、浮点型变量之间的加法运算，也可以实现不同类型变量之间的加法运算，如整型变量和浮点型变量相加，这时需要先将整型变量转换为浮点型变量再进行加法运算。同样是加法运算，参与运算的变量类型不同时，进行加法运算的方式也不同。

从多态实现的阶段不同来分类，可以分为编译时的多态（静态联编）和运行时的多态（动态联编）。

编译时的多态是指在编译的过程中就确定了具体调用同名函数中的哪个函数，而运行时的多态则是在程序运行过程中才动态地确定调用的具体函数。这种确定调用同名函数的哪个函数的过程就叫作联编或者绑定，一般称其为绑定。绑定实际上就是确定某个标识符对应的存储地址的过程。按照绑定发生的阶段不同，可以分为静态绑定和动态绑定。静态绑定就对应着编译时的多态，动态绑定对应运行时的多态。

如果绑定过程发生在编译链接阶段，则称为静态绑定。在编译链接过程中，编译器根据类型匹配等特征确定某个同名标识究竟调用哪一段程序代码，也就是确定通过某个同名函数到底调用哪个函数体。四种多态中有三种需要静态绑定：重载多态、强制多态和参数多态。

而如果绑定过程发生在程序运行阶段，则称为动态绑定。在编译链接过程中无法确定调用的具体函数，就要等到程序运行时动态确定。包含多态就需要使用动态绑定实现。

【例 11.1】 静态联编举例。

```cpp
#include <iostream>
using namespace std;
class V
{
    public :
    V(float s,int t)
    {
        V :: s=s;
        V :: t=t;
    }
    void Show()
    {
        cout<<s<<"|"<<t<<endl;
    }
    protected :
    float s;
    int t;
};
class C :
public V
{
    public :
    C(int a,float s,int t):
```

```
        V(s,t)
        {
            C :: a=a;
        }
        void Show()
        {
            cout<<s<<"|"<<t<<"|"<<a<<endl;
        }
        protected :
        int a;
};
void main()
{
    V a(12,4);
    a.Show();
    C b(18,11,4);
    b.Show();
}
```

程序运行结果：

```
12|4
11|4|18
```

在 C++中是允许派生类重载基类成员函数的，对于类的重载来说，不同类的对象，调用其类的成员函数的时候，系统是知道如何找到其类的同名成员的。上面代码中的"a.Show();"调用的是 V::Show()，"b.Show();"调用的是 C::Show()。这种在编译时就能够确定哪个重载的成员函数被调用的情况称为静态联编。

但是在实际工作中，很可能会碰到对象所属类不清楚的情况，下面来看一下派生类成员作为函数参数传递的例子。

【例 11.2】 动态联编举例。

```
#include <iostream>
using namespace std;
class V
{
    public :
    V(float s,int t)
    {
        V :: s=s;
        V :: t=t;
    }
    void Show()
    {
        cout<<s<<"|"<<t<<endl;
    }
    protected :
    float s;
    int t;
```

```
};
class C :
public V
{
    public :
    C(int a,float s,int t):
    V(s,t)
    {
        C :: a=a;
    }
    void Show()
    {
        cout<<s<<"|"<<t<<"|"<<a<<endl;
    }
    protected :
    int a;
};
void test(V&x)
{
    x.Show();
}

void main()
{
    V a(12,4);
    C b(18,11,4);
    test(a);
    test(b);
}
```

程序运行结果：

```
12|4
11|4
```

例中，对象 a 与 b 分别是基类和派生类的对象，而函数 test 的形参却只是 V 类的引用，按照类继承的特点，系统把 C 类对象看作一个 V 类对象，因为 C 类的覆盖范围包含 V 类，所以 test 函数的定义并没有错误。想利用 test 函数达到的目的是，传递不同类对象的引用，分别调用不同类的、重载了的 Show 成员函数，但是程序的运行结果却出乎意料，系统分不清楚传递过来的是基类对象还是派生类对象，无论是基类对象还是派生类对象，调用的都是基类的 Show 成员函数。

为了解决上述不能正确分辨对象类型的问题，C++提供了一种叫作动态联编的技术。在系统运行时，能够根据其类型确定调用哪个重载的成员函数的能力，称为多态性，或叫动态联编。

11.2 基类对象的指针指向派生类对象

C++的指针定义,一种类型的指针不能指向另一种类型的变量,但对于基类的指针和派生类的对象,则是一个例外,也就是允许一个基类的指针指向其派生类的对象,这是实现虚函数的关键。

基类的指针可以指向派生类的对象,但是反过来,派生类的指针是不允许指向基类的对象的。通过该指针也只能访问派生类中从基类继承来的公有成员,不能访问派生类中新增的成员。

例如,父类为车,子类为汽车。

子类指针不能指向父类对象(即将父类对象赋值给子类指针):因为子类中有些信息父类没有,如果用指针访问,很可能访问到父类没有的一些属性及函数,会出错。父类的对象可以有很多,如自行车、摩托车、轿车等,如果用一个父类的对象赋给子类汽车的指针,汽车有的属性,例如发动机,父类对象就没有,会产生错误。

父类指针可以指向子类对象(即将子类对象赋值给父类指针):由于继承的关系,子类对象同样也是父类的对象,例如,汽车有轮子,汽车也属于车,父类车也有轮子,这种情况下,子类对象就成为了父类的一个对象,所以只能操作父类有的属性及函数。对于那些父类没有的属性,必须将父类指针强制转化为子类指针后才可使用。

【例 11.3】 基类对象的指针指向派生类对象。

```
#include <iostream>
using namespace std;
class V
{
public:
    V(float s,int t)
    {
        V::s=s;
        V::t=t;
    }
    void Show()
    {
        cout<<s<<"|"<<t<<endl;
    }
protected:
    float s;
    int t;
};
class C:public V
{
public:
    C(int a,float s,int t):V(s,t)
    {
        C::a=a;
    }
```

```
        void Show()
        {
            cout<<s<<"|"<<t<<"|"<<a<<endl;
        }
protected:
    int a;
};
void test(V &x)
{
    x.Show();
}
void main()
{
    V a(12,4),*pa; //
    C b(18,11,4),*pb; //
    pa=&b;
    pa->Show();
    pb=(C *)pa;
    pb->Show();
}
```

程序运行结果：

```
11|4
11|4|18
```

在上面的例子中，我们可以知道基类的指针指向派生类的对象时，只能访问基类的公有成员。派生类的指针指向派生类的对象时，访问所有成员。基类指针访问其公有派生类的特定成员，必须将基类指针用显式类型转换为派生类指针。例如，pb=(C*)pa。

11.3 虚函数

在上面的例子中，如果想通过 V 基类的指针访问派生类 C 的成员函数，必须进行强制转换。如果希望通过指向派生类对象的基类指针，访问派生类中的同名成员该怎么办呢？这就要用到虚函数了。在基类中将某个函数声明为虚函数，就可以通过指向派生类对象的基类指针访问派生类中的同名成员了。这样使用某基类指针指向不同派生类的不同对象时，就可以发生不同的行为，也就实现了运行时的多态（编译时并不知道调用的是哪个类的成员）。

虚函数是动态绑定的基础。虚函数是非静态的成员函数，一定不能是静态（static）的成员函数。

11.3.1 虚函数的定义

一般的虚函数声明形式为：

```
virtual  函数类型  函数名(形参表)
{
```

```
        函数体
}
```

虚函数就是在类的声明中用关键字 virtual 限定的成员函数。以上声明形式是成员函数的实现也在类的声明中的情况。如果成员函数的实现在类的声明外给出，则虚函数的声明只能出现在类的成员函数声明中，而不能在成员函数实现时出现，简而言之，只能在此成员函数的声明前加 virtual 修饰，而不能在它的实现前加。

```
class A
{
public:
        virtual void print(){ cout<<"This is A"<<endl;}          //现在成虚函数了
};
class B:public A{
public:
        void print(){ cout<<"This is B"<<endl;}
        //这里需要在前面加上关键字 virtual 吗？
};
```

毫无疑问，class A 的成员函数 print() 已经成了虚函数，那么 class B 的 print() 是虚函数了吗？回答是 Yes，只需把基类的成员函数设为 virtual，其派生类的相应的函数也会自动变为虚函数。所以，class B 的 print() 也成了虚函数。对于在派生类的相应函数前是否需要用 virtual 关键字修饰，那就是你自己的问题了。

只有类的成员函数才能声明为虚函数，静态成员函数不能是虚函数，内联函数不能是虚函数，构造函数不能是虚函数，析构函数可以是虚函数，而且通常声明为虚函数。

【例 11.4】　虚函数程序举例。

```
#include <iostream>
using namespace std;
class V
{
    public :
    V(float s,int t)
    {
        V :: s=s;
        V :: t=t;
    }
    //虚函数
    virtual void Show()
    {
        cout<<s<<"|"<<t<<endl;
    }
    protected :
    float s;
    int t;
};
 class C :
 public V
 {
```

```
        public :
        C(int a,float s,int t):
        V(s,t)
        {
            C :: a=a;
        }
        //虚函数，在派生类中，由于继承的关系，这里的 virtual 也可以不加
        virtual void Show()
        {
            cout<<s<<"|"<<t<<"|"<<a<<endl;
        }
        public :
        int a;
    };
    void test(V&x)
    {
        x.Show();
    }
    int main()
    {
        V a(12,4);
        C b(18,11,4);
        test(a);
        test(b);
    }
```

程序运行结果：

```
12|4
11|4|18
```

多态特性的工作依赖虚函数的定义，在需要解决多态问题的重载成员函数前，加上 virtual 关键字，那么该成员函数就变成了虚函数。从上例代码运行的结果看，系统成功地分辨出了对象的真实类型，成功地调用了各自的重载成员函数。

11.3.2 虚函数的使用方法

当声明一个基类指针指向派生类对象时，这个基类指针只能访问基类中的成员函数，不能访问派生类中特有的成员变量或函数。如果使用虚函数就能使这个指向派生类对象的基类指针访问派生类中的成员函数，而不是基类中的成员函数，基于这一点派生类中的这个成员函数就必须和基类中的虚函数的形式完全相同，不然基类指针就找不到派生类中的这个成员函数。注意，不能把成员变量声明为虚的，也就是说 virtual 关键字不能用在成员变量前面。

一般应使用基类指针来调用虚函数，如果用点运算符来调用虚函数就失去了它的意义。

如果基类含有虚函数，则当声明了一个基类的指针，基类指针指向不同的派生类时，它就会调用相应派生类中定义的虚函数版本。

虚函数须在基类中用 virtual 关键字声明，也可以在基类中定义虚函数，并在一个或多个子类中重新定义。重定义虚函数时不需再使用 virtual 关键字，当然也可以继续标明 virtual 关键字，以便程序更好理解。

包括虚函数的类被称为多态类，C++使用虚函数支持多态性。

在子类中重定义虚函数时，虚函数必须有与基类虚函数的声明完全相同的参数类型和数量，这和重载是不同的。如果不相同，则是函数重载，就失去了虚函数的本质。

虚函数不能是声明它的类的友元函数，必须是声明它的类的成员函数，不过虚函数可以是另一个类的友元。

一旦将函数声明为虚函数，则不管它通过多少层继承，它都是虚函数。例如，D 从 B 继承，而 E 又从 D 继承，那么在 B 中声明的虚函数，在类 E 中仍然是虚函数。

隐藏虚函数：如果基类定义了一个虚函数，但派生类中却定义了一个虚函数的重载版本，则派生类的这个版本就会把基类的虚函数隐藏掉。当使用基类指针调用该函数时只能调用基类的虚函数，而不能调用派生类的重载版本；当用派生类的对象调用基类的虚函数时就会出现错误，因为基类的虚函数被派生类的重载版本隐藏了。

带默认形参的虚函数：当基类的虚函数带有默认形参时，则派生类中对基类虚函数的重定义也必须有相同数量的形参，但形参可以有默认值也可以没有，如果派生类中的形参数量和基类中的不一样，则是对基类的虚函数的重载。对虚函数的重定义也就意味着，当用指向派生类的基类指针调用该虚函数时就会调用基类中的虚函数版本。

如果虚函数形参有默认值，那么派生类中的虚数的形参不论有无默认值，当用指针调用派生类中的虚函数时就会被基类的默认值覆盖，即派生类的默认值不起作用。但用派生类的对象调用该函数时，就不会出现这种情况。

当用指向派生类的基类指针调用虚函数时是以基类中的虚函数的形参为标准的，也就是只要调用的形式符合基类中定义的虚函数的标准就行了。

11.3.3　虚函数与实函数的区别

虚函数是动态绑定的基础。程序在运行时决定调用虚函数的哪个定义，这个决定依赖于基类型指针所指向的对象的类型。使用基类型指针访问虚函数，运行时的多态性才得以体现。即 C++根据指针指向对象的类型来决定调用虚函数的哪个定义，在这里，指针所指向的类型为子类对象，所以虚函数使用子类的函数。也就是用基类的指针指向不同的派生类的对象时，基类指针调用其虚成员函数，则会调用其真正指向对象的成员函数，而不是基类中定义的成员函数（只要派生类改写了该成员函数）。

【例 11.5】　基类指针和实函数程序举例。

```cpp
#include<iostream>
using namespace std;
//基类 B0 声明
class B0
{
    public :
    void display()
    {
        cout<<"B0::display()"<<endl;
    }
    //公有成员函数
};
class B1 :
```

```
    public B0
    {
        public :
        void display()
        {
            cout<<"B1::display()"<<endl;
        }
    };
    class D1 :
    public B1
    {
        public :
        void display()
        {
            cout<<"D1::display()"<<endl;
        }
    };
    void fun(B0*ptr)
    {
        ptr->display();
        //"对象指针->成员名"
    }
    //主函数
    void main()
    {
        B0 b0;
        //声明 B0 类对象
        B1 b1;
        //声明 B1 类对象
        D1 d1;
        //声明 D1 类对象
        B0*p;
        //声明 B0 类指针
        p=&b0;
        //B0 类指针指向 B0 类对象
        fun(p);
        p=&b1;
        //B0 类指针指向 B1 类对象
        fun(p);
        p=&d1;
        //B0 类指针指向 D1 类对象
        fun(p);
    }
```

程序运行结果:

```
B0::display()
B0::display()
B0::display()
```

不管基类指针指向哪个派生类对象，调用时都会调用基类中定义的那个函数。

【例 11.6】 基类指针和虚函数程序举例。

```cpp
#include <iostream>
using namespace std;
//基类 B0 声明
class B0
{
    public :
    //外部接口
    //虚成员函数
    virtual void display()
    {
        cout<<"B0::display()"<<endl;
    }
};
class B1 :
//公有派生
public B0
{
    public :
    void display()
    {
        cout<<"B1::display()"<<endl;
    }
};
class D1 :
//公有派生
public B1
{
    public :
    void display()
    {
        cout<<"D1::display()"<<endl;
    }
};
//普通函数
void fun(B0*ptr)
{
    ptr->display();
}
//主函数
void main()
{
    B0 b0,*p;
    //声明基类对象和指针
    B1 b1;
    //声明派生类对象
```

```
        D1 d1;
        //声明派生类对象
        p=&b0;
        fun(p);
        //调用基类 B0 函数成员
        p=&b1;
        fun(p);
        //调用派生类 B1 函数成员
        p=&d1;
        fun(p);
        //调用派生类 D1 函数成员
    }
```

程序运行结果：

```
B0::display()
B1::display()
D1::display()
```

11.3.4　在构造函数和析构函数中调用虚函数

如果基类构造函数中调用虚函数，则它应该调用虚函数哪一个版本呢？答案是基类的版本。

【例 11.7】　基类构造函数调用虚函数。

```cpp
#include<iostream>
using namespace std;
class Base
{
    public :
    Base()
    {
        cout<<"调用基类的构造函数!\n";
        clone();
    }
    ~Base()
    {
        cout<<"调用基类的析构函数!\n";
    }
    virtual void clone()
    {
        cout<<"调用基类中的 clone()函数!\n";
    }
};
class CD :
public Base
{
    public :
    CD()
    {
        cout<<"调用派生类中的构造函数!\n";
```

```
    }
    ~CD()
    {
        cout<<"调用派生类的析构函数!\n";
    }
    void clone()
    {
        cout<<"调用派生类中的 clone()函数!\n";
    }
};
int main()
{
    CD obj;
    Base*p=&obj;
    p->clone();
    return 0;
}
```

程序运行结果:

```
调用基类的构造函数!
调用基类中的 clone()函数!
调用派生类中的构造函数!
调用派生类的析构函数!
调用基类的析构函数!
```

11.3.5　虚析构函数

多态是指不同的对象接收了同样的消息而导致完全不同的行为,它是针对对象而言的。虚函数是运行时多态的基础,当然也是针对对象的,而构造函数是在对象生成之前调用的,即运行构造函数时还不存在对象,那么虚构造函数也就没有意义了。

析构函数用于在类的对象消亡时做一些清理工作,在基类中将析构函数声明为虚函数后,其所有派生类的析构函数也都是虚函数,使用指针引用时可以动态绑定,实现运行时多态,通过基类类型的指针就可以调用派生类的析构函数对派生类的对象做清理工作。

delete 运算符和析构函数一起工作(new 和构造函数一起工作),当使用 delete 删除一个对象时,delete 隐含着对析构函数的一次调用,如果析构函数是虚函数,这个调用采用动态联编。一般来说,如果一个类中定义虚函数,析构函数也应该定义说明为虚函数,尤其是在析构函数要完成一些有意义的任务时,例如释放内存。

前面讲过,析构函数没有返回值类型,没有参数表,所以虚析构函数的声明也比较简单,形式如下:

```
virtual ~类名();
```

用 C++开发的时候,用来做基类的类的析构函数一般都是虚函数。下面用一个小例子来说明。

```
#include<iostream>
using namespace std;
class Base
```

```
{
    public :
    Base()
    {
    }   ;
    virtual~Base()
    {
    }   ;
    virtual void DoSomething()
    {
        cout<<"Do something in class Base!"<<endl;
    }   ;
};
class Derived :
public Base
{
    public :
    Derived()
    {
    }   ;
    ~Derived()
    {
        cout<<"Output from the destructor of class Derived!"<<endl;
    }   ;
    void DoSomething()
    {
        cout<<"Do something in class Derived!"<<endl;
    }   ;
};
int main()
{
    Base*p=new Derived;
    p->DoSomething();
    delete p;
    return 0;
}
```

程序运行结果：

```
Do something in class Derived!
Output from the destructor of class Derived!
```

但是，如果把类 Base 析构函数前的 virtual 去掉，那运行结果就是下面的样子了：

```
Do something in class ClxDerived!
```

也就是说，类 Derived 的析构函数根本没有被调用！一般情况下类的析构函数里面都是释放内存资源，而析构函数不被调用的话就会造成内存泄漏。当然，如果在析构函数中做了其他工作的话，那你的所有努力也都是白费力气。

析构函数的调用规则：

（1）如果是从一个基类派生的，则调用它的析构函数，再调用它基类的析构函数，以此类推。

（2）自动对象（局部的）在离开作用域的时候自动调用析构函数。

（3）通过 new 运算符申请的对象必须用 delete 释放它，否则会造成内存泄漏。

（4）delete p;调用的是 p 所属类的析构函数，要打破这样的规则，应把析构函数设置为虚拟的。

所以，在一个派生体系中，必须使所有的析构函数都被调用，这就要从最下面的析构函数开始执行。例如，Base->Derived，必须从 Derived 开始执行，Base 的析构函数才可以调用；如果从 Base 开始调用，则 Derived 的析构函数得不到调用，这将导致解构的现象。

上面的例子中，delete p;中由于 p 是指向基类的对象的指针，则调用的是基类的析构函数，派生类的析构函数得不到调用（结论），所以要把基类的析构函数设置为虚拟的，这样 delete b 时调用的是派生类的析构函数，接着调用基类的析构函数。

这样做是为了当用一个基类的指针删除一个派生类的对象时，派生类的析构函数会被调用。当然，并不是要把所有类的析构函数都写成虚函数。因为当类里面有虚函数的时候，编译器会给类添加一个虚函数表，里面存放虚函数指针，这样就会增加类的存储空间。所以，只有当一个类被用来作为基类的时候，才把析构函数写成虚函数。

【例 11.8】 虚析构函数程序举例。

```cpp
#include <iostream>
using namespace std;
class V
{
    public :
    V(float s,int t)
    {
        V :: s=s;
        V :: t=t;
    }
    virtual void Show()
    {
        cout<<s<<"|"<<t<<endl;
    }
    virtual~V()
    {
        cout<<"载入 V 基类析构函数"<<endl;
    }
    protected :
    float s;
    int t;
};
class C :
public V
{
    public :
    C(int a,float s,int t):
    Vehicle(s,t)
```

```
        {
            C :: a=a;
        }
        virtual void Show()
        {
            cout<<s<<"|"<<t<<"|"<<a<<endl;
        }
        virtual~C()
        {
            cout<<"载入 C 派生类析构函数"<<endl;
        }
        protected :
        int a;
    };
    void test(V&temp)
    {
        temp.Show();
    }
    void DelPN(V*temp)
    {
        delete temp;
    }
    int main()
    {
        V*p=new C(100,1,1);
        p->Show();
        DelPN(p);
    }
```

11.4 纯虚函数与抽象类

11.4.1 纯虚函数

纯虚函数是一种特殊的虚函数，它的一般格式如下：

```
    class <类名>
    {
        virtual <类型><函数名>(<参数表>)=0;
        ...
    };
```

在许多情况下，在基类中不能对虚函数给出有意义的实现，而把它声明为纯虚函数，它的实现留给该基类的派生类去做。这就是纯虚函数的作用。下面给出一个纯虚函数的例子。

【例 11.9】 纯虚函数程序举例。

```
#include<iostream.h>
class point
```

```
{
    public :
    point(int i=0,int j=0)
    {
        x0=i;
        y0=j;
    }
    virtual void set()=0;
    virtual void draw()=0;
    protected :
    int x0,y0;
};
class line :
public point
{
    public :
    line(int i=0,int j=0,int m=0,int n=0):
    point(i,j)
    {
        x1=m;
        y1=n;
    }
    void set()
    {
        cout<<"line::set() called.\n";
    }
    void draw()
    {
        cout<<"line::draw() called.\n";
    }
    protected :
    int x1,y1;
};
class ellipse :
public point
{
    public :
    ellipse(int i=0,int j=0,int p=0,int q=0):
    point(i,j)
    {
        x2=p;
        y2=q;
    }
    void set()
    {
        cout<<"ellipse::set() called.\n";
    }
    void draw()
```

```
        {
            cout<<"ellipse::draw() called.\n";
        }
    protected :
        int x2,y2;
};
void drawobj(point*p)
{
    p->draw();
}
void setobj(point*p)
{
    p->set();
}
void main()
{
    line*lineobj=new line;
    ellipse*elliobj=new ellipse;
    drawobj(lineobj);
    drawobj(elliobj);

    setobj(lineobj);
    setobj(elliobj);
    cout<<"\nRedraw the object...\n";
    drawobj(lineobj);
    drawobj(elliobj);
}
```

程序运行结果：

```
line::draw() called.
ellipse::draw() called.
line::set() called.
ellipse::set() called.
Redraw the object...
line::draw() called.
ellipse::draw() called.
```

11.4.2　抽象类

带有纯虚函数的类称为抽象类。抽象类是一种特殊的类，它是为了抽象和设计的目的而建立的，它处于继承层次结构的较上层。抽象类是不能定义对象的，在实际中为了强调一个类是抽象类，可将该类的构造函数声明为保护的访问控制权限。

抽象类的主要作用是将有关的组织在一个继承层次结构中，由它来为它们提供一个公共的根，相关的子类是从这个根派生出来的。

抽象类只能作为基类来使用，其纯虚函数的实现由派生类给出。如果派生类没有重新定义纯虚函数，而派生类只是继承基类的纯虚函数，则这个派生类仍然还是一个抽象类。如果派生类中给出了基类纯虚函数的实现，则该派生类就不再是抽象类了，而是一个可以建立对象的具体类了。

```
class A
{
    public :
    A();
    virtual~A();
    void f1();
    virtual void f2();
    virtual void f3()=0;
};
```

子类：

```
class B : public A
{
    public :
    B();
    virtual~B();
    void f1();
    virtual void f2();
    virtual void f3();
};
```

主函数：

```
int main(int argc,char*argv[])
{
    A *m_j=new B();
    m_j->f1();
    m_j->f2();
    m_j->f3();
    delete m_j ;
    return 0 ;
}
```

其中 f1()是一个隐藏。语句 m_j->f1()会调用 A 类中的 f1()，也就是 f1()由 A 类定义，这样就调用 A 类的函数。f2()是普通的重载，语句 m_j->f2()会调用 m_j 中保存的对象所对应的 f2()函数。f3()与 f2()一样，在基类中不需要写函数实现。

思考与练习

1. 在 C++中，用于实现运行时多态性的是（　　）。

　　A．内联函数　　　　B．重载函数　　　　C．模板函数　　　　D．虚函数

2. 如果一个类至少有一个纯虚函数，那么就称该类为（　　）。

　　A．抽象类　　　　B．派生类　　　　C．虚基类　　　　D．以上都不对

3. 为了区分一元运算符的前缀和后缀运算，在后缀运算符进行重载时，额外添加一个参

数，其类型是（　　　）。

  A．void   B．char   C．int   D．float

4．下列关于抽象类的说明中不正确的是（　　　）。

  A．含有纯虚函数的类称为抽象类

  B．抽象类不能被实例化，但可声明抽象类的指针变量

  C．抽象类的派生类可以实例化

  D．纯虚函数可以被继承

5．运行下列程序的输出结果为（　　　）。

```
#include<iostream.h> class base {
public:
    void fun1(){cout<<"base"<<endl;}
    virtual void fun2(){cout<<"base"<<endl;} };
class derived:public base {
public:
void fun1(){cout<<"derived"<<endl;}
void fun2(){cout<<"derived"<<endl;} };
void f(base &b){b.fun1();b.fun2();}
int main() {
derived obj;
f(obj);
return 0; }
```

  A．base   B．base   C．derived

  D．derived Base derived base derived

6．下面描述中，正确的是（　　　）。

  A．virtual 可以用来声明虚函数

  B．含有纯虚函数的类是不可以用来创建对象的，因为它是虚基类

  C．即使基类的构造函数没有参数，派生类也必须建立构造函数

  D．静态数据成员可以通过成员初始化列表来初始化

7．关于虚函数的描述中，正确的是（　　　）。

  A．虚函数是一个静态成员函数

  B．虚函数是一个非成员函数

  C．虚函数既可以在函数说明定义，也可以在函数实现时定义

  D．派生类的虚函数与基类中对应的虚函数具有相同的参数个数和类型

8．要实现动态联编，可以通过（　　　）调用虚函数。

  A．对象指针   B．成员名限定   C．对象名   D．派生类名

9．以下（　　　）成员函数表示纯虚函数。

  A．virtual int vf(int);   B．void vf(int)=0;

  C．virtual void vf()=0;   D．virtual void vf(int) { };

10．下列关于动态联编的描述中，错误的是（　　　）。

  A．动态联编以虚函数为基础

  B．动态联编是运行时确定所调用的函数代码的

  C．动态联编调用函数操作是指向对象的指针或对象引用

D．动态联编是在编译时确定操作函数的

11．什么是多态、虚函数、纯虚函数和抽象类？

12．利用虚函数如何实现多态？

13．编写程序，包含抽象基类 Shape 及其派生类 Circle、Square、Rectangle 和 Triangle。用虚函数实现几种图形的面积计算。

14．使用虚函数编写程序求球体和圆柱体的体积及表面积。由于球体和圆柱体都可以看作由圆继承而来，所以可以定义圆类 Circle 作为基类。在 Circle 类中定义一个数据成员 radius 和两个虚函数 area()和 volume()。由 Circle 类派生 Sphere 类和 Column 类。在派生类中对虚函数 area()和 volume()重新定义，分别求球体和圆柱体的体积及表面积。

15．某学校对教师每月工资的计算规定如下：固定工资+课时补贴。教授的固定工资为 5000 元，每个课时补贴 50 元。副教授的固定工资为 3000 元，每个课时补贴 30 元。讲师的固定工资为 2000 元，每个课时补贴 20 元。定义教师抽象类，派生不同职称的教师类，编写程序求若干个教师的月工资。

第 12 章

输入/输出流

本章知识点：

- 输入/输出的含义
- 标准输出流、格式输出、流成员函数
- 标准输入流、格式输入、流成员函数
- 文件的概念，文件的打开、关闭，文件的操作，文件流和字符串流

基本要求：

- 了解输入、输出的含义
- 掌握标准输入流、输出流的操作，格式输出和成员函数的使用
- 理解文件的操作和文件流、字符串流的使用

能力培养目标：

通过本章的学习，使学生知道输入、输出是程序的组成部分，输入、输出可以直接写在程序中，也可以在程序的运行中输入。对于不同要求的输出，比如有的到屏幕，有的到设备，有的到文件，我们可以有不同的解决方式，从而增加学生解决问题的广度，加强学生解决实际问题的能力及思考能力。

12.1　C++的输入/输出

C++的输入和输出（简称 I/O）是程序设计的一个重要组成部分。几乎每个程序都要使用输入和输出，因此了解如何使用它们是每个学习计算机语言的人面临的首要任务。C++使用了很多较为高级的语言特性来实现输入和输出，其中包括类、派生类、重载函数、虚函数、模板和多继承。因此，要真正理解 C++ I/O，必须了解 C++的很多内容。本章将详细地介绍 C++输入和输出类，看看它们是如何设计的，学习如何控制输出格式。

12.1.1　输入/输出的含义

输入/输出是程序设计的一个重要组成部分，是指程序与外部设备之间的数据传输。程序运行所需要的数据往往从外围设备（如键盘或磁盘文件）获取，程序运行的结果通常也是输出到外围设备或文件，如显示器或磁盘文件。

C++输入/输出包含以下三个方面的内容：

（1）对系统指定的标准设备的输入和输出。即从键盘输入数据，输出到显示器屏幕。这种输入/输出称为标准的输入/输出，简称标准 I/O。

（2）以外存磁盘文件为对象进行输入和输出，即从磁盘文件输入数据，数据输出到磁盘文件。以外存文件为对象的输入/输出称为文件的输入/输出，简称文件 I/O。

（3）对内存中指定的空间进行输入和输出。通常指定一个字符数组作为存储空间(实际上可以利用该空间存储任何信息)。这种输入和输出称为字符串输入/输出，简称串 I/O。

12.1.2　流与标准库

C++语言中没有定义专门的输入/输出语句，输入/输出操作是通过 I/O 流来实现的。C++不具有内部输入/输出能力，这样做的目的是为了最大限度地保证语言与平台的无关性。

C++ I/O 系统通过流进行操作。我们可以把流归纳如下：一个流是一种既可以产生信息又可以消耗信息的逻辑设备，它通过 I/O 系统与一个物理设备相连。尽管流所产生连接的设备可以完全不同，但是所有的流以同样的方式运作。因为所有流的运作方式相同，所以实际上可以利用同样的 I/O 函数操作所有类型的物理设备。例如，可以利用同样的函数把信息写到文件或写到打印机和屏幕。采用这种方法的优点是只需要掌握一种 I/O 系统。

C++依赖于 C++的 I/O 解决方案，是在头文件 iostream 和 fstream 中定义一组类。这个类库不是正式语言定义的组成部分(cin 和 istream 不是关键字)；毕竟计算机语言定义了如何工作（例如如何创建类）的规则，但没有定义应按照这些规则创建哪些东西。C++自带了一个标准类库。首先标准类库是一个非正式的标准，只是由头文件 iostream 和 fstream 中定义的类组成。ANSI/ISO C++委员会决定把这个类正式作为一个标准类库，并添加其他一些标准类。

C++使用 iostream 流类，iostream 是通过类的继承、类成员函数的重载来实现的，利用类的可继承性和多态性，使 iostream 类库使用统一的函数接口操作标准 I/O、文件、存储块等输入/输出设备。通过函数重载，为每种内部数据类型定义了流输入/输出函数，使得用户可以用相同的格式对各种数据类型进行操作，编译程序根据数据的类型自动选择相应的输入/输出函数，不必将所有函数一并加载。同时，iostream 拥有很好的扩展性，用户通过重载还可以对自定义对象进行流的操作。用流类定义的对象为流对象。从以前的程序中我们可以知道，cout 和 cin 是 iostream 类的对象。

下面给出常用的流类，如表 12-1 所示。

表 12-1　常用的流类

类　别	名　称	说　明
抽象流基类	ios	流基类
输入流类	istream	普通输入流类和用于其他输入流的基类
	ifstream	输入文件流类
	istream_withassign	用于 cin 的输入流类
	istrstream	输入串流类
输出流类	ostream	普通输出流类和用于其他输出流类的基类
	ofstream	输出文件流类
	ostream_withassign	用于 cout、cerr 和 clog 的流类
	ostrstream	输出串流类
输入/输出流类	iostream	普通输入/输出流类和用于其他输入/输出流的基类
	fstream	输入/输出文件流类
	strstream	输入/输出串流类
	stdiostream	用于标准输入/输出文件的输入/输出类

续表

类　别	名　称	说　明
缓冲流类	streambuf	抽象缓冲流基类
	filebuf	用于磁盘文件的缓冲流类
	strstreambuf	用于串的缓冲流类
	stdiobuf	用于标准输入/输出文件的缓冲流类

其中，ios、istream、ostream 和 streambuf 类构成了 C++中 iostream 输入/输出功能的基础。

C++的流类中已经预定义了四个流对象，一个 C++程序开始执行时将自动打开四个内置流，这些内置流如表 12-2 所示。

表 12-2　C++内置流

流	含　义	默　认　设　备
cin	标准输入	键盘
cout	标准输出	屏幕
cerr	标准错误输出	屏幕
clog	打印机	屏幕

C++的输入/输出是基于缓冲区实现的。每个输入/输出对象管理一个缓冲区，用于程序读写数据。当用户在键盘上输入数据时，输入的数据存储在输入流缓冲区中，当执行 ">>" 操作时，从输入缓冲区中取数据存入变量，如果缓冲区中无数据，则等待从外围设备取数据放入缓冲区。"<<" 操作是将数据放入输出缓冲区中。

12.2　标准输出流

输出流的作用是将数据输出到其他设备上，如显示器或者磁盘文件中。C++中定义了三种标准的输出流对象 cout、cerr 和 clog。三个都是 ostream 类定义的输出流对象。

12.2.1　cout、cerr 和 clog 流

1. cout 流

cout 是系统在 iostream 定义的 ostream 类的对象。通过运算符 "<<" 将需要输出的数据插入到 cout 对象中，将 cout 中的数据输出到屏幕上。cout 在终端显示器输出，cout 流在内存中对应开辟了一个缓冲区，用来存放流中的数据。当向 cout 流插入一个 endl 时，不论缓冲区是否满了，都立即输出流中所有数据，然后插入一个换行符。

【例 12.1】　cout 的使用。

```
#include <iostream>
void main()
{
    float pi=3.14159;
    cout<<"pi=";
```

```
    cout<<pi;
}
```

程序运行结果：

pi=3.14159

程序中出现了 "<<" 运算符，它是 C++ 中的逐位左移运算符。不过，此运算符在这里被重载，用于流输出操作，称为插入运算符。它不仅完成逐位左移，而且还能够将对象插入到数据流中，而数据流可以连接到任何与计算机相连的输出设备。cout 对象是与控制台相连的，当对象插入到 cout 中时，它们被发送到控制台（监视器）。

在 ostream 类定义时，还定义了一个公有成员函数 put，使得用户可以利用这个函数向屏幕输出单个字符。用 ostream 类定义的 cout 对象自然可以利用这个函数接口。

【例 12.2】　函数 put 的使用。

```
#include <iostream>
void main()
{
    float p=98;
    cout.put ('A') ;
    cout.put(p);
}
```

程序运行结果：

Ab

2. cerr 流

cerr 流是标准出错流，已被指定为与显示器关联。cerr 的作用是向标准输出设备输出有关错误信息。cerr 与 cout 的作用和用法差不多。cerr 与 cout 的主要区别就是 cout 输出的信息可以重定向，而 cerr 只能输出到标准输出设备显示器上。

【例 12.3】　cerr 的使用。

```
#include <iostream>
#include <string>
using namespace std;
int main()
{
    float a,b,c,disc;
    cout<<"Please input a,b,c:";
    cin>>a>>b>>c;
    if(a==0)cerr<<"a is equal to zero,error!"<<endl;
    else if((disc=b*b-4*a*c)<0)
    cerr<<"disc=b*b-4*a*c<0"<<endl;
    else
    {
        cout<<"x1="<<(-b-sqrt(disc))/(2*a)<<endl;
        cout<<"x2="<<(-b+sqrt(disc))/(2*a)<<endl;
    }
```

```
    return 1;
}
```

上面的程序在运行时如果 a 的值输入的是 0，会在显示器上输出"a is equal to zero,error"；如果输入的 a、b、c 的值满足 b*b-4*a*c<0，会在显示器上输出"disc=b*b-4*a*c<0"。cerr 流只能在显示器上输出。

3. clog 流

clog 流也是标准错误流，作用和 cerr 一样，区别在于 cerr 不经过缓冲区，直接向显示器输出信息，而 clog 中的信息存放在缓冲区，缓冲区满或者遇到 endl 时才输出。

12.2.2　格式输出

在编写程序时，常常要用到格式控制。因为 C++对 C 是兼容的，所以有时也可以使用 C 风格的格式控制，例如调用函数 printf。同时，C++还提供了两种新的格式控制方式，一种是使用 ios 类提供的接口，另一种就是使用流控制成员函数，用于对流的插入和提取操作进行控制。

1. 用控制符控制输出格式

应当注意：这些控制符是在头文件 iomanip 中定义的，因而程序中应当包含头文件 iomanip。通过下面的例子可以了解使用它们的方法。

【例 12.4】　用控制符控制输出格式。

```cpp
#include <iostream>
#include <iomanip>
//不要忘记包含此头文件
using namespace std;
int main()
{
    int a;
    cout<<"input a:";
    cin>>a;
    cout<<"dec:"<<dec<<a<<endl;
    //以十进制形式输出整数
    cout<<"hex:"<<hex<<a<<endl;
    //以十六进制形式输出整数 a
    cout<<"oct:"<<setbase(8)<<a<<endl;
    //以八进制形式输出整数 a
    char*pt="China";
    //pt 指向字符串"China"
    cout<<setw(10)<<pt<<endl;
    //指定域宽为 10，输出字符串
    cout<<setfill('*')<<setw(10)<<pt<<endl;
    //指定域宽 10，输出字符串，空白处以"*"填充
    double pi=22.0/7.0;
    //计算 pi 值
    cout<<setiosflags(ios :: scientific)<<setprecision(8);
    //按指数形式输出，8 位小数
    cout<<"pi="<<pi<<endl;
```

```
//输出 pi 值
cout<<"pi="<<setprecision(4)<<pi<<endl;
//改为 4 位小数
cout<<"pi="<<setiosflags(ios :: fixed)<<pi<<endl;
//改为小数形式输出
return 0;
}
```

程序运行结果：

```
inputa：34 (输入 a 的值)
dec：34 (十进制形式)
hex：22 (十六进制形)
oct：42 (八进制形式)
China (域宽为 10)
*****China (域宽为 10，空白处以'*'填充)
pi=3.14285714e+00 (指数形式输出，8 位小数)
pi=3.1429e+00) (指数形式输小，4 位小数)
pi=3.143 (小数形式输出，宽度仍为 4)
```

2．用流对象的成员函数控制输出格式

除了可以用控制符来控制输出格式外，还可以通过调用流对象 cout 中用于控制输出格式的成员函数来控制输出格式。用于控制输出格式的常用成员函数见表 12-3、表 12-4。

表 12-3　控制输出格式的成员函数

流成员函数	与之作用相同的控制符	作　用
precision(n)	setprecision(n)	设置实数的精度为 n 位
width(n)	setw(n)	设置字段宽度为 n 位
fill(c)	setfill(c)	设置填充字符 c
setf( )	setiosflags( )	设置输出格式状态，括号中应给出格式状态，内容与控制符 setiosflags 括号中内容相同
ubsetf( )	resetiosflags( )	终止已设置的输出格式状态

表 12-4　设置格式状态的格式标志

格　式　标　志	作　用
ios::left	输出数据在本域宽范围内左对齐
ios::right	输出数据在本域宽范围内右对齐
ios::internal	数值的符号位在域宽内左对齐，数值右对齐，中间由填充字符填充
ios::dec	设置整数的基数为 10
ios::oct	设置整数的基数为 8
ios::showbase	强制输出整数的基数（八进制以 0 打头，十六进制以 0x 打头）
ios::showpoint	强制输出浮点数的小点和尾数 0
ios::uppercase	在以科学计数法输出 E 和十六进制输出字母 X 时，以大写表示
ios::showpos	输出正数时，给出"+"号

格 式 标 志	作　　用
ios::scientific	设置浮点数以科学计数法（即指数形式）显示
ios::fixed	设置浮点数以固定的小数位数显示
ios::unitbuf	每次输出后刷新所有流
ios::stdio	每次输出后清除 stdout、stderr

例如，以小数形式，保留三位小数输出：

```
cout<<setprecision(3)<<setiosflags(ios::fixed)<<3.1415926<<endl;
```

【例 12.5】 用流控制成员函数输出数据。

```cpp
#include <iostream>
using namespace std;
int main()
{
    int a=21;
    cout.setf(ios :: showbase);
    //设置输出时的基数符号
    cout<<"dec:"<<a<<endl;
    //默认以十进制形式输出 a
    cout.unsetf(ios :: dec);
    //终止十进制的格式设置
    cout.setf(ios :: hex);
    //设置以十六进制输出的状态
    cout<<"hex:"<<a<<endl;
    //以十六进制形式输出 a
    cout.unsetf(ios :: hex);
    //终止十六进制的格式设置
    cout.setf(ios :: oct);
    //设置以八进制输出的状态
    cout<<"oct:"<<a<<endl;
    //以八进制形式输出 a
    cout.unsetf(ios :: oct);
    //终止以八进制的输出格式设置
    char*pt="China";
    //pt 指向字符串"china"
    cout.width(10);
    //指定域宽为 10
    cout<<pt<<endl;
    //输出字符串
    cout.width(10);
    //指定域宽为 10
    cout.fill('*');
    //指定空白处以'*'填充
    cout<<pt<<endl;
    //输出字符串
```

```
        double pi=22.0/7.0;
        //计算 pi 值
        cout.setf(ios :: scientific);
        //指定用科学计数法输出
        cout<<"pi=";
        //输出"pi="
        cout.width(14);
        //指定域宽为 14
        cout<<pi<<endl;
        //输出 pi 值
        cout.unsetf(ios :: scientific);
        //终止科学计数法状态
        cout.setf(ios :: fixed);
        //指定用定点形式输出
        cout.width(12);
        //指定域宽为 12
        cout.setf(ios :: showpos);
        //在输出正数时显示"+"号
        cout.setf(ios :: internal);
        //数符出现在左侧
        cout.precision(6);
        //保留 6 位小数
        cout<<pi<<endl;
        //输出 pi，注意数符"+"的位置
        return 0;
}
```

程序运行结果：

```
dec：21 (十进制形式)
hex：0x15 (十六进制形式，以 0x 开头)
oct：025 (八进制形式，以 O 开头)
China (域宽为 10)
*****china (域宽为 10，空白处以 '*' 填充)
pi=**3.142857e+00 (指数形式输出，域宽 14，默认 6 位小数)
****3.142857 (小数形式输出(+)，精度为 6，最左侧输出数符"+")
```

12.2.3　用流成员函数 put 输出字符串

ostream 类除了提供上面介绍过的用于格式控制的成员函数外，还提供了专用于输出单个字符的成员函数 put。例如：

```
    cout.put('a');
```

调用该函数的结果是在屏幕上显示一个字符 a。put 函数的参数可以是字符或字符的 ASCII 代码（也可以是一个整型表达式）。例如：

```
    cout.put(65 + 32);
```

也显示字符 a，因为 97 是字符 a 的 ASCII 代码。

可以在一个语句中连续调用 put 函数。例如：

```
cout.put(71).put(79).put(79). put(68).put('\n');
```

在屏幕上显示 GOOD。

【例 12.6】 把一串字符逆序输出。

```
#include <iostream>
using namespace std;
int main( )
{
    char *a="BASIC";                        //字符指针指向 'B'
    for(int i=4;i>=0;i--)
        cout.put(*(a+i));                   //从最后一个字符开始输出
    cout.put('\n');
    return 0;
}
```

12.3　标准输入流

12.3.1　cin 流

标准输入流 cin 是从键盘向内存流动的数据流。>>运算符是 C++中的逐位右移运算符。不过，此运算符在这里也被重载，用于流输入操作，称为抽取运算符。它不仅完成逐位右移，而且还能够从数据流中抽取数据对象。而数据流可以连接到任何与计算机相连的输入设备，cin是与控制台输入相连。当控制台输入数据时，cin 中生成数据并保存到相应变量中。

【例 12.7】 cin 的使用。

```
#include <iostream.h>
void main()
{
    int n;
    cin>>n;
    char ch;
    cin>>ch;
    float pi;
    cin>>"pi=";
    char str[20];
    cin>>str;
    cout<<"n="<<n<<endl;
    cout<<"ch="<<ch<<endl;
    cout<<"pi="<<pi<<endl;
    cout<<"string="<<str<<endl;
}
```

当输入是 5 c 3.14159 hello 时，程序运行结果：

```
n=5
ch=c
```

```
pi=3.14159
string=hello
```

12.3.2　用于字符输入的流成员函数

除了可以用 cin 输入标准类型的数据外，还可以用 istream 类流对象的一些成员函数实现字符的输入。istream 有三个从流中进行非格式化抽取的成员函数：get、getline 和 read。

1. 用 get 函数读入一个字符

（1）不带参数的 get 函数。其调用函数为 cin.get()，用来从指定的输入流中提取一个字符（包括空字符），函数的返回值就是读入的字符。若遇到输入流中的文件结束符，则函数值返回文件结束标志 EOF(End Of File)，一般以-1 代表 EOF。

【例 12.8】　用 get 函数读入字符。

```cpp
#include<iostream>
using namespace std;
int main()
{
    int c;
    cout<<"请输入一串字符"<<endl;
    while((c=cin.get())!=EOF)
    cout.put(c);
    //cout.put('a')是专用于输出单个字符的成员函数
    return 0;
}
```

程序运行结果：

```
请输入一串字符
I study C++ very hard!                    //输入一行字符
I study C++ very hard!
```

（2）有一个参数的 get 函数。其调用形式为 cin.get(ch)，其作用是从输入流中读取一个字符，赋给字符变量 ch。如果读取成功则函数返回非 0 值（真），如失败（遇文件结束符）则函数返回 0 值（假）。

【例 12.9】　有一个参数的 get 函数。

```cpp
#include<iostream>
using namespace std;
int main()
{
    char c;
    cout<<"请输入一串字符"<<endl;
    while(cin.get(c))
    {
        cout.put(c);
    }
    cout<<"endl"<<endl;
```

```
        return 0;
    }
```

（3）有 3 个参数的 get 函数。其调用形式为 cin.get（字符数组，字符个数 n，终止字符）或 cin.get（字符指针，字符个数 n，终止字符），读取成功返回非 0 值（真），失败返回 0 值（假）。

【例 12.10】 有 3 个参数的 get 函数。

```
#include<iostream>
using namespace std;
int main()
{
    char ch[30]l
    cout<<"请输入一串字符"<<endl;
    cin.get(ch,10,'/n');
    cout<<ch<<endl;
    return 0;
}
```

程序运行结果：

```
请输入一串字符
I study C++ very hard!        //输入
I study C                     //输出
```

上例中，截取字符串的长度为 10，如果输入的字符串的长度为 22，那么就读取 9 个字符，剩余的一个字符用来存放字符串结束的标志 '\0'，若字符串的长度等于 4，数组 ch 的 ch[4]存放的字符为 '\0'。

2. 用 getline 成员函数读入一行字符

其调用形式为 cin.getline（字符数组（或字符指针），字符个数 n，终止标识符）。

【例 12.11】 用 getline 成员函数读入一行字符。

```
#include<iostream>
using namespace std;
int main()
{
    char ch[20];
    cout<<"请输入一串字符"<<endl;
    cin>>ch;
    cout<<"The string read with cin is :"<<ch<<endl;
    cin.getline(ch,20,'/');
    //读 19 个字符或遇 '/' 结束
    cout<<"The second part is:"<<ch<<endl;
    cin.getline(ch,20);
    //读 19 个字符或遇 '/n' 结束
    cout<<"The third part is:"<<ch<<endl;
    return 0;
}
```

程序运行结果：

请输入一串字符
I study C++ very hard!
The string read with cin is :I
The second part is: study C++ very har
The third part is:
想想为什么是读 19 个字符呢？

12.4 文件操作与文件流

本节中文件指的是磁盘文件。C++根据文件（file）内容的数据格式，可分为两类：文本文件，由字符序列组成，在文本文件中存取的最小信息单位为字符（character），也称 ASCII 码文件；二进制文件，存取的最小信息单位为字节（Byte）。

对于程序开发者而言，要完成程序的功能，就一定要和文件打交道，因为大多数情况下都是通过文件来存取数据。在 C++中，文件操作是通过流来完成的。要处理文件 I/O，程序中必须包含首标文件 fstream.h。它定义的类包括 ifstream、ofstream 和 fstream。这些类分别从 istream 和 ostream 派生而来。记住，istream 和 ostream 是从 ios 派生来的，所以 ifstream、ofstream 和 fstream 也存取 ios 定义的所有运算。我们只要分别定义关于操作的流对象就可以了。

12.4.1 文件流

在 C++里，用户通过把文件和流联系起来打开文件。打开文件之前，必须首先获得一个流。流分为三类：输入、输出和输入/输出。要创建一个输入流，必须说明它为类 ifstream；要创建一个输出流，必须说明它为类 ofstream；执行输入和输出操作的流必须说明为类 fstream。例如，下面的程序段创建了一个输入流、一个输出流和一个输入/输出流。

```
ifstream in;              //输入
ofstream out;             //输出
fstream io;               //输入/输出
```

定义了一个输入流对象 in，一旦将这个对象与一个文件相关联，就可以用 in>>x；从文件中读取数据。

12.4.2 打开和关闭文件

ifstream 类、ofstream 类和 fstream 类除了从基类 ios 继承下来的行为外，还新定义了两个自己的成员函数 open 和 close，以及一个构造函数。一旦创建了一个流，把流和文件联系起来的一种方法就是使用函数 open。该函数是这三个类中每个类的成员。

其原型为：

```
void open（const char * filename，int mode，int access=filebuf：：openprot）；
```

其中，filename 为文件名，它可以包含路径说明符；mode 值决定文件打开的方式，它必须是下列值中的一个（或多个），如表 12-5 所示。

表 12-5　mode 值

ios::app	打开文件以便在文件的尾部添加数据
Ios::ate	打开一个已经输入或输出的文件并找到文件尾
Ios::binary	指定文件以二进制方式打开，默认为文本
ios::in	打开文件进行读写操作，这种方式可避免删除现存文件的内容
ios::	out 打开文件进行写操作，这是默认方式
Ios::trunc	如果文件存在，将其长度置为零并清除原有内容

下面的程序段打开一个普通输出文件：

```
ofstream out;
out. open（"test", ios::out）;
```

由于一般情况下使用的是 mode 默认值，所以很少像上面这样调用 open()函数。对于 ifstream，mode 的默认值是 ios::in；对于 ofstream，它是 ios::out。所以，上面的语句通常表现如下：

```
out. open（"test"）;              // 打开一个输出文件
```

如下例所示，要打开一个供输入和输出的流，就必须指定 mode 的值为 ios::in 和 ios::out（无默认值）。虽然使用函数 open 打开一个文件完全合适，但在大多数情况下，由于 ifstream、ofstream 和 fstream 类包含自动打开文件的构造函数，所以没有必要调用 open 函数。构造函数有和 open 函数相同的参数和默认值。最常见的打开文件的方法是：

```
ifstream mystream（"myfile"）;         // 打开文件并输入
```

如前所述，如果由于某种原因不能打开文件，则关于流的变量的值是 0。所以，不管用构造函数还是显式地调用 open 函数打开文件，都要测试流的值以保证真正打开了文件。

要关闭一个文件，使用成员函数 close。例如，用下面的语句关闭关于流 mystream 的文件：mystream. close();。函数 close 不带任何参数且无返回值。

文件打开和关闭的步骤如下：

（1）说明一个文件流对象，这又被称为内部文件。

```
ifstream ifile;                  //只输入用
ofstream ofile;                  //只输出用
fstream iofile;                  //既输入又输出用
```

（2）使用文件流对象的成员函数打开一个磁盘文件。这样在文件流对象和磁盘文件名之间建立联系。文件流中说明了三个打开文件的成员函数。

```
void ifstream::open(const char*,int=ios::in,int=filebuf::openprot);
voidofstream::open(const char*,int=ios::out,int=filebuf::openprot);
void fstream::open(const char*,int,int=filebuf::openprot);
```

第一个参数为要打开的磁盘文件名。第二个参数为打开方式，有输入（in）、输出（out）等，打开方式在 ios 基类中定义为枚举类型。第三个参数为指定打开文件的保护方式，一般取默认。所以第二步可如下进行：

```
iofile.open("myfile.txt",ios::in|ios::out);
```

上面三个文件流类都重载了一个带默认参数的构造函数，功能与 open 函数一样：

```
ifstream::ifstream(const char*,int=ios::in,int=filebuf::openprot);
ofstream::ofstream(const char*,int=ios::out,int=filebuf::openprot);
fstream::fstream(const char*,int,int=filebuf::operprot);
```

所以第一步和第二步两步可合成：

```
fstream iofile("myfile.txt",ios::in|ios::out);
```

（3）打开文件也应该判断是否成功，若成功，文件流对象值为非 0 值，不成功为 0（NULL），文件流对象值物理上就是指它的地址。因此打开一个文件完整的程序为：

```
fstream iofile（"myfile.txt",ios::in|ios::out）;
if(!iofile)
{ // "！"为重载的运算符
cout<<"不能打开文件:"<<"myfile,txt"<<endl;
return -1;
} //失败退回操作系统
```

（4）使用提取和插入运算符对文件进行读写操作，或使用成员函数进行读写。
（5）关闭文件。三个文件流类各有一个关闭文件的成员函数：

```
void ifstream::close();
void ofstream::close();
void fstream::close();
```

使用很方便，例如：

```
iofile.close();
```

关闭文件时，系统把该文件相关联的文件缓冲区中的数据写到文件中，保证文件的完整，收回与该文件相关的内存空间，可供再分配，把磁盘文件名与文件流对象之间的关联断开，可防止误操作修改了磁盘文件。如又要对文件操作，必须重新打开。关闭文件并没有取消文件流对象，该文件流对象又可与其他磁盘文件建立联系。文件流对象在程序结束或它的生命期结束时，由析构函数撤销。它同时释放内部分配的预留缓冲区。

12.4.3　对 ASCII 文件操作

对 ASCII 文件的读写操作可以用以下两种方法：一种是对磁盘文件的操作中，可以通过文件流对象，流插入运算符 "<<" 和流提取运算符 ">>" 输入/输出标准类型数据；另一种是用文件流的 put、get、getline 等成员函数进行字符的输入/输出。

【例 12.12】　向 d:\abc.dat 文件输出 0～10 之间的整数。

```
#include     <stdlib.h>
#include     <fstream.h>
void main()
{
    ofstream fout("d:\\abc.dat");
    if(fout.fail())
```

```
    {
        //若打开文件失败
        cerr<<"d:\\abc.dat file not opened !"<<endl;
        exit(1)
    }
    for(int i=0;i<=10;i++)
    fout<<i<<"    ";
    //关闭 fout 对应的文件
    fout.close()
}
```

用文件流的 put、get、getline 等成员函数进行字符的输入/输出。

【**例 12.13**】 从键盘读入一行字符，把其中的字母字符依次放在磁盘文件 f2.dat 中，再把它从磁盘文件读入程序，将其中的小写字母改写成大写字母，再存入磁盘文件 f3.dat。

```
void save_to_file()
{
    ofstream outfile("f2.dat");
    //定义输出流对象 outfile，以输出方式打开磁盘文件 f2.dat
    if(!outfile)
    {
        cerr<<"open f2.dat error !"<<endl;
        exit(1);
    }
    char c[80];
    cin.getline(c,80);
    //从键盘读入一行字符
    //对字符逐个处理，直到遇到 '/0' 为止
    for(int i=0;c[i]!=0;i++)
    {
        //如果是字母字符
        if(c[i]>=65&&c[i]<=90||c[i]>=97&&c[i]<=122)
        {
            outfile.put(c[i]);
            //将字母字符存入磁盘文件 f2.dat
            cout<<c[i];
        }
    }

    cout<<endl;
    outfile.close();
    //关闭 f2.dat
}
//从磁盘文件 f2.dat 中读入字母字符，将其中的小写字母改为大写字母，再存入 f3.dat
void get_from_file()
{
    char ch;
    ifstream infile("f2.dat",ios :: in|ios :: nocreate);
    //定义输入文件流，以输入方式打开 f2.dat
```

```
    if(!infile)
    {
        cerr<<"open f3.dat error !"<<endl;
        exit(1);
    }
    ofstream oufile("f3.dat");
    if(!oufile)
    {
        cerr<<"open f3.dat error !"<<endl;
        exit(1);
    }
    //当读取文件成功时执行下面的复合语句
    while(infile.get(ch))
    {
        //判断 ch 是否为小写字母
        if(ch>=97&&ch<=122)
        {
            ch=ch-32;
            //将小写字母变为大写字母
        }
        outfile.put(ch);
        //将该大写字母存入磁盘文件 f3.dat 中
        cout<<ch;
        //同时在显示器上输出
    }
    cout<<endl;
    infile.close();
    //关闭磁盘文件
    outfile.close();
}
int main()
{
    save_to_file();
    //调用函数，从键盘读入一行字符并将其中的字符存入文件 f2.dat
    get_from_file();
    //调用函数，从 f2.dat 读入字符，改为大写字母，再存入 f3.dat 中
    return 0;
}
```

程序运行结果：

```
abcdeEF
abcdeEF
ABCDEEF
```

12.4.4 二进制文件的读写操作

二进制文件不是以 ASCII 代码存放数据的，它将内存中数据存储形式不加转换地传送到磁盘文件，因此它又称为内存数据的映像文件。因为文件中的信息不是字符数据，而是字节中的

二进制形式的信息，因此它又称为字节文件。对二进制文件的操作也需要先打开文件，用完后要关闭文件。在打开时要用 ios::binary 指定为以二进制形式传送和存储。二进制文件除了可以作为输入文件或输出文件外，还可以是既能输入又能输出的文件。这是和 ASCII 文件不同的地方。

1. 向二进制文件输出数据

向二进制文件输出数据可调用从 ostream 流类提供的成员函数，函数原型为：

ostream&write(const char * buffer,int len);

利用 ostream 流类提供的 seekp 成员函数能把输出文件中的文件指针移动到指定位置，函数原型为：

ostream&seekp(longdis,seek_dir ref=ios::beg);

其中，seek_dir 是 ios 根基类中定义的枚举类型，它有三个常量：ios::beg、ios::cur 和 ios::end，分别代表文件的开始位置、当前位置和结束位置；dis 是文件移动的字节数，为正表示后移（向结尾方向），为负表示向前移。

2. 从二进制文件输入数据

从二进制文件输入数据可调用从 istream 流类提供的成员函数，函数原型为：

istream &read(char * buffer ,int len);

利用 istream 流类提供的 seekg 成员函数能把输入文件中的文件指针移动到指定位置，函数原型为：

istream & seekg(long dis,seek_dir ref=ios::beg);

【例 12.14】 将整型数组 a 中的 1、2、3、4、5、6、7 这几个整数写入到文件 d:\intdata.dat 中。

```cpp
#include     <stdlib.h>
#include     <fstream.h>
void main()
{
    ofstream fout("d:\\intdata.dat",ios :: out|ios :: binary);
    if(!fout)
    {
        cerr<<"File     d:\\intdata.dat     open     failed!<<endl;                exit(1);
    }
    int a[]=
    {
        1, 2, 3, 4, 5, 6, 7
    }
    ;
    for(int i=0;i<sizeof(a)/sizeof(a[0]);i++)
    fout.write((char*)&a,sizeof(a[0]));
    fout.close();
}
#include<fstream.h>
main()
```

```
{
    int a[10]=
    {
        0
    }
    ;
    for(int i=0;i<9;i++)
    {
        a[i+1]=a[i]*10+i+1;
        cout<<a[i]<<endl;
    }
    ofstream rs("ok2002com.bin",ios :: binary);
    //打开二进制文件 ok2002com.bin;
    //注意：打开二进制文件时，访问模式设置为：ios::binary
    for(i=0;i<9;i++)
    {
        rs.write((char*)(&a[i]),sizeof(a[i]));
        //将数据写到二进制文件 ok2002com.bin
        cout<<"rs.tellp("<<i<<")="<<rs.tellp()<<endl;
        //二进制形式输出指针当前位置
    }

    rs.close();
    cin>>i;
}
```

程序运行结果：

```
0
1
12
123
1234
12345
123456
1234567
12345678
rs.tellp(0)=4
rs.tellp(1)=8
rs.tellp(2)=12
rs.tellp(3)=16
rs.tellp(4)=20
rs.tellp(5)=24
rs.tellp(6)=28
rs.tellp(7)=32
rs.tellp(8)=36
```

首先要注意不再使用插入和提取操作符（<<和>>操作符）。必须使用 read()和 write()方法读取和写入二进制文件。创建一个二进制文件，ofstream fout("file.dat", ios::binary);会以二进制方式打开文件，而不是默认的 ASCII 模式。首先从写入文件开始。函数 write()有两个参数。第一个是指向对象的 char 类型的指针，第二个是对象的大小（字节数）。int number = 30; fout.write((char *)(&number), sizeof(number));第一个参数写作"(char *)(&number)"，这是把一个整型变量转为 char *指针。第二个参数写作"sizeof(number)"，sizeof()返回对象大小的字节数。

二进制文件最好的地方是可以在一行把一个结构写入文件。例如：

```
struct OBJECT { int number; char letter; } obj;
obj.number = 15;
obj.letter = 'M';
fout.write((char *)(&obj), sizeof(obj));
```

这样就写入了整个结构！接下来是输入。输入也很简单，因为 read()函数的参数和 write() 是完全一样的，使用方法也相同。

```
ifstream fin("file.dat", ios::binary); fin.read((char *)(&obj), sizeof(obj));
```

12.4.5 随机访问二进制文件

1．文件指针

当打开文件时，文件指针位于文件头，并随着读写字节数的多少顺序移动。

2．与文件指针相关的流成员函数

与输入流相关的文件：seekp 和 tellp 函数。

一个输出文件流保存一个内部指针指出下一次写数据的位置。seekp 成员函数设置这个指针，因此可以以随机方式向磁盘文件输出。tellp 成员函数返回该文件位置指针值。

与输出流相关的文件：seekg 和 tellg 函数。

在输入文件流中，保留着一个指向文件中下一个将读数据的位置的内部指针，可以用 seekg 函数来设置这个指针。

函数参数中的"文件中的位置"和"位移量"已被指定为 long 型整数，以字节为单位。"参照位置"可以是下面三者之一：

- ios::beg 文件开头（beg 是 begin 的缩写），这是默认值。
- ios::cur 指针当前的位置（cur 是 current 的缩写）。
- ios::end 文件末尾。

它们是在 ios 类中定义的枚举常量。举例如下：

```
infile.seekg(100);              //输入文件中的指针向前移到字节位置
infile.seekg(-50,ios::cur);     //输入文件中的指针从当前位置后移字节
outfile.seekp(-75,ios::end);    //输出文件中的指针从文件尾后移字节
```

【例 12.15】 用 seekg 函数设置位置指针。

```
# include<fstream.h>
void main()
{
    char ch;
    ifstream tfile("payroll",ios :: binary|ios :: nocreate);
    if(tfile)
```

```
    {
        tfile.seekg(8);
        while(tfile.good())
        {
            //遇到文件结束或读取操作失败时结束读操作
            tfile.get(ch);
            if(!ch)break;
            //如果没有读到则退出循环
            cout<<ch;
        }
    }
    else
    {
        cout<<"ERROR：Cannot open file " payroll "."<<endl;
    }
}
```

使用 seekg 可以实现面向记录的数据管理系统，用固定长度的记录尺寸乘以记录号便得到相对于文件末尾的字节位置，然后使用 get 读这个记录。tellg 成员函数返回当前文件读指针的位置，这个值是 streampos 类型，该 typedef 结构定义在 iostream．h 中。

【例 12.16】 读一个文件并显示出其中空格的位置。

```
# include<fstream.h>
void main()
{
    char ch;
    ifstream tfile("payroll",ios :: binary|ios :: nocreate);
    if(tfile)
    {
        while(tfile.good())
        {
            streampos here=tfile.tellg();
            tfile.get(ch);
            if(ch==" ")
            cout<<"\nPosition"<<here<<"is a space";
        }
    }
    else
    {
        cout<<"ERROR:Cannot open file " payroll "."<<endl;
    }
}
```

12.5　字符串流

文件流是以外存文件为输入/输出对象的数据流。字符串流是以内存中用户定义的字符数组

（字符串）为输入/输出对象的。字符串流有 istrstream、ostrstream 和 strstream 三个类，文件流类和字符串流类都是 istream、ostream、stream 类派生的类，因此它们的操作方法类似。

建立输出字符串流：

```
ostrstream strout(c,sizeof(c));
```

第一个参数是字符数组首元素的指针，第二个参数为指定的流缓冲区的大小（一般选与字符数组 c 的大小相同）。

建立输入字符串流：

```
istrstream strin(c,sizeof(c));
```

第一个参数是字符数组首元素的指针，第二个参数为指定的流缓冲区的大小（一般选与字符数组 c 的大小相同）。

【例 12.17】 在一个字符数组 c 中存放 10 个整数，以空格相间隔，要求将它们放到整型数组中，再按大小排序，然后存放回字符数组 c 中。

```cpp
#include<strstream>
#include<iostream>
using namespace std;
int main()
{
    char c[50]="12 34 65 -23 -32 33 61 99 321 32";
    int a[10],i,j,temp;
    cout<<"array c: "<<c<<endl;
    //显示字符数组的字符串
    istrstream strin(c,sizeof(c));
    //建立输入串流对象 strin 并与字符数组 c 关联
    for(i=0;i<10;i++)
    {
        strin>>a[i];
        //从字符数组 c 中读取 10 个整数赋给整型数组 a
    }
    cout<<endl;
    //冒泡排序
    for(i=0;i<9;i++)
    {
        for(j=9;j>i;j--)
        {
            if(a[j]<a[j-1])
            {
                temp=a[j];
                a[j]=a[j-1];
                a[j-1]=temp;
            }
        }
    }
    ostrstream strout(c,sizeof(c));
    //建立输出串流对象 strout 并与字符数组 c 关联
```

```
        for(i=0;i<10;i++)
        {
            strout<<a[i]<<" ";
        }
        cout<<endl;
        cout<<"array c: "<<c<<endl;
        return 0;
}
```

程序运行结果：

array c: 12 34 65 -23 -32 33 61 99 321 32
array c: -32 -23 12 32 33 34 61 65 99 321

说明：字符数组中的空格是为了在 strin 读取字符串的时候，分割数字用的。

思考与练习

1．什么是输入/输出？

2．C++中的输入/输出包括几部分？

3．什么是二进制文件和 ASCII 文件？

4．为什么 cin 输入时，空格和回车无法读入？这时可改用哪些流成员函数？

5．文件的使用有它的固定格式，试做简单介绍。

6．在 ios 类中定义的文件打开方式中，公有枚举类型 open_mode 的各成员代表什么文件打开方式？

7．简述文本文件和二进制文件在存储格式、读写方式等方面的不同，并说明各自的优点和缺点。

8．文本文件可以按行也可以按字符进行复制，在使用中为保证能完整复制要注意哪些问题？

9．文件的随机访问为什么总是用二进制文件，而不用文本文件？

10．怎样使用 istream 和 ostream 的成员函数来实现随机访问文件？

附录 A

ASCII 码表

十进制	八进制	十六进制	二进制	键	ASCII 字符
0	0	00	00000000	Ctrl+2	null
1	1	01	00000001	Ctrl+A	☺
2	2	02	00000010	Ctrl+B	☻
3	3	03	00000011	Ctrl+C	♥
4	4	04	00000100	Ctrl+D	♦
5	5	05	00000101	Ctrl+E	♣
6	6	06	00000110	Ctrl+F	♠
7	7	07	00000111	Beep	●
8	10	08	00001000	Backspace	▫
9	11	09	00001001	Tab	○
10	12	0a	00001010	Newline	◙
11	13	0b	00001011	Ctrl+K	♂
12	14	0c	00001100	Ctrl+L	♀
13	15	0d	00001101	Enter	♪
14	16	0e	00001110	Ctrl+N	♫
15	17	0f	00001111	Ctrl+O	☼
16	20	10	00010000	Ctrl+P	►
17	21	11	00010001	Ctrl+Q	◄
18	22	12	00010010	Ctrl+R	↕
19	23	13	00010011	Ctrl+S	‼
20	24	14	00010100	Ctrl+T	¶
21	25	15	00010101	Ctrl+U	§
22	26	16	00010110	Ctrl+V	▬
23	27	17	00010111	Ctrl+W	↨
24	30	18	00011000	Ctrl+X	↑
25	31	19	00011001	Ctrl+Y	↓
26	32	1a	00011010	Ctrl+Z	→
27	33	1b	00011011	Esc	←

十进制	八进制	十六进制	二进制	键	ASCII 字符
28	34	1c	00011100	Ctrl+\	∟
29	35	1d	00011101	Ctrl+]	↔
30	36	1e	00011110	Ctrl+6	▲
31	37	1f	00011111	Ctrl+-	▼
32	40	20	00100000	Spacebar	sp
33	41	21	00100001	!	!
34	42	22	00100010	"	"
35	43	23	00100011	#	#
36	44	24	00100100	$	$
37	45	25	00100101	%	%
38	46	26	00100110	&	&
39	47	27	00100111	'	'
40	50	28	00101000	(	(
41	51	29	00101001	)	)
42	52	2a	00101010	*	*
43	53	2b	00101011	+	+
44	54	2c	00101100	,	,
45	55	2d	00101101	-	-
46	56	2e	00101110	.	.
47	57	2f	00101111	/	/
48	60	30	00110000	0	0
49	61	31	00110001	1	1
50	62	32	00110010	2	2
51	63	33	00110011	3	3
52	64	34	00110100	4	4
53	65	35	00110101	5	5
54	66	36	00110110	6	6
55	67	37	00110111	7	7
56	70	38	00111000	8	8
57	71	39	00111001	9	9
58	72	3a	00111010	:	:
59	73	3b	00111011	;	;
60	74	3c	00111100	<	<
61	75	3d	00111101	=	=
62	76	3e	00111110	>	>
63	77	3f	00111111	?	?
64	100	40	01000000	@	@

十进制	八进制	十六进制	二进制	键	ASCII 字符
65	101	41	01000001	A	A
66	102	42	01000010	B	B
67	103	43	01000011	C	C
68	104	44	01000100	D	D
69	105	45	01000101	E	E
70	106	46	01000110	F	F
71	107	47	01000111	G	G
72	110	48	01001000	H	H
73	111	49	01001001	I	I
74	112	4a	01001010	J	J
75	113	4b	01001011	K	K
76	114	4c	01001100	L	L
77	115	4d	01001101	M	M
78	116	4e	01001110	N	N
79	117	4f	01001111	O	O
80	120	50	01010000	P	P
81	121	51	01010001	Q	Q
82	122	52	01010010	R	R
83	123	53	01010011	S	S
84	124	54	01010100	T	T
85	125	55	01010101	U	U
86	126	56	01010110	V	V
87	127	57	01010111	W	W
88	130	58	01011000	X	X
89	131	59	01011001	Y	Y
90	132	5a	01011010	Z	Z
91	133	5b	01011011	[	[
92	134	5c	01011100	\	\
93	135	5d	01011101	]	]
94	136	5e	01011110	^	^
95	137	5f	01011111	_	_
96	140	60	01100000	`	`
97	141	61	01100001	a	a
98	142	62	01100010	b	b
99	143	63	01100011	c	c
100	144	64	01100100	d	d
101	145	65	01100101	e	e

十进制	八进制	十六进制	二进制	键	ASCII 字符
102	146	66	01100110	f	f
103	147	67	01100111	g	g
104	150	68	01101000	h	h
105	151	69	01101001	i	i
106	152	6a	01101010	j	j
107	153	6b	01101011	k	k
108	154	6c	01101100	l	l
109	155	6d	01101101	m	m
110	156	6e	01101110	n	n
111	157	6f	01101111	o	o
112	160	70	01110000	p	p
113	161	71	01110001	q	q
114	162	72	01110010	r	r
115	163	73	01110011	s	s
116	164	74	01110100	t	t
117	165	75	01110101	u	u
118	166	76	01110110	v	v
119	167	77	01110111	w	w
120	170	78	01111000	x	x
121	171	79	01111001	y	y
122	172	7a	01111010	z	z
123	173	7b	01111011	{	{
124	174	7c	01111100	|	|
125	175	7d	01111101	}	}
126	176	7e	01111110	~	~
127	177	7f	01111111	Ctrl+┘	Δ

注：1. 字符 0～31 和 127 是控制字符；32～126 是键盘上的键符；128～255（即 8 位一个字节最高位设置 1）是 IBM（International Business Machine，美国国际商用机器公司）自定义扩展字符，在此未列出。

2. 我国计算机汉字标准 GB 2312 将两个 8 位字节的最高位设置 "1" 编码为一个汉字（即汉字内码加上 0x80）。

参 考 文 献

[1] 谭浩强编著. C++程序设计. 北京：清华大学出版社，2011.

[2] 谭浩强著. C程序设计（第四版）. 北京：清华大学出版社，2010.

[3] 谭浩强编著. C++面向对象程序设计. 北京：清华大学出版社，2006.

[4] 郑莉，李超编著. C++程序设计. 北京：机械工业出版社，2012.

[5] 陆卫卫，王庆瑞编著. C/C++程序设计. 北京：机械工业出版社，2013.

[6] 张桦，董晨编著. C++程序设计. 北京：机械工业出版社，2008.

[7] 周仲宁主编. C++程序设计与应用. 北京：机械工业出版社，2009.

[8] Stanley B Lippman，Josee Lajoie，Barbara Moo. C++ Primer 中文版[M]. 4 版. 李师贤，蒋爱军，梅晓勇，等译. 北京：人民邮电出版社，2006.

[9] H.M.Deitel，P.J.Deitel 著. C++程序设计教材. 薛万鹏，等译. 北京：机械工业出版社，2000.

[10] Michael J.young 著. Mastering Visual C++ 6. SYBEX Inc，1999.